Markus Hufschmid

Information un
Kommunikation

Grundlagen und Verfahren der Informationsübertragung

Markus Hufschmid

Information und Kommunikation

Grundlagen und Verfahren der Informationsübertragung

Mit 147 Abbildungen und 24 Tabellen

Teubner

Bibliografische Information der Deutschen Bibliothek
Die Deutsche Bibliothek verzeichnet diese Publikation in der Deutschen Nationalbibliografie; detaillierte bibliografische Daten sind im Internet über <http://dnb.d-nb.de> abrufbar.

Prof. Dr. sc. techn. Markus Hufschmid, geb. 1961, 1980-1986 Studium der Elektrotechnik an der ETH Zürich, anschliessend dort Unterrichtsassistent und wissenschaftlicher Mitarbeiter am Institut für Signal- und Informationsverarbeitung, 1992 Promotion ETHZ. 1993-1997 Leiter einer Entwicklungsgruppe im Bereich drahtlose Übertragung und Projektleiter Entwicklung für militärische Übertragungssysteme bei Alcatel Schweiz. Seit 1997 hauptamtlicher Dozent für Kommunikations- und Hochfrequenztechnik an der Fachhochschule beider Basel (heute Fachhochschule Nordwestschweiz).

1. Auflage Dezember 2006

Der B.G. Teubner Verlag ist ein Unternehmen von Springer Science+Business Media.
www.teubner.de

Umschlaggestaltung: Ulrike Weigel, www.CorporateDesignGroup.de
Druck und buchbinderische Verarbeitung: Strauss Offsetdruck, Mörlenbach
Gedruckt auf säurefreiem und chlorfrei gebleichtem Papier.

ISBN 978-3-8351-0122-7

Vorwort

Das vorliegende Buch gibt einen Einblick in die grundlegenden Verfahren, die für eine effiziente und sichere Übertragung von Information notwendig sind. Es entstand im Rahmen von Vorlesungen, die ich in den vergangenen neun Jahren an der Fachhochschule beider Basel in Muttenz gehalten habe.

Die einzelnen Themen

- Informationstheorie
- Kanalcodierung
- Stochastische Prozesse und Rauschen
- Digitale Modulationsverfahren
- Basisbandübertragung
- Analoge Modulationsverfahren
- Kryptologie

sind so verfasst, dass sie weitgehend unabhängig voneinander und in beliebiger Reihenfolge durchgearbeitet werden können. Dies gilt insbesondere für den kryptologischen Teil, der keinerlei Vorkenntnisse der anderen Kapitel voraussetzt. Allerdings dürfte es von Vorteil sein, das Thema „Stochastische Prozesse und Rauschen" vor den Modulationsverfahren durchzuarbeiten.

Ich bin der dezidierten Meinung, dass die Verfahren und Methoden der Informationsübertragung nur durch intensives Lösen von Problemen verstanden und verinnerlicht werden können. Dennoch enthält dieses Buch, aus Platzgründen, keine Aufgaben. Um dieses Dilemma zu lösen, steht dem Leser auf der begleitenden Webseite

http://www.informationsuebertragung.ch

eine umfangreiche Aufgabensammlung zur Verfügung. An der gleichen Stelle können auch die dazugehörigen Musterlösungen heruntergeladen werden. Ich möchte die Studierenden jedoch davor warnen, der Versuchung zu erliegen, Aufgaben unter Zuhilfenahme der Lösungen zu bearbeiten. Das Nachvollziehen einer vorgegebenen Lösung erzielt nicht den gleichen Lerneffekt wie das selbstständige Lösen einer Aufgabe. Letzteres kann zwar zeitweise ein wenig frustrierend sein, dafür ist das nachfolgende Erfolgserlebnis um so grösser.

Selbstverständlich wurde das Manuskript zu diesem Buch mit grosser Sorgfalt erstellt und mehrmals auf der Suche nach Fehlern durchgekämmt. Dennoch wird auch diese Publikation einige fehlerhafte Formeln und zahlreiche grammatikalische Unzulänglichkeiten aufweisen. Die obengenannte Webseite bietet dem aufmerksamen Leser die Möglichkeit, derartige Mängel zu melden und wird auch eine entsprechende Korrekturliste enthalten. Natürlich bin ich auch für jegliche andere Verbesserungsvorschläge dankbar.

An dieser Stelle möchte ich die Gelegenheit nutzen um einigen Leuten zu danken, die einen Anteil am Zustandekommen dieses Buchs hatten. An erster Stelle gebührt mein Dank meiner Familie, die viele Stunden auf ihren Ehemann respektive Vater verzichten musste. Insbesondere meine Frau hat mich immer wieder unterstützt und mich zum Weitermachen ermutigt. Dann danke ich meinen Kollegen und Freunden der Abteilung Elektrotechnik und Informationstechnologie der Fachhochschule beider Basel, die jederzeit für intensive Fachdiskussionen zur Verfügung standen und meine, nicht immer ganz schlauen Fragen geduldig beantwortet haben. Richard Gut stand mir nicht nur mit seiner grossen Fachkompetenz zur Seite, sondern ging auch mit mir Tauchen, wenn uns wieder mal die Decke auf den Kopf fiel. Schliesslich geht mein Dank auch an die vielen Studierenden, die durch ihre Fragen und Bemerkungen zur Verbesserung des Manuskripts beigetragen haben. Die Zusammenarbeit mit dem Teubner-Verlag, namentlich mit Herrn Dr. Feuchte, war immer angenehm und konstruktiv.

Aesch, September 2006 M. Hufschmid

Inhaltsverzeichnis

„The fundamental problem of communication is that of reproducing at one point either exactly or approximately a message selected at another point.“

Claude E. Shannon, 1948

1 Einleitung

In den frühen Morgenstunden des 15. Oktober 1997 hob eine Titan IV/Centaur-Trägerrakete von Cape Canaveral in Florida ab. An Bord befand sich die Doppelsonde Cassini-Huygens auf ihrem Weg zum zweitgrössten Planeten unseres Sonnensystems, dem Saturn. Nach einer Flugzeit von fast sieben Jahre erreichte sie ihr Ziel und fing an, Bilder vom Ringplanet zur Erde zu funken. Gegen Ende 2005 löste sich die Eintrittssonde Huygens von der Raumsonde Cassini und begann wenige Tage später einen kontrollierten Absturz auf den Saturnmond Titan. Während des Falls und auch noch etwa eine Stunde nach dem Aufprall sendete Huygens Telemetriedaten an Cassini, welche diese an die Erde weiterleitete.

Obwohl Cassini über eine stark bündelnde Antenne mit einem Gewinn von 46 dBi verfügt, reichen die 20 Watt Sendeleistung gerade mal aus, um auf der Erde ein Signal mit einer Leistungsdichte von ungefähr 10^{-20} W/m^2 zu bewirken. Immerhin benötigen die elektromagnetischen Wellen mehr als 80 Minuten um die Distanz von 1.5 Milliarden Kilometer zurückzulegen. Auf die gesamte Oberfläche der Erde strahlen folglich insgesamt nur wenige Mikrowatt Leistung ein. Trotzdem gelang es, Bilder in noch nie da gewesener Qualität zu übertragen. Ausgeklügelte Modulationsverfahren und effiziente Methoden zur Fehlerkorrektur waren notwendig, um eine solche Meisterleistung zu vollbringen. Daher ist die Cassini-Huygens-Mission nicht zuletzt auch ein Erfolg der modernen Informationsübertragung.

Für die effiziente und sichere Übertragung von Information muss eine Vielzahl von Problemen analysiert und gelöst werden:

Informationstheorie

Zunächst muss der Begriff der Information verstanden werden. Was ist – aus technischer Sicht – Information und wie kann der Informationsgehalt einer Nachricht mathematisch beschrieben werden? Gibt es fundamentale Grenzen, wie schnell oder wie gut Information übertragen werden kann? Ist eine gänzlich fehlerfreie Übertragung über einen gestörten Kanal überhaupt möglich? Kann mit beliebig hohem technischen Aufwand über jeden Kanal fehlerfrei übertragen werden? Eng verknüpft mit diesen Fragen ist das Problem, wie Information optimal dargestellt und abgespeichert werden soll. Inwieweit kann eine Nachricht vereinfacht werden, ohne dass deren Informationsgehalt verändert wird? Die meisten dieser grundlegenden Fragen wurden 1948 von Claude E. Shannon in seinem Artikel „A mathematical theory of communication“ [1] angesprochen und – zumindest in den Grundzügen – beantwortet. Es war dies die Geburtsstunde einer neuen mathematischen Disziplin, der Informationstheorie.

Quellencodierung

Der Artikel von Shannon hatte weitreichende Folgen für die weitere Entwicklung der Übertragungstheorie und der Kryptologie. Er liefert beispielsweise die theoretische Grundlage für

Datenkompressionsverfahren, wie sie heute zur besseren Ausnutzung des Speichers in Computern oder zur schnelleren Datenübertragung in Modems verwendet werden. Dabei wird die Tatsache ausgenützt, dass die zu komprimierenden Daten nie ganz zufällig sind, sondern immer eine gewisse Struktur aufweisen. Je regelmässiger diese Struktur ist, desto kleiner ist der Informationsgehalt und desto besser können die Daten komprimiert werden. Bei dieser so genannten Quellencodierung wird die Datenmenge auf das wirklich Notwendige reduziert. Eine Nachricht kann Teile enthalten, die vom Empfänger vorhersagbar sind und somit keine wirkliche Information beinhalten. Diesen Anteil der Nachricht bezeichnet man als Redundanz. Um Bandbreite (oder Speicherplatz) zu sparen, ist es sinnvoll, die Redundanz vor der Übertragung (resp. dem Abspeichern) zu entfernen. Diese Aufgabe übernimmt der Quellencoder. Eine Nachricht kann ferner auch Teile enthalten, die zwar nicht vorhersagbar sind, den Empfänger aber schlicht nicht interessieren. Diesen Anteil der Nachricht bezeichnet man als Irrelevanz. Im Allgemeinen ist es relativ schwierig, zu entscheiden, welche Teile der Nachricht für den Empfänger nicht von Bedeutung sind. Gleichwohl wurden in den vergangenen Jahren sehr erfolgreiche Verfahren zur Reduktion von irrelevanten Anteilen entwickelt.

Kanalcodierung

Ein weiteres Beispiel für die praktische Anwendung von Ideen der Informationstheorie ist der Einsatz von fehlerkorrigierenden Codes, z. B. im CD-Spieler, im Handy und auf der Harddisk. Durch methodisches Hinzufügen von so genannt redundanten (weglassbaren) Elementen, die keine neue Information beinhalten, soll erreicht werden, dass Daten auch dann wieder rekonstruiert werden können, wenn sie durch Lese- oder Übertragungsfehler gestört wurden. Bei dieser Kanalcodierung wird also ganz gezielt Redundanz hinzugefügt. Dadurch erhalten die Daten eine gewisse, genau definierte Struktur. Indem der Empfänger nachprüft, ob die empfangenen Daten diese Struktur noch besitzen, kann er Fehler in der Übertragung erkennen und unter Umständen korrigieren. Quellen- und Kanalcodierung sind zwei grundsätzlich unterschiedliche Verfahren. Die Quellencodierung bezweckt eine Redundanzreduktion, so dass möglichst keine überflüssigen Daten übertragen (oder gespeichert) werden müssen. Im Gegensatz dazu werden bei der Kanalcodierung nach genau definierten Regeln redundante Teile zum Zweck der Fehlererkennung oder -korrektur hinzugefügt.

Modulation

Das informationstragende Signal muss in der Regel an die Eigenschaften des physikalischen Kanals angepasst werden. Häufig können aus physikalischen oder regulatorischen Gründen nur Signale in einem gewissen Frequenzbereich übertragen werden oder der zur Verfügung stehende Frequenzbereich ist dadurch eingeschränkt, dass der Kanal mit anderen Teilnehmern geteilt werden muss. Im einfachsten Fall handelt es sich bei der Modulation um eine reine Verschiebung (Translation) des Signals von einem Frequenzbereich in einen anderen. Mit komplexen Modulationsverfahren ist es hingegen möglich, das Spektrum des Signals fast ideal an den Frequenzgang des Kanals anzupassen. Aus informationstheoretischer Sicht bezweckt die Modulation die Umwandlung des vorhandenen analogen Kanals in einen Codierungskanal mit möglichst hoher Kanalkapazität.

Kryptologie

Die Kryptologie (Datenverschlüsselung) soll sicherstellen, dass der unberechtigte Zuhörer möglichst keine Information über die gesendete Nachricht erhält. Die Erkenntnisse der Informationstheorie verhalfen der Kryptologie zu einer soliden mathematischen Grundlage. Um die Daten vor unbefugtem Mitlesen zu schützen, werden diese mittels eines Verschlüsselungsverfahrens chiffriert. Es handelt sich dabei ebenfalls um eine Codierung, wobei der Informationsgehalt jedoch nicht verändert wird. Die Information wird lediglich in eine für Unbefugte nicht lesbare Form gebracht. Durch Kombination von kryptologischen Algorithmen entstehen Protokolle, die es gestatten, Dokumente digital zu unterzeichnen, elektronisch abzustimmen oder im Internet Waren zu bezahlen.

Dieses Buch soll den Leser in die Lage versetzen, technische Systeme zur Übertragung von Information zu verstehen und systematisch zu analysieren. Ausgehend von einer Einführung in die Informationstheorie werden Themen behandelt, deren Kenntnis für die methodische Analyse von Systemen zur Informationsübertragung notwendig ist. Dazu gehören die Quellen- und Kanalcodierung, die analogen und digitalen Modulationsverfahren sowie die Beschreibung von stochastischen Prozessen. Abgerundet wird die Thematik durch eine ausgedehnte Einführung in die Kryptologie, in der neben den gebräuchlichsten Algorithmen auch die wichtigsten Protokolle vorgestellt und analysiert werden. Besonderen Wert wurde auf den Einbezug von modernen Verfahren (z. B. Turbo Codes, OFDM, Elliptische Kurven, Quantenkryptographie) gelegt. Soweit sinnvoll wird die Theorie durch mathematische Herleitungen begründet.

Informationstheorie

„Probably no single work in this century has more profoundly altered man's understanding of communication than C E Shannon's article, 'A mathematical theory of communication', first published in 1948. The ideas in Shannon's paper were soon picked up by communication engineers and mathematicians around the world. They were elaborated upon, extended, and complemented with new related ideas. The subject thrived and grew to become a well-rounded and exciting chapter in the annals of science."

David Slepian

„Do Communication Engineers Need Information Theory? – Not unless they want to understand what they are doing and to be at the forefront of future advances in communications!"

James L. Massey, 2002

2 Was ist ein „bit"?

„Am 25. Dezember ist Weihnachten!" Wie viel würden Sie für diese Information bezahlen? Vermutlich keine grosse Summe. Anders wäre es wohl, wenn ich Ihnen die Zahlen der nächsten Lottoziehung mitteilen könnte. Offensichtlich ist der Informationsgehalt der beiden Nachrichten ganz unterschiedlich. Wir wollen im Nachfolgenden untersuchen, woran das liegt.

Eine Bemerkung zum Voraus: Wir behandeln hier nur den Begriff Information, wie er 1948 von Claude Shannon in seinem bahnbrechenden Artikel „A Mathematical Theory of Communication" [1] eingeführt wurde. Dies ist nicht gleichzusetzen mit dem semantischen Wert einer Nachricht. Der unzählige Male wiederholte Satz: „Ich liebe dich" beinhaltet verschwindend wenig Information. Dessen Bedeutung für den Empfänger kann aber durchaus immens hoch sein.

Als erstes stellt sich die Frage: Ist Information überhaupt eine messbare Grösse und – falls ja – wie sollte sie zweckmässig definiert werden? Ralph Hartley (ebenfalls bekannt als Erfinder des nach ihm benannten Oszillators) ging dieser Frage schon in den 20 Jahren des 20. Jahrhunderts nach [2]. Seine Definition erwies sich später zwar als unvollständig, aber er erkannte schon damals einen ganz wesentlichen Aspekt des Problems: Echte Informationsübertragung liegt nur dann vor, wenn der Empfänger nicht schon zum Voraus weiss (oder mit hoher Wahrscheinlichkeit vermuten kann), was er empfangen wird. Dies ist der Grund, weshalb wir die Nachricht „Am 25. Dezember ist Weihnachten!" nicht als echte Information empfinden. Das ist eine allgemein bekannte Tatsache und überrascht uns keineswegs. Um von Information sprechen zu können, muss die Auswahl der Nachricht – aus der Sicht des Empfängers – zufällig (d.h. nicht vorhersehbar) erfolgen. Je unwahrscheinlicher eine bestimmte Nachricht ist, desto mehr werden wir durch deren Empfang überrascht.

In der Informationstheorie ist die Nachrichtenquelle darum immer ein Experiment mit zufälligem Ergebnis. Je schlechter das Resultat des Experiments vorhersagbar ist, desto höher ist die Ungewissheit und umso interessanter ist die Nachricht. Um dies zu verdeutlichen, betrachten wird das Experiment „Lottospielen", welches mit einem zufälligen Resultat endet. Der Ausgang des Experiments lässt sich jedoch mit hoher Genauigkeit vorhersagen, da das Ergebnis „Hauptgewinn" sehr viel unwahrscheinlicher ist als das Ergebnis „Wieder nichts". Entsprechend niedrig ist die Ungewissheit. Bei einem fairen Münzwurf existieren ebenfalls zwei Möglichkeiten. (Wenn wir mal die Möglichkeit ausser Acht lassen, dass die Münze auf dem Rand stehen bleibt.) Diese haben aber beide die gleiche Wahrscheinlichkeit, nämlich ½. Das Resultat ist deshalb um einiges schwieriger vorherzusagen. Die Ungewissheit beträgt beim fairen Münzwurf genau 1 bit.

Damit haben wir zum ersten Mal die Einheit der Ungewissheit verwendet: das bit, welches 1948 von Claude Shannon eingeführt wurde. Heute wird dieser Begriff generell für Symbole verwendet, die nur zwei mögliche Werte annehmen können, beispielsweise 0 und 1. Genau genommen trägt ein solches zweiwertiges Symbol aber nur dann die Ungewissheit 1 bit, falls die beiden möglichen Werte gleich wahrscheinlich sind[1].

Die Ungewissheit eines Experiments mit zufälligem Ergebnis ist ein zentraler Begriff in der Informationstheorie. Es zeigt sich, dass dessen Definition formal mit derjenigen der Entropie übereinstimmt. Dies ist keineswegs verwunderlich, da die Entropie ein Mass für die Unordnung eines System ist und die Ungewissheit natürlich umso grösser ist, je höher die Unordnung ist.

2.1 Ungewissheit

Das wohl einfachste Beispiel eines Zufallsexperiments ist der Wurf einer Münze. Das Resultat dieses Experiments soll einem Empfänger mitgeteilt werden. Da lediglich zwei unterscheidbare Möglichkeiten, nämlich Kopf oder Zahl, existieren, genügt dazu offensichtlich die Übertragung einer einzigen binären Ziffer. Indem wir beispielsweise ein Lämpchen im Nebenzimmer aufleuchten lassen, teilen wir dem Empfänger mit, dass wir „Kopf“ geworfen haben. Bleibt das Lämpchen dunkel, war das Ergebnis „Zahl“.

Im nächsten Versuch betrachten wir ein Gefäss, welches acht Kugeln enthalte. Diese seien mit A, B, usw. bis H beschriftet. Unser Zufallsexperiment besteht nun darin, dass wir eine Kugel ziehen. Wiederum wollen wir den Ausgang des Experiments, d.h. die Kennzeichnung der gezogenen Kugel einem Empfänger übermitteln. Die Anzahl möglicher Ereignisse hat sich offensichtlich von zwei auf acht vervierfacht. Die Annahme, dass wir demzufolge auch die vierfache Anzahl binärer Ziffern übertragen müssten, ist natürlich falsch. Wie Tabelle 1 zeigt, reichen drei binäre Ziffern dazu völlig aus. Es lässt sich leicht nachprüfen, dass die Tabelle 1 alle aus drei binären Ziffern bestehenden Kombinationen enthält. Eine neunte Kugel würde uns somit zwingen, eine vierte binäre Ziffer zu verwenden. Damit könnten wir dann wiederum bis zu 16 Kugeln unterscheiden.

---

[1] Wir werden den Begriff „bit“ klein schreiben, wenn damit die Einheit der Ungewissheit gemeint ist. Für die Bezeichnung eines zweiwertigen Symbol (binäre Ziffer) verwenden wir die grossgeschriebene Version „Bit“.

Tabelle 1: Darstellung der gezogenen Kugel mittels dreier binärer Ziffern.

Buchstabe	Ziehungswahrscheinlichkeit	Binäre Ziffern
A	1/8	000
B	1/8	001
C	1/8	010
D	1/8	011
E	1/8	100
F	1/8	101
G	1/8	110
H	1/8	111

Offensichtlich werden für ein Experiment mit N unterscheidbaren Kugeln

$$M = \lceil \log(N) \rceil$$

binäre Ziffern benötigt, wobei wir mit $\lceil x \rceil$ die kleinste natürliche Zahl bezeichnen, welche grösser oder gleich x ist.

Bisher sind wir davon ausgegangen, dass wir nur das Ergebnis einer einzelnen Ziehung übertragen wollen. Wird hingegen ein Zufallsexperiment mit N gleich wahrscheinlichen Ereignissen L mal wiederholt, ergeben sich

$$N^L$$

Möglichkeiten, zu deren Darstellung wir

$$M = \left\lceil \log_2\left(N^L\right) \right\rceil = L \cdot \log_2(N) + \varepsilon$$

binäre Ziffern benötigen, wobei für die Grösse ε gilt: $0 \leq \varepsilon < 1$. Pro durchgeführtes Experiment sind demnach durchschnittlich

$$\frac{M}{L} = \frac{\left\lceil \log_2\left(N^L\right) \right\rceil}{L} = \log_2(N) + \frac{\varepsilon}{L}$$

binäre Ziffern notwendig. Es ist unschwer einzusehen, dass diese Grösse mit zunehmendem L gegen $\log_2(N)$ strebt.

Wird ein Zufallsexperiment mit N gleich wahrscheinlichen Ereignissen sehr viele mal wiederholt, so werden pro Experiment im Mittel

$$\log_2(N)$$

binäre Ziffern für die Darstellung des Ergebnis benötigt.

Häufig sind die einzelnen Ereignisse eines Zufallsexperiments nicht gleich wahrscheinlich. Um diesen Fall zu untersuchen, betrachten wir ein Gefäss mit zwölf Kugeln. Davon seien sechs mit dem Buchstaben A gekennzeichnet, woraus sich eine Wahrscheinlichkeit von 6/12 = 1/2 für die Ziehung des Buchstabens A ergibt. Drei Kugeln seien mit B beschriftet, zwei mit C und eine mit D. Unser Experiment laufe folgendermassen ab: Wir ziehen eine Kugel, notieren den gezogenen Buchstaben und legen die Kugel wieder zurück in den Behälter. Indem wir dies mehrmals wiederholen, erhalten wir eine Nachricht, die beispielsweise wie folgt aussehen könnte:

B A A D A C A A B B C A A A A B A A A A C A B C B A D C C A ...

Betrachten wir zunächst den Buchstaben A, welcher mit der Wahrscheinlichkeit 1/2 gezogen wird. Die Auswahl des Buchstabens A entspricht in gewisser Weise einem Zufallsexperiment mit zwei gleich wahrscheinlichen Möglichkeiten. Mit derselben Wahrscheinlichkeit erwarten wir beispielsweise das Ergebnis Kopf resp. Zahl bei einem fairen Münzwurf. Wir wissen schon, dass zur Darstellung des Resultats $\log_2(2) = 1$ binäre Ziffern benötigt werden. Die Wahrscheinlichkeit, mit welcher der Buchstabe B erscheint, entspricht einer Auswahl aus vier gleich wahrscheinlichen Ereignissen, zu deren Darstellung wir $\log_2(4) = 2$ binäre Ziffern verwenden müssten. Der Buchstaben C taucht mit der Wahrscheinlichkeit 1/6 auf, was äquivalent zur Auswahl aus sechs gleich wahrscheinlichen Möglichkeiten ist. Wir würden durchschnittlich $\log_2(6) = 2.58$ binäre Ziffern benötigen. Es bleibt noch der Buchstabe D, der mit der Wahrscheinlichkeit 1/12 gezogen wird und folglich $\log_2(12) = 3.58$ Ziffern beansprucht.

Entsprechend dieser Überlegung ordnen wir nun jedem Buchstaben u_i einen Informationsgehalt $I(u_i)$ zu, der von der Auftretenswahrscheinlichkeit $P(u_i)$ des Buchstabens abhängt:

$$I(u_i) = \log_2\left(\frac{1}{P(u_i)}\right) = -\log_2\left(P(u_i)\right).$$

Dieses Mass besitzt folgende, durchaus vernünftige Eigenschaften:

- Da die Wahrscheinlichkeit $P(u_i)$ immer kleiner gleich eins ist, ist der Informationsgehalt stets grösser gleich null

$$I(u_i) \geq 0.$$

- Der Informationsgehalt ist eine stetige Funktion der Auftretenswahrscheinlichkeit.
- Besteht eine Nachricht aus zwei statistisch unabhängigen[2] Buchstaben u_i und u_j, so ergibt sich der Informationsgehalt der Nachricht aus der Summe

$$I(u_i, u_j) = I(u_i) + I(u_j).$$

Jetzt können wir also jedem Buchstaben ein Mass für dessen Informationsgehalt zuordnen. Aber wie bringen wir diese unterschiedlichen Zahlen in Einklang? Der im Mittel zu erwartenden Wert lässt sich dadurch berechnen, indem die Zahlen mit den dazugehörigen Ziehungswahrscheinlichkeiten gewichtet (d.h. multipliziert) und anschliessend aufsummiert werden:

$$\frac{1}{2}\cdot\log_2(2) + \frac{1}{4}\cdot\log_2(4) + \frac{1}{6}\cdot\log_2(6) + \frac{1}{12}\cdot\log_2(12) = 1.73.$$

Für den Moment bleibt unklar, ob dieser Erwartungswert irgendeine praktische Bedeutung hat. Dennoch wollen wir das Resultat verallgemeinern:

---

[2] Statistisch unabhängig bedeutet: $P(u_i, u_j) = P(u_i)\cdot P(u_j)$

Ungewissheit (Uncertainty, Entropy)

Wir nehmen an, ein Zufallsexperiment könne N unterscheidbare Ergebnisse liefern. Das erste Ergebnis habe die Wahrscheinlichkeit p_1, das zweite p_2, usw. Wir definieren die Grösse

$$H = \sum_{i=1}^{N} p_i \cdot \log_2\left(\frac{1}{p_i}\right) = -\sum_{i=1}^{N} p_i \cdot \log_2(p_i)$$

und bezeichnen diese als Ungewissheit oder Entropie des Experiments.

Bei der Ziehung eines Buchstabens aus unserem Gefäss haben wir N = 4 Möglichkeiten, welche mit den Wahrscheinlichkeiten $p_1 = 1/2$, $p_2 = 1/4$, $p_3 = 1/6$ und $p_4 = 1/12$ auftreten. Gemäss unserer Definition errechnen wir somit eine Ungewissheit von 1.73 bit. Ganz bewusst haben wir nun die Einheit bit verwendet. Während nämlich für den Computerspezialisten die Begriffe bit und binäre Ziffer gleichbedeutend sind, trifft dies für den Informationstheoretiker nicht zu. Letzterer verwendet den Begriff bit nur im Zusammenhang mit der oben definierten Ungewissheit.

Es ist nun tatsächlich so, dass die Grösse H einige Bedingungen erfüllt, welche wir gefühlsmässig mit dem Begriff „Ungewissheit“ verbinden. So gilt beispielsweise, dass H genau dann null wird, wenn eines der Ergebnisse hundertprozentig sicher (d.h. mit der Wahrscheinlichkeit 1) auftritt. Es ist uns klar, dass in diesem Fall keine Ungewissheit über den Ausgang unseres Experiments besteht. Ferner nimmt H genau dann den maximalen Wert an, wenn alle Ereignisse gleich wahrscheinlich sind. Dies stimmt mit unserem Gefühl überein, dass in diesem Fall die Ungewissheit über den Ausgang des Experiments am grössten ist. Trotzdem wäre die obige Definition der Ungewissheit kaum von grossem Interesse, hätte sie nicht auch Bedeutung für praktische Probleme.

Claude Shannon begründete seine Definition der Entropie übrigens dadurch, dass er gewisse Eigenschaften von H verlangte, die er für angebracht hielt. Er stellte fest, dass H von der Form

$$H = -K \cdot \sum_{i=1}^{N} p_i \cdot \log(p_i)$$

sein muss, damit alle Forderungen erfüllt sind. Gleichzeitig bemerkte er: „Die wirkliche Rechtfertigung dieser Definition liegt allerdings in ihren Folgerungen“.

Beispiel

Nehmen wir an, der Ausgang unseres Zufallsexperiments könne lediglich zwei mögliche Werte x_1 und x_2 annehmen, wobei x_1 mit der Wahrscheinlichkeit p, x_2 mit der Wahrscheinlichkeit 1 - p auftritt. Die Ungewissheit unseres Experiments ergibt sich dann aus

$$H = p \cdot \log_2\left(\frac{1}{p}\right) + (1-p) \cdot \log_2\left(\frac{1}{1-p}\right).$$

Dieser Ausdruck erscheint so häufig in der Informationstheorie, dass man dafür eine eigene Bezeichnung und ein eigenes Symbol definiert hat.

Binäre Entropiefunktion

$$h(p) = p \cdot \log_2\left(\frac{1}{p}\right) + (1-p) \cdot \log_2\left(\frac{1}{1-p}\right)$$
$$= -p \cdot \log_2(p) - (1-p) \cdot \log_2(1-p)$$

Der Verlauf der binären Entropiefunktion ist in Figur 1 wiedergegeben. Offensichtlich ist die Ungewissheit für $p = 0.5$ am grössten und beträgt dort genau 1 bit. Tritt einer der beiden Werte mit der Wahrscheinlichkeit 1 auf, so ist die Ungewissheit über den Ausgang des Experiments gleich null.

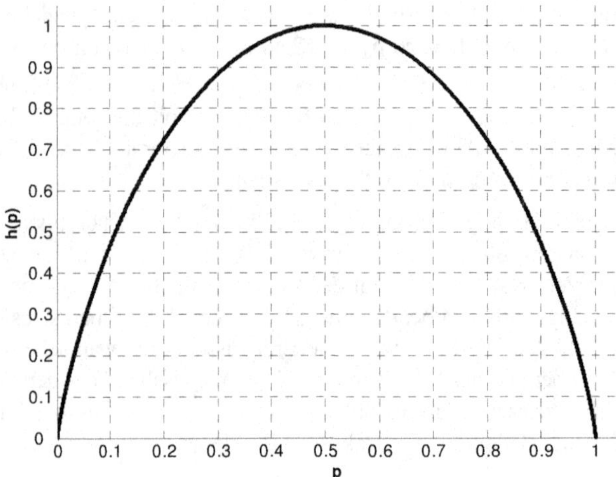

Figur 1: Die binäre Entropiefunktion

■

Noch ist das Problem nicht gelöst, wie wir möglichst effizient einen Buchstaben übertragen können. Wir suchen eine Methode, bei der wir im Mittel möglichst wenig binäre Ziffern übertragen müssen. Selbstverständlich könnten wir einfach jedem der vier Buchstaben einen aus zwei binären Ziffern bestehenden Code zuordnen (z. B. A = 00, B = 01, C = 10, D = 11) und diesen übermitteln. In diesem Fall würden wir zwei binäre Ziffern pro Buchstaben benötigen. Ein wirkungsvolleres Vorgehen besteht jedoch darin, zuerst festzustellen, ob der Buchstabe ein A ist. Mit 50% Wahrscheinlichkeit ist dies der Fall und wir haben das Problem gelöst. Falls nicht, lautet die zweite Frage: „Ist der Buchstabe ein B?". Falls dies wiederum verneint wird, benötigen wir eine dritte Frage: „Ist der Buchstabe ein C?". Da jede der obigen Fragen mit Ja oder Nein beantwortet werden kann, können wir die jeweilige Antwort mittels einer binären Ziffer darstellen (z. B. eine 1 für „Ja"). Das Vorgehen ist in Tabelle 2 nochmals zusammengefasst. Wie viele binäre Ziffern müssen wir nun im Durchschnitt übertragen? In 50% der Fälle, nämlich wenn der Buchstabe A übermittelt werden soll, genügt eine einzige Ziffer. Zwei Ziffern benötigen wir für den Buchstaben B, welcher durchschnittlich jedes vierte Mal auftritt. Nur für die am wenigsten wahrscheinlichen Buchstaben C und D müssen drei binäre Ziffern übertragen werden. Wir erwarten deshalb, durchschnittlich

$$\frac{1}{2} \cdot 1 + \frac{1}{4} \cdot 2 + \frac{1}{6} \cdot 3 + \frac{1}{12} \cdot 3 = 1.75 \text{ binäre Ziffern}$$

pro Buchstabe übertragen zu müssen. Dieses Ergebnis liegt bemerkenswert nahe an der Entropie H = 1.73 bit des Experiments. Später werden wir zeigen, dass die minimal notwendige Anzahl binärer Ziffern nie kleiner als die Ungewissheit H ist. Andererseits ist sie immer kleiner als H + 1. Werden nicht einzelne Buchstaben, sondern jeweils Gruppen von mehreren Buchstaben gleichzeitig codiert, so lässt sich die im Mittel pro Buchstabe benötigte Anzahl binärer Ziffern beliebig gut dem Grenzwert H annähern. Das bedeutet, dass wir zur Übertragung einer längeren Nachricht im Durchschnitt H binäre Ziffern pro Buchstabe übertragen müssen.

Tabelle 2: Vorgehen zum Übertragen eines Buchstabens

Buchstabe	Wahrscheinlichkeit	Anzahl Fragen	Darstellung
A	1/2	1	1
B	1/4	2	01
C	1/6	3	001
D	1/12	3	000

Zum gewählten Code noch eine Bemerkung: Obwohl wir für die Darstellung der Buchstaben verschieden lange binäre Sequenzen verwenden, entstehen dadurch keine Probleme bei der Übertragung, da keine Sequenz in Tabelle 2 ein Präfix (Vorsilbe) einer längeren Sequenz ist. Beispielsweise ist 01 weder der Beginn von 001 noch von 000. Aus diesem Grunde ist es ohne weiteres möglich, die Ziffernfolge 001101101000 eindeutig als CABABD zu decodieren.

Ein gut untersuchtes Beispiel einer Informationsquelle ist englischsprachiger Text. Der Einfachheit halber wollen wir annehmen, dass das englische Alphabet lediglich aus 26 Buchstaben und dem Leerschlag bestehe. Falls wir davon ausgehen, dass alle 27 Symbole gleich wahrscheinlich sind, ergibt dies eine Ungewissheit von $\log_2(27) = 4.76$ bit pro Symbol. Nun ist es aber so, dass gewisse Buchstaben viel häufiger vorkommen als andere. Der häufigste Buchstabe, das E, tritt mit 13% Wahrscheinlichkeit auf, während Q und Z nur sehr spärlich (0.1%) vertreten sind. Unter Berücksichtigung dieser Tatsache verkleinert sich die Ungewissheit auf 4.03 bit pro Buchstabe. In einem nächsten Schritt können wir auch die Verteilung von Buchstabenpaaren berücksichtigen. So folgt beispielsweise auf den Buchstaben Q praktisch immer ein U, die Ungewissheit ist in diesem Fall sehr klein. Berücksichtigen wir sogar die Wahrscheinlichkeitsverteilung von Buchstabenquadrupeln (Gruppen von vier Buchstaben), so beträgt die Ungewissheit noch 2.8 bit pro Buchstabe. Aber selbst damit haben wir die Struktur von englischem Text noch nicht vollständig ausgenützt. Untersuchungen haben für englischen Text eine Ungewissheit von lediglich 1.34 bit pro Buchstabe ergeben! Zumindest theoretisch ist es deshalb möglich, einen englischsprachigen Text mit durchschnittlich 1.34 bit pro Buchstabe zu codieren.

2.2 Information

Durch den Empfang einer Nachricht wird die Ungewissheit im Allgemeinen reduziert, jedoch nicht zwingend auf null. Betrachten wir den Wurf eines fairen Würfels. Durch die Nachricht: „Die gewürfelte Augenzahl ist eine gerade Zahl" wird die Ungewissheit über das Ergebnis sicher kleiner, verschwindet aber nicht vollständig. Offensichtlich trägt eine Nachricht dann Information, wenn wir nach deren Erhalt mehr über ein Ereignis wissen, d.h., wenn dadurch die Ungewissheit über dieses Ereignis verkleinert wird. Der Unterschied zwischen der Ungewissheit vor und nach dem Erhalt der

Nachricht wird als Transinformation oder gegenseitige Information (mutual information) bezeichnet.

Betrachten wir die Frage „Regnet es morgen?" mit den beiden möglichen Antworten „ja" oder „nein". Nehmen wir an, dass beide Möglichkeiten gleich wahrscheinlich sind, dann beträgt die Ungewissheit genau ein bit. Durch das Abhören des Wetterberichts verringert sich die Ungewissheit. Wie wir alle wissen, sind die Wettervorhersagen jedoch nicht 100% zulässig. Deshalb bleibt ein Rest Ungewissheit bestehen, sagen wir 0.7 bit. (Wir gehen davon aus, die Vorhersage sei in acht von zehn Fällen richtig). Der Wetterbericht liefert also über das Ereignis „Morgen regnet es" eine Transinformation von 1.0 - 0.7 = 0.3 bit.

Beispiel

Um den Begriff der Transinformation etwas exakter untersuchen zu können, betrachten wir die in Figur 2 dargestellte Versuchsanordnung.

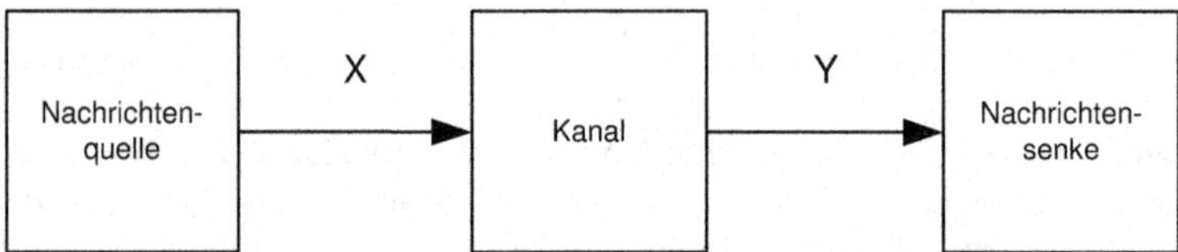

Figur 2: Versuchsanordnung zur Erklärung der Transinformation

Eine Nachrichtenquelle liefert zufällige, binäre Symbole X und zwar mit den Wahrscheinlichkeiten $P(X = 0) = 0.1$ und $P(X = 1) = 0.9$. Die Ungewissheit über das Symbol X beträgt demnach

$$H(X) = -0.1 \cdot \log_2(0.1) - 0.9 \cdot \log_2(0.9) = 0.469 \text{ bit} .$$

Das Symbol X wird über einen gestörten Kanal übertragen. Das derart erhaltene Symbol Y sei zwar wiederum binär, aber aufgrund der Störung entspricht es nicht mehr in jedem Fall dem gesendeten Symbol X. Betrachten wir X und Y gemeinsam, so ergeben sich vier Möglichkeiten, deren Wahrscheinlichkeiten in einer Tabelle zusammengefasst werden können.

P(x, y)		Empfangenes Symbol	
		Y = 0	Y = 1
Gesendetes Symbol	X = 0	0.08	0.02
	X = 1	0.18	0.72

Wir gehen zuerst davon aus, dass Y = 0 empfangen wurde. Wie gross ist die Ungewissheit über das gesendete Symbol X unter dieser Voraussetzung? Die Wahrscheinlichkeit für X = 0 ist in diesem Fall

$$P(X = 0 \mid Y = 0) = \frac{0.08}{0.08 + 0.18} = 0.308 .$$

Immer noch unter der Annahme, dass Y = 0 empfangen wurde, ergibt sich für die Wahrscheinlichkeit für X = 1

$$P(X = 1 \mid Y = 0) = \frac{0.18}{0.08 + 0.18} = 0.692 .$$

Die gesuchte Ungewissheit über das gesendete Symbol X, falls Y = 0 beobachtet wurde, errechnet sich gemäss Definition wie folgt

$$H(X \mid Y=0) = -0.308 \cdot \log_2(0.308) - 0.692 \cdot \log_2(0.692) = 0.891 \text{ bit}.$$

Sinngemäss resultieren für den Fall Y = 1 die Grössen

$$P(X=0 \mid Y=1) = \frac{0.02}{0.02+0.72} = 0.027,$$

$$P(X=1 \mid Y=1) = \frac{0.72}{0.02+0.72} = 0.973,$$

$$H(X \mid Y=1) = -0.027 \cdot \log_2(0.027) - 0.973 \cdot \log_2(0.973) = 0.179 \text{ bit}.$$

Die bedingte Entropie H(X|Y) bezeichnet die durchschnittliche Ungewissheit über das Symbol X, falls Y bekannt ist und wird folglich durch gewichtete Summation von H(X|Y=0) und H(X|Y=1) berechnet:

$$\begin{aligned} H(X \mid Y) &= P(Y=0) \cdot H(X \mid Y=0) + P(Y=1) \cdot H(X \mid Y=1) \\ &= 0.26 \cdot 0.891 + 0.74 \cdot 0.179 \\ &= 0.364 \text{ bit}. \end{aligned}$$

Welche Information liefert nun das Empfangssymbol Y über das gesendete Symbol? Ohne Berücksichtigung von Y beträgt die Ungewissheit über das gesendete Symbol X

$$H(X) = 0.469 \text{ bit}.$$

Diese Ungewissheit verringert sich auf

$$H(X \mid Y) = 0.364 \text{ bit},$$

falls das Empfangssymbol zur Verfügung steht. Daraus ergibt sich eine Transinformation zwischen X und Y von

$$I(X;Y) = H(X) - H(X \mid Y) = 0.105 \text{ bit}.$$ ■

An dieser Stelle stellt sich die Frage, weshalb von Transinformation oder gar gegenseitiger Information die Rede ist. Weshalb wird nicht die Bezeichnung „Information, welche Y über X liefert" verwendet? Der Grund dafür liegt darin, dass X genau gleich viel Information über Y liefert. Es gilt nämlich

$$I(X;Y) = I(Y;X).$$

Daraus wird ersichtlich, dass es sich bei der Transinformation um eine symmetrische Grösse handelt, die den Begriff gegenseitige Information durchaus rechtfertigt.

Folgende Beziehungen sind intuitiv einleuchtend, auch wenn wir sie hier ohne Herleitung angeben.

- Die Unsicherheit über X wird durch Beobachtung von Y niemals grösser. Sie bleibt gleich, falls X und Y statistisch unabhängig sind.

$$H(X) \geq H(X \mid Y)$$

- Die Ungewissheit H(X,Y) über das gemeinsame Auftreten von X und Y ergibt sich aus der Ungewissheit über X zuzüglich der bedingten Ungewissheit über Y, wenn wir X schon kennen. Dieselbe Aussage gilt auch, wenn wir X und Y vertauschen.

$$\begin{aligned} H(X,Y) &= H(X) + H(Y \mid X) \\ &= H(Y) + H(X \mid Y) \end{aligned}$$

Aus der letzten Beziehung lässt sich eine weitere Formel zur Berechnung der Transinformation ableiten:

$$\begin{aligned} I(X;Y) &= H(X) - H(X \mid Y) \\ &= H(X) + H(Y) - H(X,Y) \end{aligned}$$

Daraus ist die Symmetrie von I(X;Y) schön ersichtlich.

2.3 Zusammenfassung

In der Tabelle 3 sind die wichtigsten Begriffe und Definitionen nochmals zusammengefasst.

Tabelle 3: Zusammenfassung der wichtigen Begriffe und Definitionen

$H(X) = -\sum_{i=1}^{N} P(x_i) \cdot \log_2\left(P(x_i)\right)$	Entropie der Zufallsvariablen X. Ungewissheit über das Auftreten der Zufallsvariablen X.
$H(X \mid Y = y_j) = -\sum_{i=1}^{N} P(x_i \mid y_j) \cdot \log_2\left(P(x_i \mid y_j)\right)$	Ungewissheit über das Auftreten der Zufallsvariablen X, wenn bekannt ist, dass die Zufallsvariable Y den Wert y_j hat.
$H(X \mid Y) = \sum_{j} P(y_j) \cdot H(X \mid Y = y_j)$	Durchschnittliche Ungewissheit über das Auftreten der Zufallsvariablen X, wenn Y bekannt ist.
$H(X,Y) = -\sum_{i,j} P(x_i, y_j) \cdot \log_2\left(P(x_i, y_j)\right)$	Ungewissheit über das gemeinsame Auftreten der Zufallsvariablen X und Y.
$I(X;Y) = H(X) - H(X \mid Y)$ $= H(Y) - H(Y \mid X)$ $= H(X) + H(Y) - H(X,Y)$	Transinformation (mutual information) zwischen den Zufallsvariablen X und Y.

"Source coding is what Alice uses to save money on her telephone bills. It is usually used for data compression, in other words, to make messages shorter."

John Gordon

3 Quellencodierung

3.1 Einleitung

Im vorangegangenen Kapitel wurde der Begriff der Ungewissheit eines Zufallsexperiments eingeführt und gezeigt, dass dieser einige gefühlsmässig einleuchtende Eigenschaften besitzt. Daraus können wir jedoch noch nicht schliessen, dass die angegebene Definition die „richtige"[3] ist. Wir müssen uns erst davon überzeugen, dass praktische Probleme der Informationsübertragung und -speicherung mit Hilfe der Ungewissheit effizient untersucht werden können. Genau dies bezweckt dieses Kapitel.

Bei der Quellencodierung geht es darum, die zu übertragende Information möglichst effizient in eine Folge von Ziffern (nicht notwendigerweise binär) zu codieren. Als Mass für die Effizienz wird gewöhnlich die im Mittel zu erwartende Länge der Ziffernfolge verwendet.

Um das Problem genauer untersuchen zu können, betrachten wir die in Figur 3 wiedergegebene Versuchsanordnung.

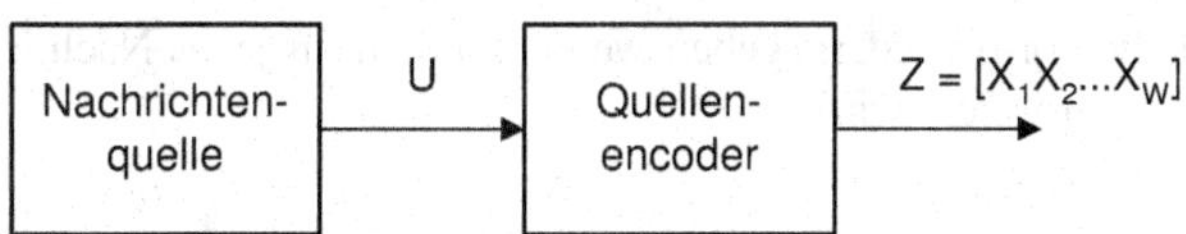

Figur 3: Codierungsschema

Die Nachrichtenquelle liefert ein zufällig gewähltes Symbol U aus einem N-wertigen Alphabet $\{u_1, u_2, \ldots u_N\}$. Der Quellenencoder wandelt das Symbol U in eine Folge von Ziffern $Z = [X_1X_2\ldots X_W]$ um, wobei jede Ziffer X_i aus einem D-wertigen Alphabet $\{0, 1, \ldots, D\text{-}1\}$ stammt.

Häufig ist U ein Buchstabe aus dem lateinischen Alphabet {‚a', ‚b', … ‚z'}. Dies ist jedoch keineswegs zwingend. Man könnte beispielsweise als Alphabet auch die Menge aller deutschen Wörter verwenden. Dann würde der Quellenencoder eben ganze Wörter und nicht einzelne Buchstaben

[3] Definitionen (definitio lat., Bestimmung) sind durch Menschen festgelegte, möglichst klare Beschreibungen eines Begriffs. Es macht deshalb keinen Sinn, sie als richtig oder falsch zu bezeichnen. Hingegen können Definitionen durchaus mehr oder weniger zweckdienlich sein.

codieren. Das Codewort Z am Ausgang des Encoders ist meistens, aber nicht immer, eine binäre Folge. Wir werden uns im Folgenden dennoch auf D = 2 beschränken.

Die Länge W des Codewortes Z ist gemeinhin nicht konstant, sondern vom Symbol U abhängig. Ein effizienter Quellencodierer wandelt häufig auftretende Symbole in kurze Ziffernfolgen um und verwendet für seltenere Symbole längere Ziffernfolgen. Ein Mass für die Effizienz des Quellencodierers ist die durchschnittliche Codewortlänge, welche wir mit E[W] bezeichnen. Falls das Symbol u_i in ein Codewort der Länge w_i umgewandelt wird, kann die durchschnittliche Codewortlänge wie folgt berechnet werden

$$E[W] = \sum_{i=1}^{N} w_i \cdot P(u_i),$$

wobei $P(u_i)$ die Auftretenswahrscheinlichkeit des Symbols u_i bezeichnet.

Wir stellen zwei grundlegende Anforderungen an den Quellenencoder:

1. Zwei unterschiedliche Symbole u_i und u_j müssen auch in unterschiedliche Codewörter z_i und z_j umgewandelt werden. Ferner darf der Code keine leeren Codewörter (Codewörter der Länge null) enthalten. Falls diese Bedingungen nicht erfüllt sind, spricht man von einem degenerierten Code.
2. Kein Codewort soll das Präfix (Vorsilbe) eines längeren Codewortes sein. Damit stellen wir sicher, dass ein Codewort decodiert werden kann, sobald das letzte Zeichen empfangen wurde. Es ist dann auch möglich, den Quellenencoder mehrmals nacheinander für das Codieren von Symbolen zu verwenden, ohne dass es beim Empfang zu Mehrdeutigkeiten kommt.

Jeder präfixfreie Code ist eindeutig decodierbar, aber nicht alle eindeutig decodierbaren Codes sind präfixfrei! Es wurde jedoch bewiesen, dass für jeden eindeutig decodierbaren Code ein präfixfreier Code mit gleichen Codewortlängen existiert. Man kann sich deshalb bei der Suche nach optimalen Codes auf präfixfreie Codes beschränken.

Beispiel

Codes können in Tabellenform wiedergegeben werden, indem für jedes Nachrichtensymbol u_i das zugehörige Codewort z_i dargestellt wird.

Der Code

U	Z
u_1	0
u_2	10
u_3	11

erfüllt die obigen Bedingungen. Würde man die Reihenfolge der Ziffern der Codewörter umkehren, so wäre der Code immer noch eindeutig decodierbar, aber nicht mehr präfixfrei.

Beim Code

U	Z
u_1	1
u_2	00
u_3	11

ist das Codewort z_1 ein Präfix des Codewortes z_3. Bei Empfang der Folge [1 1 1] ist nicht klar, ob [u_1 u_1 u_1], [u_1 u_3] oder [u_3 u_1] codiert wurde. ∎

3.2 Codebäume mit Wahrscheinlichkeiten

Zur graphischen Darstellung von Codes eignen sich Verzweigungsbäume. Die einzelnen Zeichen eines Codewortes entsprechen dabei den Ästen des Baums. Bei einem Code ohne Präfix ist jedes Codewort ein Endknoten des Baums. Es macht deshalb Sinn, den Endknoten die Wahrscheinlichkeit des entsprechenden Codewortes $P(u_i)$ zuzuordnen. Selbstverständlich muss die Summe dieser Wahrscheinlichkeiten 1 betragen. Den Nichtendknoten werden ebenfalls Wahrscheinlichkeiten zugeordnet und zwar ergibt sich die Wahrscheinlichkeit eines Knotens aus der Summe der Wahrscheinlichkeiten der direkt darüber liegenden Knoten[4]. Die Wahrscheinlichkeit des Wurzelknotens ist deshalb immer gleich 1.

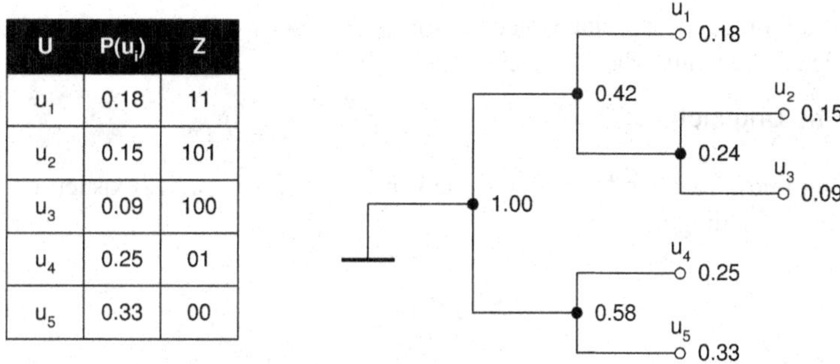

U	$P(u_i)$	Z
u_1	0.18	11
u_2	0.15	101
u_3	0.09	100
u_4	0.25	01
u_5	0.33	00

Figur 4: Darstellung eines Codes als Verzweigungsbaum

Zwischen den Wahrscheinlichkeiten der Nichtendknoten und der mittleren Länge eines Astes besteht ein einfacher Zusammenhang, der wie folgt lautet:

[4] Wir bezeichnen einen Knoten als darüber liegend, falls er näher beim Endknoten, resp. weiter entfernt vom Wurzelknoten liegt.

Pfadlängensatz

In einem Codebaum mit Wahrscheinlichkeiten ist die mittlere Länge der Äste gleich der Summe der Wahrscheinlichkeiten der Nichtendknoten (inklusive der Wurzel).

Beweis

Betrachten wir einen Endknoten, so erkennen wir, dass dessen Wahrscheinlichkeit $P(u_i)$ in allen darunter liegenden Knoten genau einmal als Summand auftritt. Die Anzahl darunter liegender Knoten ist gleich der Länge w_i des zum Endknoten gehörigen Codeworts. Dieser Endknoten liefert aus diesem Grunde den Beitrag $w_i \cdot P(u_i)$ an die Gesamtsumme. Addiert man die Beiträge aller Endknoten, so erhält man die Formel zur Bestimmung der mittleren Länge eines Codes. ■

Beispiel

Addieren wir die Wahrscheinlichkeiten der Nichtendknoten des Codes aus Figur 4, so erhalten wir:

$$1.0 + 0.42 + 0.58 + 0.24 = 2.24.$$

Berechnen wir die mittlere Codewortlänge, so ergibt sich:

$$E[W] = 0.18 \cdot 2 + 0.15 \cdot 3 + 0.09 \cdot 3 + 0.25 \cdot 2 + 033 \cdot 2 = 2.24.$$ ■

3.3 Kraft'sche Ungleichung

Die Antwort auf die Frage, ob für eine gegebene Liste von Codewortlängen ein binärer präfixfreier Code existiert, liefert die Kraft'sche Ungleichung.

Kraft'sche Ungleichung

Ein binärer präfixfreier Code mit den Codewortlängen $w_1, w_2, \ldots w_N$ existiert genau dann, falls die Bedingung

$$\sum_{i=1}^{N} 2^{-w_i} \leq 1$$

erfüllt ist.

Beweis

Nehmen wir zuerst an, ein solcher Code existiere. Wir wollen zeigen, dass in diesem Fall die Ungleichung erfüllt ist. Zu diesem Zweck betrachten den vollständigen binären Baum der Länge $K = \max(w_i)$. Das erste Codewort z_1 entspricht einem Knoten in diesem Baum. Falls $w_1 < K$ ist, stutzen wir den Baum an diesem Knoten und machen ihn so zu einem Endknoten. Wir verlieren dadurch 2^{K-w_1} Endknoten des vollständigen Baums. Indem wir das mit allen Codewörtern durchführen, verlieren wir insgesamt

$$2^{K-w_1} + 2^{K-w_2} + \cdots + 2^{K-w_K}$$

Endknoten. Gesamthaft besitzt der vollständige Baum jedoch genau 2^K Endknoten. Da nach unserer Voraussetzung der Code existiert, muss demnach die Bedingung

$$2^{K-w_1} + 2^{K-w_2} + \dots + 2^{K-w_K} \leq 2^K$$

gelten. Durch Division mit 2^K erhält man die Kraft'sche Ungleichung.

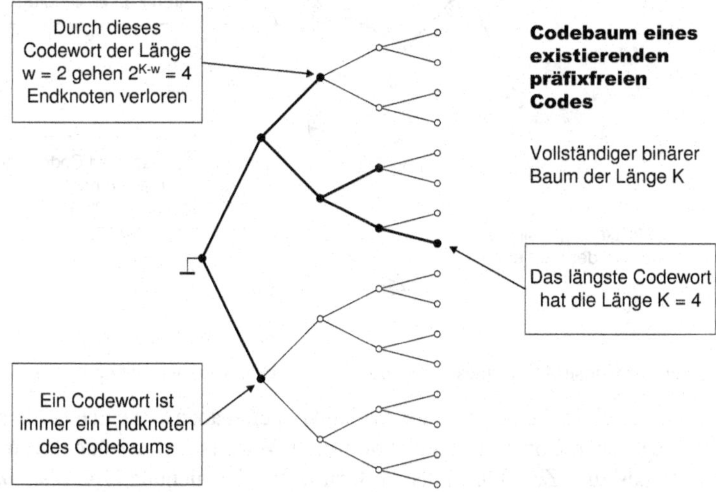

Figur 5: Ein existierender präfixfreier Code erfüllt die Kraft'sche Ungleichung

Nun nehmen wir umgekehrt an, eine Menge positiver ganzer Zahlen, welche die Kraft'sche Ungleichung erfüllen, sei gegeben. Ohne Beschränkung der Allgemeinheit dürfen wir annehmen, dass die Codewortlängen sortiert wurden, d.h. es gilt $w_1 \leq w_2 \leq \dots \leq w_N = K$.

Ausgehend von einem vollständigen binären Baum der Länge $K = \max(w_i)$ versuchen wir einen binären präfixfreien Code mit Hilfe des folgenden Algorithmus zu konstruieren.

1. $i := 1$
2. Wähle für z_i einen noch unbenutzten Knoten der Tiefe w_i und, falls $w_i < K$, stutze den Baum an diesem Knoten.
3. Falls $i \neq N$ setze $i := i + 1$ und gehe zu Schritt 2.

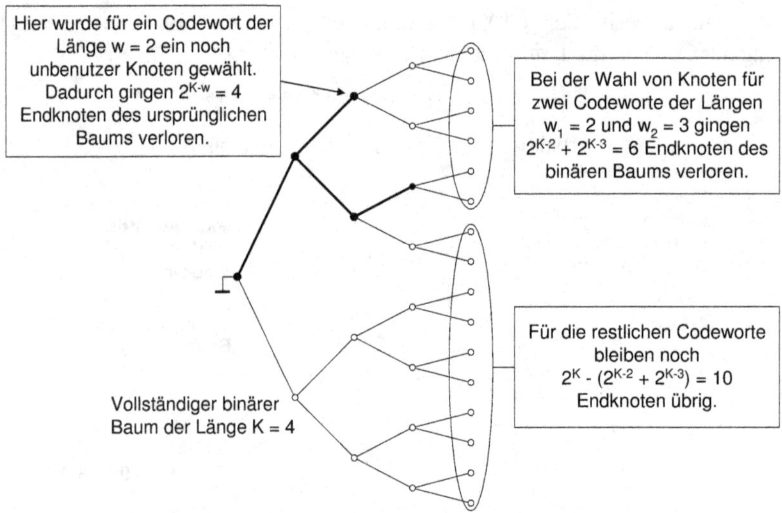

Figur 6: Vorgehen zur Konstruktion eines Codes mit vorgegebenen Codewortlängen.

Falls wir jedes Mal im Schritt 2 einen Knoten wählen können, haben wir einen binären Code ohne Präfix mit den vorgegebenen Codewortlängen konstruiert. Wir müssen uns nun davon überzeugen, dass dieser Algorithmus zum Ziel führt, falls die Kraft'sche Ungleichung erfüllt ist. Dazu nehmen wir an, die Codeworte $z_1, z_2, \ldots z_{j-1}$ seien zugewiesen worden und stellen uns die Frage, ob es in jedem Fall möglich ist, für das j-te Codewort einen noch unbenutzten Knoten der Tiefe w_j zu finden. Durch die Wahl eines Codeworts der Länge w_i fallen im Schritt 2 jeweils 2^{K-w_i} Endknoten des vollständigen binären Baums weg. Nach der Festlegung von j - 1 Codeworten existieren also noch

$$2^K - \left(2^{K-w_1} + 2^{K-w_2} + \cdots + 2^{K-w_{j-1}}\right) = 2^K \cdot \left(1 - \sum_{i=1}^{j-1} 2^{-w_i}\right)$$

Endknoten der Tiefe K. Da aber $j \leq N$ gilt, folgt mit Hilfe der Ungleichung von Kraft, dass diese Zahl grösser null ist

$$\sum_{i=1}^{j-1} 2^{-w_i} < 1 \qquad \Rightarrow \qquad 2^K \cdot \underbrace{\left(1 - \underbrace{\sum_{i=1}^{j-1} 2^{-w_i}}_{<1}\right)}_{>0} \geq 1 .$$

Wenn aber mindestens ein Endknoten der Tiefe K existiert, kann sicherlich auch ein Knoten der Tiefe w_j gefunden und somit ein Codewort z_j zugewiesen werden. ■

3.4 Huffman Code

Wir zeigen nun, wie ein optimaler präfixfreier Code konstruiert werden kann. Unter optimal verstehen wir in diesem Zusammenhang einen Code mit möglichst kurzer mittlerer Codewortlänge.

Wir betrachten dazu eine Nachrichtenquelle mit N unterscheidbaren Symbolen $U = \{u_1, u_2, ... u_N\}$ und den dazugehörigen Wahrscheinlichkeiten $P_U(u_i) = p_i$. Ohne Beschränkung der Allgemeinheit dürfen wir annehmen, dass die Liste $[p_1, p_2, ... p_N]$ der Wahrscheinlichkeiten sortiert ist, d.h. es gelte $p_1 \geq p_2 \geq ... \geq p_N$.

Zunächst beweisen wir die nachstehenden Hilfssätze.

Hilfssätze

1. Ein optimaler binärer präfixfreier Code besitzt keine unbesetzten Endknoten.
2. Zu jeder beliebigen Liste von Wahrscheinlichkeiten existiert ein optimaler binärer präfixfreier Code, bei dem die Codewörter für die beiden unwahrscheinlichsten Symbole sich nur im letzten Bit unterscheiden.

Beweis der Bedingung 1

Wir gehen von der Annahme aus, dass ein optimaler Code mit unbesetztem Endknoten existiert. Der Nachbarknoten des unbesetzten Endknotens kann entweder ein Codewort oder ein Teilbaum sein. Wie Figur 7 zeigt, gelingt es in beiden Fällen einen besseren Code zu finden, bei dem alle Endknoten besetzt sind.

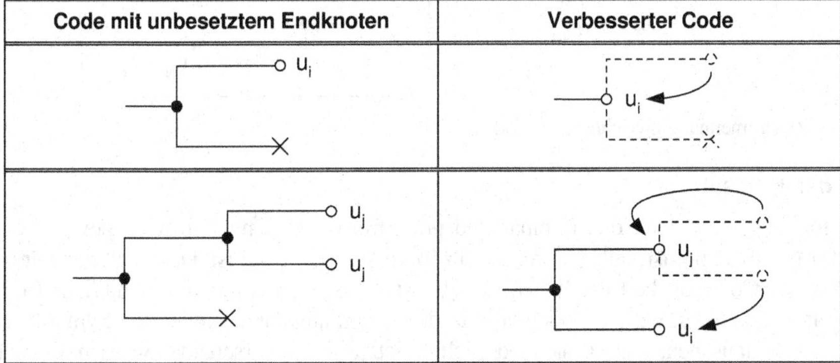

Figur 7: Ein optimaler binärer präfixfreier Code besitzt keine unbesetzten Endknoten.

■

Beweis der Bedingung 2

Nicht alle optimalen Codes müssen diese Bedingung erfüllen, aber es gibt immer einen optimalen Code, der sie erfüllt. Gemäss dem soeben bewiesenen Hilfssatz, besitzt das längste Codewort einen gleich langen Nachbarn, der sich lediglich im letzten Bit unterscheidet. Ohne die Optimalität zu gefährden, können diesen beiden Codeworten die Symbole u_{N-1}, u_N mit den kleinsten Wahrscheinlichkeit zugeordnet werden. ■

Hilfssatz

Es sei C' der optimale binäre präfixfreie Code für die Symbole $U' = \{u'_1, u'_2, ..., u'_{N-1}\}$ mit den Wahrscheinlichkeiten $[p_1, p_2, ..., p_{N-1} + p_N]$.

Den optimalen Code C für die Symbole $U = \{u_1, u_2, ..., u_N\}$ mit den Wahrscheinlichkeiten $[p_1, p_2, ..., p_{N-1}, p_N]$ erhält man, indem der Knoten für das Symbol u'_{N-1} erweitert wird und die beiden neu entstandenen Endknoten den Symbolen u_{N-1} und u_N zugeordnet werden.

Anstatt eines Endknotens der Tiefe w_{N-1} und der Wahrscheinlichkeit $p_{N-1} + p_N$ enthält der neue Code C zwei Endknoten der Tiefe $w_{N-1} + 1$ und den Wahrscheinlichkeiten p_{N-1} und p_N. Die durchschnittliche Codewortlänge des derart konstruierten Codes C ist deshalb um

$$p_{N-1} \cdot (w_{N-1} + 1) + p_N \cdot (w_{N-1} + 1) - (p_{N-1} + p_N) \cdot w_{N-1} = p_{N-1} + p_N$$

länger als die durchschnittliche Codewortlänge des Codes C'.

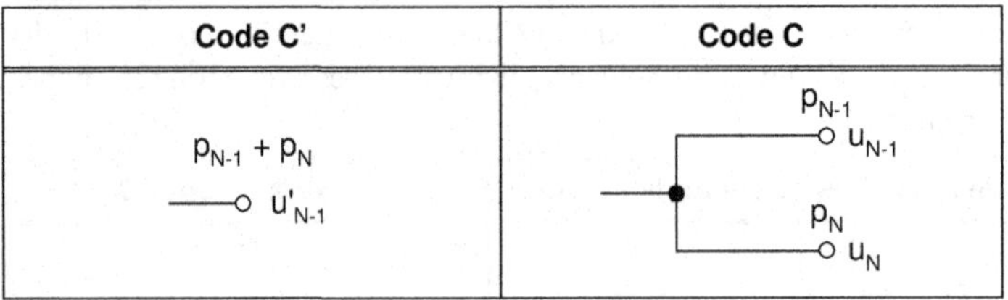

Figur 8: Zusammenhang zwischen dem Code C' und dem Code C

Beweis des Hilfssatzes

Es ist sofort klar, dass der Code C binär und präfixfrei ist. Wir müssen noch beweisen, dass C optimal für $[p_1, p_2, ... p_N]$ ist, falls C' optimal für $[p_1, p_2, ..., p_{N-1} + p_N]$ ist. Dazu nehmen wir an, dass C* ein besserer Code für die Liste $[p_1, p_2, ... p_N]$ als C wäre. Ohne die durchschnittliche Codewortlänge zu ändern, könnten wir die Codeworte für die beiden unwahrscheinlichsten Symbole u_{N-1} und u_N von C* so vertauschen, dass sie sich lediglich im letzten Bit unterscheiden würden. Diese beiden Endknoten könnten anschliessend zusammengefasst werden und als Codewort für das Symbol u'_{N-1} dienen. Es entstünde so ein Code C'* für die Liste $[p_1, p_2, ..., p_{N-1} + p_N]$, dessen durchschnittliche Codewortlänge um $p_{N-1} + p_N$ kürzer wäre als diejenige des Codes C*. Da C* gemäss Annahme besser als C ist, der Unterschied aber in beiden Fällen $p_{N-1} + p_N$ beträgt, wäre die durchschnittliche Codewortlänge von C'* kürzer als diejenige von C', woraus folgt, dass C' kein optimaler Code wäre. ■

Der soeben bewiesene Hilfssatz zeigt uns, wie der erste Nichtendknoten des optimalen Codes konstruiert werden muss. Dazu müssen offensichtlich die beiden Endknoten mit kleinster Wahrscheinlichkeit zusammengeführt werden.

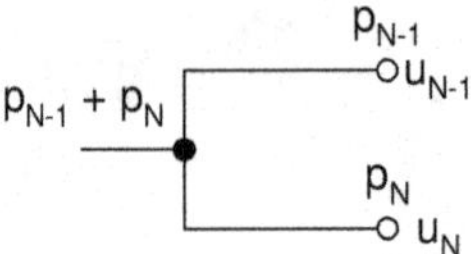

Figur 9: Ein neuer Knoten entsteht durch Verbindung der am wenigsten wahrscheinlichen Endknoten.

Wir tun nun so, als ob der derart konstruierte Nichtendknoten ein neuer Endknoten sei und weisen ihm die Wahrscheinlichkeit $p_N + p_{N-1}$ zu. Mit diesem neuen und den verbleibenden N - 2 Endknoten fahren wir anschliessend fort und konstruieren den nächsten Nichtendknoten durch Verbinden der beiden Endknoten mit kleinster Wahrscheinlichkeit.

Das Vorgehen ist nachfolgend nochmals zusammengefasst.

Huffmans binärer Algorithmus [3]

1. Bezeichne die N Endknoten mit $u_1, u_2, \ldots u_N$ und weise ihnen die Wahrscheinlichkeiten $P(u_i)$ zu. Betrachte diese Knoten als aktiv.
2. Verbinde die zwei am wenigsten wahrscheinlichen Knoten. Deaktiviere diese beiden Knoten, aktiviere den neu entstandenen Knoten und weise ihm die Summe der beiden Wahrscheinlichkeiten zu.
3. Falls noch ein aktiver Knoten existiert, gehe zu 2.

Beispiel

Wir betrachten eine Nachrichtenquelle, welche die Symbole A, B, C, D und E mit den folgenden Wahrscheinlichkeiten generiert.

u =	A	B	C	D	E
P(u) =	0.13	0.10	0.16	0.37	0.24

Durch Anwendung des Huffman Algorithmus erhält man einen optimalen binären präfixfreien Code

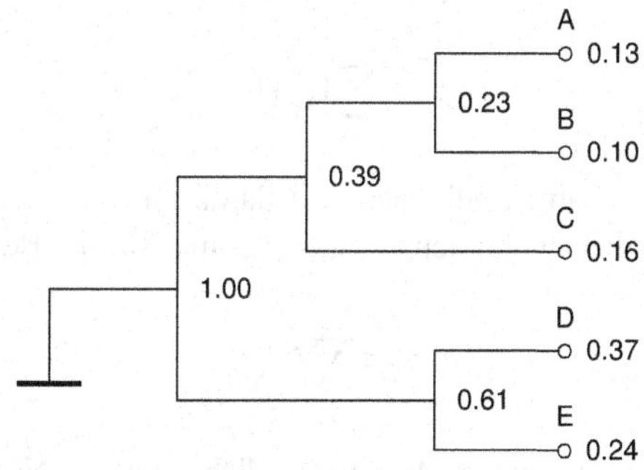

Die im Mittel zu erwartende Codewortlänge errechnet sich zu E[W] = 2.23. ■

Es sei hier noch erwähnt, dass der Algorithmus bei nichtbinärer Codierung ($D \neq 2$) angepasst werden muss.

3.5 Aussagen über die mittlere Codewortlänge bei optimalen präfixfreien Codes

Die Auswahl des zu codierenden Symbols und damit des Codeworts kann durch einen einzigen Entscheid erfolgen, wobei die Wahrscheinlichkeit, das Symbol u_i zu wählen, gleich $P(u_i)$ ist. Man kann sich aber auch vorstellen, dass das Codewort dadurch gewählt wird, dass für jede einzelne Codeziffer ein Entscheid gefällt wird. Das heisst, man startet bei der Wurzel des Codebaums und entscheidet sich bei jeder Verzweigung, ob nach oben (entspricht einer 1 im Codewort) oder nach unten (entspricht einer 0 im Codewort) verzweigt wird. Befinden wir uns auf dem Knoten i, so finden wir die in Figur 10 dargestellte Situation vor.

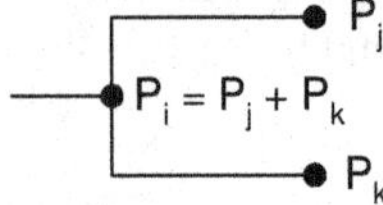

Figur 10: Situation im Knoten i

Die dem Knoten i nach den Regeln auf Seite 19 zugeordnete Wahrscheinlichkeit P_i ist gerade gleich der Wahrscheinlichkeit, dass wir den Knoten i besuchen. Mit der Wahrscheinlichkeit $P(j|i) = P_j/P_i$ verzweigen wir vom Knoten i zum Knoten j, mit der Wahrscheinlichkeit $P(k|i) = P_k/P_i$ von i nach k. Die Entropie dieser einzelnen binären Entscheidung beträgt

$$H_i = P(j|i) \cdot \log_2\left(\frac{1}{P(j|i)}\right) + P(k|i) \cdot \log_2\left(\frac{1}{P(k|i)}\right)$$

und ist sicherlich kleiner oder gleich 1 bit. Wie gross ist nun die Entropie des gesamten Entscheidungsprozesses? Falls wir einen bestimmten Nichtendknoten des Codebaumes besuchen, was mit der Wahrscheinlichkeit P_i der Fall ist, erfordert dies eine Entscheidung mit Entropie H_i. Im Mittel müssen also Entscheidungen mit der Entropie

$$H = \sum_i P_i \cdot H_i$$

getroffen werden, bis wir an einem Endknoten und damit einem Codewort angelangt sind. Die Summe läuft dabei über alle Nichtendknoten des Codebaums. Mit der Beziehung $H_i \leq 1$ erhält man schliesslich

$$H \leq \sum_i P_i \; .$$

Auf der rechten Seite steht die Summe der Wahrscheinlichkeiten der Nichtendknoten, was gemäss dem Pfadlängensatz gerade gleich der mittleren Codewortlänge ist. Wir erhalten also folgenden fundamentalen Grenzwert.

Untere Grenze für die Codewortlänge eines binären Codes ohne Präfix

Die mittlere Codewortlänge, E[W], eines binären Codes ohne Präfix erfüllt die Bedingung

$$E[W] \geq H \,.$$

Es ist also nicht möglich, einen Code zu entwerfen, dessen mittlere Codewortlänge kleiner ist als die Entropie der Nachrichtenquelle. Diese Beziehung zwischen der Entropie H einer Nachrichtenquelle und der mittleren Codewortlänge E[W] des dazugehörigen Codes ist ein starker Hinweis darauf, dass Shannons Definition der Entropie sinnvoll ist.

Beispiel

Wir betrachten nochmals das Beispiel auf Seite 25. Der optimale Huffman-Code für diese Nachrichtenquelle hat eine mittlere Codewortlänge von E[W] = 2.23. Berechnen wir die Entropie der Nachrichtenquelle, so erhalten wir

$$\begin{aligned} H &= -0.13 \cdot \log_2(0.13) - 0.10 \cdot \log_2(0.10) - 0.16 \cdot \log_2(0.16) - 0.37 \cdot \log_2(0.37) - 0.24 \cdot \log_2(0.24) \\ &= 2.163 \text{ bit,} \end{aligned}$$

was tatsächlich der obigen Bedingung genügt. ■

Im Kapitel „Was ist ein „bit"?" haben wir argumentiert, dass das Eintreten eines Ereignisses u_i mit Wahrscheinlichkeit $P(u_i)$ in gewisser Weise gleichbedeutend mit einer Auswahl aus $1/P(u_i)$ gleich wahrscheinlichen Möglichkeiten ist. Um aber L gleich wahrscheinliche Möglichkeiten zu codieren wird ein Codewort der Länge $\lceil \log_2(L) \rceil$ benötigt (vgl. Seite 9). Dies weist darauf hin, dass die Länge w_i des Codewortes für das Ereignis u_i gemäss

$$w_i = \left\lceil \log_2\left(\frac{1}{P(u_i)}\right) \right\rceil = \left\lceil -\log_2\left(P(u_i)\right) \right\rceil \tag{1}$$

gewählt werden sollte. Dass ein solcher Code existiert, kann mit Hilfe der Kraft'schen Ungleichung nachgewiesen werden.

Aus (1) folgt sofort

$$w_i \geq -\log_2\left(P(u_i)\right),$$

so dass gilt

$$\sum_{i=1}^{N} 2^{-w_i} \leq \sum_{i=1}^{N} 2^{\log_2(P(u_i))} = \sum_{i=1}^{N} P(u_i) = 1,$$

womit die Kraft'sche Ungleichung erfüllt und die Existenz eines binären Codes ohne Präfix nachgewiesen ist.

Aus (1) folgt aber umgekehrt auch

$$w_i < -\log_2\left(P(u_i)\right) + 1 \,.$$

Werden beide Seiten mit $P(u_i)$ multipliziert und wird danach die Summe über alle Symbole gebildet, so erhält man

$$\underbrace{\sum_{i=1}^{N} w_i \cdot P(u_i)}_{=E[W]} < \underbrace{\sum_{i=1}^{N} \left(-P(u_i) \cdot \log_2(P(u_i))\right)}_{=H} + \underbrace{\sum_{i=1}^{N} P(u_i)}_{=1}$$

oder

$$E[W] < H + 1 .$$

Wir sehen, dass dieses Verfahren (Shannon-Fano Coding) einen Code liefert, der bis auf eine Ziffer an den unteren Grenzwert für alle Codes ohne Präfix herankommt. Da ein solcher Code immer existiert, können wir folgern.

Codierungstheorem für Einzelsymbole

Die mittlere Codewortlänge eines optimalen binären Codes ohne Präfix erfüllt die Bedingung

$$H \leq E[W] < H + 1$$

Die mittlere Codewortlänge eines optimalen Codes ist also immer grösser gleich der Entropie der Nachrichtenquelle. Hingegen ist sie aber auch immer kleiner als H + 1.

3.6 Codierung von Symbolketten

Die meisten Nachrichtenquellen erzeugen nicht ein einzelnes Symbol U, sondern eine Folge von Symbolen. Dies ist eigentlich auch der Grund, weshalb wir Codes ohne Präfixe bevorzugen. Wir nehmen also an, dass unsere Nachrichtenquelle eine Folge U_1, U_2, … von Symbolen ausstösst. Dabei gehen wir davon aus, dass jedes Symbol U_i unabhängig von den anderen Symbolen „gewürfelt“ wird, d.h. die Nachrichtenquelle ist ohne Gedächtnis. Ferner sollen sich die Wahrscheinlichkeitsverteilung nicht ändern. Mathematisch wird das wie folgt ausgedrückt

$$P_{U1}(u_i) = P_{U2}(u_i) = P_{U3}(u_i) \ldots,$$

wobei das so zu verstehen ist, dass die Wahrscheinlichkeit beim Würfeln des ersten Symbols U_1 den Wert u_i zu erhalten gleich ist wie die entsprechende Wahrscheinlichkeit beim zweiten Symbol U_2, und so weiter. Das bedeutet aber auch, dass die Entropie $H(U_i)$ für jedes Symbol U_i dieselbe ist

$$H(U_1) = H(U_2) = \ldots = H(U). \qquad (2)$$

Die Annahme, dass die Symbole unabhängig voneinander sind, ist in der Praxis nicht immer korrekt. Häufig hängt die Wahrscheinlichkeitsverteilung eines Symbols vom Wert der vorangegangenen Symbole ab.

Das nachstehende Theorem sagt aus, dass die mittlere Codewortlänge pro Symbol gegen die Entropie des Symbols strebt, falls viele Symbole gleichzeitig codiert werden.

Codierungstheorem für Symbolketten

Es existiert ein binärer präfixfreier Code für eine Folge von L Symbolen, so dass die mittlere Codewortlänge die Bedingung

$$\frac{E[W]}{L} < H(U) + \frac{1}{L}$$

erfüllt, wobei H(U) die Entropie eines einzelnen Symbols ist.

Umgekehrt gilt für jeden binären präfixfreien Code für eine Folge von L Symbolen

$$\frac{E[W]}{L} \geq H(U).$$

Beweis

Die L Einzelsymbole können in ein neues Symbol

$$V = [U_1, U_2, \ldots U_L]$$

zusammengefasst werden. Da die Symbole U_i unabhängig voneinander gewählt werden, ist die Entropie von V gleich der Summe der Entropien der Symbole

$$H(V) = H(U_1) + H(U_2) + \ldots + H(U_L),$$

woraus mit (2) (Seite 28) folgt, dass

$$H(V) = L \cdot H(U)$$

gilt.

Durch Anwendung des unteren Grenzwerts (Seite 27) auf das Symbol V kann man schliessen, dass für alle binären Codes ohne Präfix

$$E[W] \geq H(V) = L \cdot H(U)$$

gelten muss. Umgekehrt sagt das Codierungstheorem auf Seite 28 aus, dass ein binärer präfixfreier Code existieren muss, für den

$$E[W] < H(V) + 1 = L \cdot H(U) + 1$$

gilt. ■

Eine Folge von Symbolen kann also im Mittel mit H(U) binären Ziffern pro Symbol codiert werden, wenn nur die Länge L der Folge genügend lang gewählt wird. Damit ist die Berechtigung von Shannons Definition der Entropie nun endgültig nachgewiesen.

3.7 Blockcodierung von Nachrichtenquellen

Im vorangegangenen Unterkapitel wurde eine Symbolkette der fixen Länge L in eine Folge von Ziffern mit variabler Länge codiert. Dies ist in der Praxis manchmal unerwünscht. Beispielsweise ist zur Speicherung in einem Computer eine feste Codewortlänge, die einem Vielfachen der Wortlänge des Computers entspricht, von Vorteil. Hingegen wurde die Effizienz des Codierungsverfahrens eben gerade dadurch erreicht, dass Codewörter unterschiedlicher Länge verwendet wurden. Wie kann diese Effizienz trotz fester Codewortlänge beibehalten werden? Offensichtlich ist dies nur zu erreichen, wenn man die Länge der Symbolketten, die in ein Codewort umgewandelt werden, variabel macht.

In Figur 11 ist ein Codierungsschema wiedergegeben, bei dem eine variable Anzahl Y von Symbolen in ein Codewort der konstanten Länge K codiert wird.

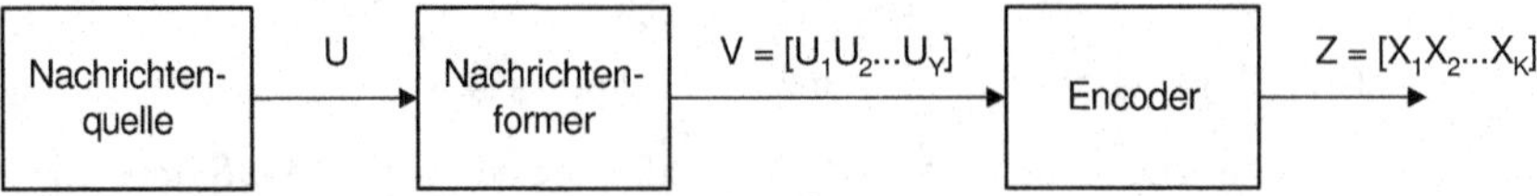

Figur 11: Codierungsschema für Blockcodierung

Da nun alle Codewörter die Länge K aufweisen, interessiert uns die mittlere Codewortlänge nicht mehr. Dagegen ist nun die Länge Y der Symbolkette zufällig und unser neues Effizienzkriterium ist die mittlere Länge E[Y] dieser Kette. Das Verhältnis K/E[Y] ist die durchschnittliche Anzahl binärer Ziffern pro Quellensymbol. Unser Ziel muss es deshalb sein, E[Y] möglichst gross zu machen.

Auch bei der Blockcodierung kann man wiederum zeigen, dass die Entropie H(U) des Quellensymbols eine untere Grenze für die durchschnittlich pro Symbol benötigte Anzahl Codeziffern ist. Damit wollen wir die Theorie auch schon wieder verlassen und uns einem praktischen Beispiel zuwenden, dem Lempel-Ziv Algorithmus.

Jacob Ziv und Abraham Lempel haben im Jahr 1977 einen universellen Datenkompressionsalgorithmus veröffentlicht [4], der einfach zu implementieren ist und der asymptotisch optimal ist. Wegen seiner Einfachheit und Effizienz wurde der Algorithmus zur Grundlage für viele der heute eingesetzten Verfahren.

Der so genannte LZ77-Algorithmus versucht, in den schon verarbeiteten Daten eine möglichst lange Sequenz von Symbolen zu finden, die mit den zur Verarbeitung anstehenden Daten übereinstimmt. Anstelle der neuen Daten wird dann lediglich eine Referenz auf die gefundene und deshalb schon bekannte Symbolsequenz abgespeichert. Zusätzlich wird noch das erste Symbol des aktuellen Texts abgespeichert, das nicht mit der gefundenen Symbolsequenz übereinstimmt und deshalb neu ist.

In der Praxis werden nicht alle schon verarbeiteten Daten nach passenden Symbolsequenzen durchsucht, sondern es werden lediglich eine gewisse Anzahl vergangener Symbole in einem Puffer zwischengespeichert. Je kürzer dieser Puffer ist, desto weniger Bits werden benötigt, um eine Symbolsequenz zu referenzieren, aber desto unwahrscheinlicher ist es auch, eine passende (und möglichst lange) Symbolsequenz zu finden. Typische Pufferlängen sind 2 bis 32 kByte.

Beispiel

Als Beispiel soll die fiktive „BANANENANEMONE“ komprimiert werden. Dazu wird ein Puffer verwendet, der acht Symbole speichern und mit drei Bits adressiert werden kann.

Zunächst ist der Puffer mit den verarbeiteten Symbolen noch leer und der Algorithmus findet keine passenden Symbolsequenzen. So ist der Anfangsbuchstabe „B“ noch nirgends verzeichnet und muss als neues Symbol abgespeichert werden. Um dies zu kennzeichnen, wird die Länge der Referenz auf null gesetzt. Als Folgesymbol wird der Buchstabe „B“ abgelegt. Analog wird mit dem nächsten und dem übernächsten Buchstaben verfahren. Im nächsten Schritt findet sich im Puffer die

Symbolsequenz „AN“, die zum verbleibenden Text passt. Diese kann mit der Adresse 6 und der Länge 2 referenziert werden. Als neues Symbol wird der Buchstabe „E“ in die Tabelle eingetragen. Für die nächsten vier Symbole genügt es wiederum, auf den Puffer zu verweisen. An der Adresse 4 befindet sich eine Symbolsequenz der Länge 4, die zum noch nicht verarbeiteten Text passt. Als neues Symbol wird in diesem Fall der Buchstabe „M“ notiert. Auf diese Weise wird fortgefahren, bis der gesamte Text verarbeitet ist.

Tabelle 4: Beispiel zum LZ77-Algorithmus

Verarbeitete Symbole								Neue Symbole	Referenz		Folgesymbol
0	1	2	3	4	5	6	7		Adresse	Länge	
								B A N A N E N A	0	0	B
							B	A N A N E N A N	0	0	A
						B	A	N A N E N A N E	0	0	N
					B	**A**	**N**	A N E N A N E M	6	2	E
		B	A	**N**	**A**	**N**	**E**	N A N E M O N E	4	4	M
A	N	E	N	A	N	E	M	O N E	0	0	O
N	**E**	N	A	N	E	M	O	N E	0	2	-

Das Wort „BANANENANEMONE“ kann also durch die Codewörter

(0,0,B), (0,0,A), (0,0,N), (6,2,E), (4,4,M), (0,0,O) und (0,2,-)

repräsentiert werden. Für die Darstellung der Referenzadresse und -länge werden je 3 Bits benötigt. Gehen wir davon aus, dass die Repräsentation eines Symbols 7 Bits benötigt, so besteht jedes Codewort aus $3 + 3 + 7 = 13$ Bits und das gesamte Wort beansprucht $7 \cdot 13 = 91$ Bits. Ein direktes Abspeichern der Buchstaben würde $14 \cdot 7 = 98$ Bits erfordern. ■

Der LZ77-Algorithmus wurde in der Folge mehrfach verbessert und abgewandelt. So beispielsweise 1978 von Lempel und Ziv selber (LZ78), 1982 von James Storer und Thomas Szymanski (LZSS – Lempel-Ziv-Storer-Szymanski) und 1984 von Terry Welch [5] (LZW – Lempel-Ziv-Welch). Diese Algorithmen bilden heute die Grundlage von vielen Kompressionsverfahren, wie beispielsweise GIF, GZIP, DEFLATE (RFC 1951), TIFF, um nur einige zu nennen.

4 Kanalkapazität

4.1 Informationsrate

Beim Entwurf eines Übertragungssystems ist die gesamthaft zu übertragende Informationsmenge meist nicht die entscheidende Grösse. Vielmehr interessiert die Informationsrate, also welche Informationsmenge pro Zeiteinheit übertragen werden kann. Es ist deshalb angebracht, einen neuen Begriff zu definieren.

Informationsrate

Falls eine Informationsquelle r Symbole pro Sekunde ausstösst und jedes dieser Symbole die Entropie H besitzt, dann berechnet sich die Informationsrate dieser Quelle zu

$$R_Q = r \cdot H$$

Die Informationsrate gibt an, wie viele Informationsbits pro Sekunde im Mittel übertragen werden müssen.

Beispiel

Ein analoges Signal ist begrenzt auf die Bandbreite B = 4 kHz und wird mit der Nyquistrate $2 \cdot B$ abgetastet. Die vier Quantisierungsstufen u_1, u_2, u_3 und u_4 der Abtastung sind unabhängig voneinander und haben die Wahrscheinlichkeiten $P(u_1) = P(u_2) = 1/8$, $P(u_3) = P(u_4) = 3/8$. Wie gross ist die Informationsrate dieser Quelle?

Die Entropie eines einzelnen Abtastsymbols beträgt

$$\begin{aligned} H &= \frac{1}{8} \cdot \log_2(8) + \frac{1}{8} \cdot \log_2(8) + \frac{3}{8} \cdot \log_2\left(\frac{8}{3}\right) + \frac{3}{8} \cdot \log_2\left(\frac{8}{3}\right) \\ &= 1.8 \text{ bits}. \end{aligned}$$

Da ein solches Abtastsymbol alle $2 \cdot B$ Sekunden auftritt, erhält man für die Informationsrate

$$R_Q = 2 \cdot B \cdot H = 2 \cdot 4000 \text{ Hz} \cdot 1.8 \text{ bit} = 14400 \text{ bits/s}.$$ ■

4.2 Shannons Theorem, Kanalkapazität

Eine fundamentale Frage der Informationstheorie ist, wie gut und wie schnell Information über einen gegebenen Übertragungskanal übertragen werden kann. Dabei verstehen wir unter einem Übertragungskanal alles, was das gesendete Signal beeinflusst, bevor es beim Empfänger anlangt. Insbesondere können die Signale durch Rauschen gestört und/oder durch die endliche Bandbreite des Kanals verzerrt werden.

Es ist erstaunlich, dass diese Frage abschliessend beantwortet werden kann. Claude Shannon hat 1947 bewiesen, dass es – wenigstens im Prinzip – möglich ist, Information fehlerfrei zu übertragen, solange die Informationsrate eine Konstante C, die sogenannte Kanalkapazität, nicht übersteigt.

Shannons Theorem

Wenn eine Nachrichtenquelle Symbole mit der Informationsrate R_Q produziert, die über einen (möglicherweise gestörten) Kanal mit der Kanalkapazität C übertragen werden sollen, dann ist eine Übertragung mit beliebig kleiner Fehlerwahrscheinlichkeit genau dann möglich, falls

$$R_Q \leq C.$$

erfüllt ist.

Shannons Theorem sagt aus, dass es im Prinzip möglich ist, auch über verrauschte Kanäle praktisch fehlerfrei (mit beliebig kleiner Fehlerwahrscheinlichkeit) zu übertragen. Dies jedoch nur, falls die Informationsrate nicht grösser als die Kanalkapazität ist. Um dies zu beweisen, betrachtete Shannon Codes mit sehr langen, zufällig gewählten Codewörtern. Leider sind solche Codes für die Praxis nicht geeignet, da deren Decodierung aufgrund der fehlenden Struktur sehr aufwendig ist. Shannon lieferte keine Anleitung, wie gute Codes für die Praxis konstruiert werden müssen. Gleichwohl ist es gut zu wissen, ob ein Problem prinzipiell eine Lösung hat oder nicht.

Andererseits sagt Shannons Theorem auch aus, dass es selbst mit beliebig hohem Aufwand nicht möglich ist, fehlerfrei zu übertragen, falls die Informationsrate der Nachrichtenquelle die Kapazität des Kanals übersteigt. In diesem Fall kann eine untere Grenze der Fehlerwahrscheinlichkeit P_e nie unterschritten werden. Es gilt die Ungleichung

$$h(P_e) \geq 1 - \frac{C}{R_Q},$$

wobei h(x) die früher definierte binäre Entropiefunktion bezeichnet.

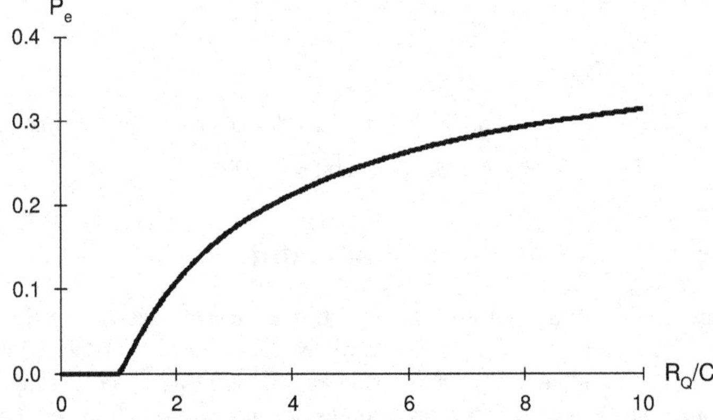

Figur 12: Minimale Bitfehlerwahrscheinlichkeit P_e in Abhängigkeit des Verhältnisses R_Q/C.

In vielen praktischen Fällen wird ein Code verwendet, dessen durchschnittliche Codewortlänge E[W] grösser als die theoretisch erreichbare Grenze H ist. Die mittlere Bitrate $R = r \cdot E[W]$, die über den Kanal übertragen werden muss, ist dementsprechend höher als die Informationsrate $R_Q = r \cdot H$. Damit eine Übertragung mit beliebig kleiner Fehlerwahrscheinlichkeit möglich ist, muss in diesem Fall die Beziehung

$$R \leq C$$

erfüllt sein.

4.3 Kanalkapazität des Gauss'schen Kanals

Die Kanalkapazität ist eine Kenngrösse des Kanals und lässt sich berechnen, sobald die Eigenschaften des Kanals bekannt sind. Viele physikalischen Kanäle lassen sich dadurch modellieren, dass man annimmt, der Kanal sei bandbegrenzt und dem Signal werde weisses Rauschen mit einer Gauss'schen Wahrscheinlichkeitsverteilung überlagert. Weisses Rauschen hat die Eigenschaft, dass dessen Leistungsdichte in dem betrachteten Frequenzbereich einen konstanten Wert besitzt. Einen Kanal, der durch weisses gaussverteiltes Rauschen gestört ist, bezeichnet man als AWGN-Kanal (Additive White Gaussian Noise).

Die Kapazität eines solchen Kanals wurde schon von C. Shannon hergeleitet.

Kanalkapazität des Gauss'schen Kanals

Die Kanalkapazität eines bandbegrenzten Kanals mit additivem weissem gaussverteiltem Rauschen ist gegeben durch

$$C = B \cdot \log_2\left(1 + \frac{P_S}{P_N}\right).$$

C: Kanalkapazität in bits/s
B: Kanalbandbreite in Hz
P_S: Signalleistung
P_N: Rauschleistung innerhalb der Bandbreite

Beispiel

Ein Telephoniekanal besitzt eine Kanalbandbreite von 3.1 kHz. Wie gross muss das Signal- zu Rauschverhältnis sein, damit über den Kanal 33.6 kbit/s fehlerfrei übertragen werden können?

Durch Auflösen der Kapazitätsformel nach P_S/P_N erhält man

$$P_S/P_N = 2^{C/B} - 1 = 1830,$$

was einem Leistungsverhältnis von 32.6 dB entspricht. ■

Die Kanalkapazität hängt also einerseits von der Bandbreite des Kanals, andererseits vom Verhältnis Signal- zur Rauschleistung ab. Die Kanalkapazität eines rauschfreien Kanals ($P_S/P_N \rightarrow \infty$) geht gegen unendlich. Auch bei einer Vergrösserung der Kanalbandbreite nimmt die Kanalkapazität zu, sie wird jedoch nicht unendlich gross. Der Grund dafür liegt in der Abhängigkeit der Rauschleistung von der Kanalbandbreite. Weisses Rauschen ist dadurch charakterisiert, dass dessen spektrale Leistungsdichte konstant gleich η ist. Die Rauschleistung ergibt sich daher zu $P_N = \eta \cdot B$ und wir erhalten für die Kanalkapazität

$$C = B \cdot \log_2\left(1 + \frac{P_S}{\eta \cdot B}\right) = \frac{P_S}{\eta} \cdot \frac{\eta \cdot B}{P_S} \cdot \log_2\left(1 + \frac{P_S}{\eta \cdot B}\right) = \frac{P_S}{\eta} \cdot \log_2\left(1 + \frac{P_S}{\eta \cdot B}\right)^{\frac{\eta \cdot B}{P_S}}.$$

Indem wir $x = (\eta \cdot B)/P_S$ setzen und uns daran erinnern, dass $\lim_{x \to \infty} (1 + 1/x)^x = e$ gilt, erhalten wir

$$C_\infty = \lim_{B \to \infty} C = \frac{P_S}{\eta} \cdot \log_2(e) = 1.44 \cdot \frac{P_S}{\eta}. \tag{3}$$

Die Beziehung zur Berechnung der Kanalkapazität drückt auch aus, dass Kanalbandbreite gegen Signal- zu Rauschverhältnis und umgekehrt ausgetauscht werden kann. Für $P_S/P_N = 3$ und $B = 16$ kHz ergibt sich eine Kanalkapazität von $C = 32$ kbits/s. Erhöht man die Signalleistung, so dass $P_S/P_N = 15$ wird, kann bei gleicher Kanalkapazität die Kanalbandbreite auf 8 kHz verringert werden. Die Signalleistung muss dabei nicht um den Faktor $15/3 = 5$ erhöht werden. Da gleichzeitig die Rauschbandbreite und damit die Rauschleistung P_N halbiert wird, genügt eine Erhöhung der Signalleistung um den Faktor $15/3 \cdot 8/16 = 2.5$.

Dieser Abtausch zwischen Bandbreite und Signal- zu Rauschverhältnis gilt für beliebig kleine Bandbreiten. So kann ein Signal mit einer Informationsrate von 1 Mbit/s durchaus fehlerfrei über einen Kanal mit Bandbreite $B = 100$ Hz übertragen werden - solange die Kanalkapazität grösser gleich 1 Mbit/s ist!

Kanalcodierung

"Channel coding is what Alice uses to overcome the noise and interference on the line. Most people have a natural instinct for channel coding. What they do is to spell out important words. This adds redundancy and enables the listener to cross check. If part of the message is lost the missing bit can be reconstructed from the remaining part."

John Gordon

5 Einleitung

5.1 Definition einiger Begriffe

In seinem 1948 erschienenen Artikel „A mathematical theory of communication" hat Claude Shannon gezeigt, dass es möglich ist, Daten mit beliebig kleiner Fehlerwahrscheinlichkeit über einen verrauschten Kanal zu übertragen – solange die Datenrate die Kapazität des Kanals nicht übersteigt. Sein Beweis basiert jedoch auf sehr langen, zufällig gewählten Codeworten und liefert deshalb kein praktikables Verfahren um diese praktisch fehlerfreie Übertragung zu bewerkstelligen. Shannons Arbeit hat also die theoretische Machbarkeit aufgezeigt und seither wurde sehr viel Aufwand betrieben um praktikable Methoden zu erforschen.

Das Prinzip der fehlerkorrigierenden Verfahren besteht darin, der zu übertragenden Information nach genau festgelegten Regeln Redundanz beizufügen. Dadurch wird erreicht, dass die über den Kanal übertragenen Signale eine gewisse Struktur aufweisen. Der Empfänger kann anschliessend überprüfen, ob diese Gesetzmässigkeiten bei der Übertragung verletzt wurden und kann so Fehler erkennen und unter Umständen korrigieren.

Bei der Besprechung der fehlerkorrigierenden Codes wollen wir das in Figur 13 wiedergegebene Modell[5] verwenden.

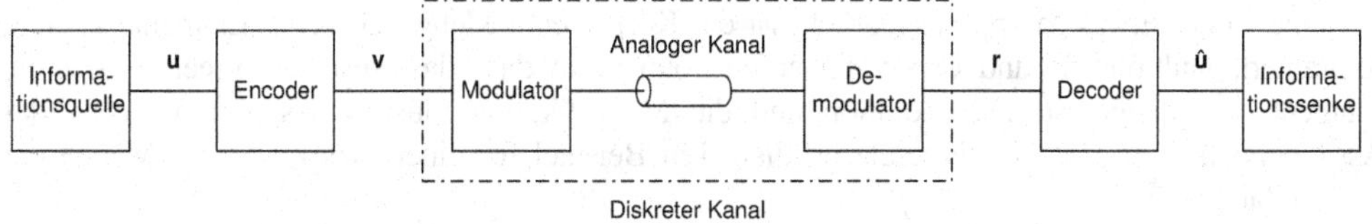

Figur 13: Übertragungsmodell

[5] In der Praxis werden die Symbole der Informationsquelle zuerst in einem Quellencoder komprimiert. Diesen Baublock lassen wir der Einfachheit halber weg.

Eine Informationsquelle liefert eine Folge von diskreten Informationssymbolen **u**, welche der Encoder in eine Folge von Codesymbolen **v** transformiert. Physikalische Kanäle sind nicht zur Übertragung von diskreten Symbolen geeignet. Aus diesem Grund wandelt der Modulator die Ausgangssymbole des Encoders in analoge Signale um, die über den Kanal übertragen und vom Demodulator wieder in diskrete Empfangssymbole **r** umgesetzt werden. Im Decoder wird anschliessend eine Schätzung $\hat{\mathbf{u}}$ der gesendeten Nachrichtensequenz **u** ermittelt und an die Informationssenke weitergereicht.

In der Folge wollen wir uns auf binäre Symbole (binary digits – Bits) beschränken. Insbesondere nimmt der Modulator binäre Codebits entgegen und der Demodulator liefert binäre Empfangsbits. Die Kombination aus Modulator, analogem Kanal und Demodulator kann folglich durch einen diskreten Kanal mit binärem Ein- und Ausgang ersetzt werden. Im einfachsten Fall kann dieser Kanal durch die Angabe der Bitfehlerwahrscheinlichkeit P_b charakterisiert werden. Wir setzen dabei voraus, dass der Kanal über keinerlei Gedächtnis verfügt und die beiden Symbole 0 und 1 symmetrisch behandelt werden. Ein solcher symmetrischer Binärkanal (BSC – Binary Symmetric Channel) kann graphisch durch das Übergangswahrscheinlichkeitsdiagramm in Figur 14 dargestellt werden.

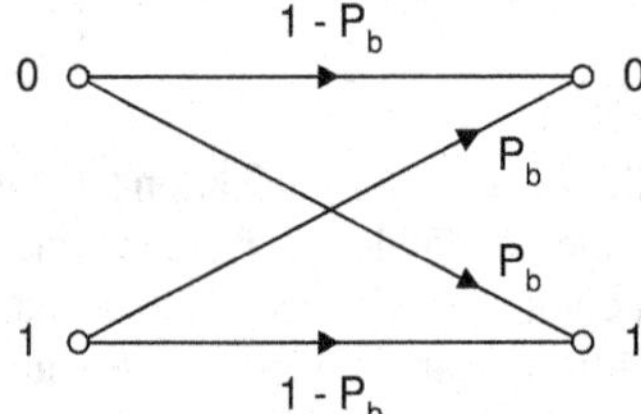

Figur 14: Symmetrischer Binärkanal

Eine gesendete 0 wird mit der Wahrscheinlichkeit $1 - P_b$ als 0 empfangen. Andererseits liefert der Demodulator mit der Wahrscheinlichkeit P_b ein fehlerhaftes Bit. Es ist die Aufgabe der Kanalcodierung, diese Bitfehler zu erkennen und gegebenenfalls zu korrigieren.

Heute unterscheidet man gewöhnlich zwischen zwei Typen von Codes: Blockcodes und Faltungscodes. Diese werden in den nachfolgenden Kapiteln beschrieben.

5.2 Rechnen in Restklassen

Beim Arbeiten mit binären Codes spielt das Rechnen in so genannten Restklassenkörpern eine wichtige Rolle. Etwas salopp ausgedrückt ist ein Körper eine Menge G, deren Elemente addiert, subtrahiert, multipliziert und dividiert werden können, so dass das Resultat immer wieder ein Element der Menge ist. Die Addition und die Multiplikation müssen das Kommutativ-, das Assoziativ- und das Distributivgesetz erfüllen. Ein Beispiel für einen Körper ist die Menge der reellen Zahlen.

Bei einem Restklassenkörper modulo p besteht die Menge G aus den natürlichen Zahlen zwischen 0 und p - 1:

$$G = \{0, 1, 2, \cdots, p-1\}.$$

Die Addition $\oplus$ und die Multiplikation $\otimes$ werden so definiert, dass jeweils nur der Rest bei der Division durch p betrachtet wird. Dieser Rest ist eine natürliche Zahl zwischen 0 und p - 1 und liegt deshalb mit Sicherheit wieder in der erwähnten Menge.

Beispiel

Restklasse modulo 5: In der Menge {0, 1, 2, 3, 4} werden die Addition und die Multiplikation wie folgt definiert:

$\oplus$	0	1	2	3	4
0	0	1	2	3	4
1	1	2	3	4	0
2	2	3	4	0	1
3	3	4	0	1	2
4	4	0	1	2	3

$\otimes$	0	1	2	3	4
0	0	0	0	0	0
1	0	1	2	3	4
2	0	2	4	1	3
3	0	3	1	4	2
4	0	4	3	2	1

Alle Resultate liegen wieder innerhalb der erwähnten Menge. Zudem gibt es zu jedem Element ein sogenanntes inverses Element, das die jeweilige Operation wieder rückgängig macht. Beispielsweise gilt

$$2 \otimes 3 = 1 .$$

Eine Multiplikation mit dem Element 2 kann daher durch Multiplikation mit dem Element 3 wieder rückgängig gemacht werden. Man verwendet deshalb auch die Notation

$$2^{-1} = 3 ,$$

was sicher ein wenig gewöhnungsbedürftig ist. ■

Ein derart definierter Restklassenkörper existiert nur, falls p eine Primzahl ist. Der Leser kann sich leicht davon überzeugen, dass die inversen Elemente der Multiplikation für p = 4 nicht mehr eindeutig sind. Werden die Elemente der Menge als Polynome dargestellt und die Operationen entsprechend definiert, so existieren Restklassenkörper, sofern p eine ganzzahlige Potenz einer Primzahl ist.

Der wohl wichtigste Körper ergibt sich für p = 2. Die Menge G besteht dann lediglich aus den zwei Elementen

$$G = \{0, 1\}$$

und die Operationen sind wie folgt definiert

$\oplus$	0	1
0	0	1
1	1	0

$\otimes$	0	1
0	0	0
1	0	1

Man erkennt leicht, dass diese Operationen mit Hilfe von EXOR- oder AND-Gattern realisiert werden können.

Zudem gilt

$$1 \oplus 1 = 0$$

und somit

$$-1 = 1\,.$$

Es ist also unmöglich, in dieser binären Restklasse Vorzeichenfehler zu begehen!

5.3 Ein einfaches Beispiel

Das wohl einfachste Verfahren zur Fehlererkennung ist unter der Bezeichnung Paritätskontrolle (parity check) bekannt. Aus jeweils k Nachrichtenbits u_1, u_2, ..., u_k wird ein Codewort der Länge $n = k + 1$ nach folgenden Regeln gebildet

$$\begin{aligned} v_1 &= u_1 \\ v_2 &= u_2 \\ &\vdots \\ v_k &= u_k \\ v_{k+1} &= u_1 \oplus u_2 \oplus u_3 \oplus \cdots \oplus u_k\,. \end{aligned}$$

Die ersten k Bits des Codeworts sind identisch mit den k Nachrichtenbits. Das Prüfbit v_{k+1} entsteht durch binäre Addition der Nachrichtenbits. Werden alle Bits des Codeworts binär addiert, so ergibt sich

$$v_1 \oplus v_2 \oplus \cdots \oplus v_k \oplus v_{k+1} = \underbrace{u_1 \oplus u_1}_{=0} \oplus \underbrace{u_2 \oplus u_2}_{=0} \oplus \cdots \oplus \underbrace{u_k \oplus u_k}_{=0} = 0\,.$$

Falls diese Bedingung beim Empfänger nicht mehr erfüllt ist, fand mit Sicherheit mindestens ein Übertragungsfehler statt. Bei einer geraden Anzahl von Übertragungsfehlern ist die Prüfbedingung jedoch erfüllt und das empfangene Codewort wird fälschlicherweise als korrekt interpretiert. Mit der Paritätskontrolle kann folglich eine ungerade Anzahl von Übertragungsfehlern erkannt, nicht jedoch korrigiert werden.

Bei dieser Art von Code enthält jedes Codewort eine gerade Anzahl binärer Einsen, was als „even parity" bezeichnet wird. Es ist aber auch denkbar, das Prüfbit so zu wählen, dass die Anzahl Einsen in einem Codewort ungerade ist („odd parity").

6 Blockcodes

6.1 Definition

Bei einem Blockcode wird die Folge der Informationsbits in Blöcke konstanter Länge k eingeteilt. Eine solche Nachricht wird durch einen binären Zeilenvektor der Länge k repräsentiert:

$$\mathbf{u} = \begin{pmatrix} u_1 & u_2 & \cdots & u_k \end{pmatrix}.$$

Da jede Nachricht aus k binären Symbolen besteht, gibt es 2^k mögliche Nachrichten. Jeder dieser Nachrichten wird ein binäres Codewort der Länge n > k zugeordnet, welches wiederum durch einen Zeilenvektor dargestellt werden kann

$$\mathbf{v} = \begin{pmatrix} v_1 & v_2 & \cdots & v_n \end{pmatrix}.$$

Diese Menge von 2^k Codeworten der Länge n wird (n,k)-Blockcode genannt. Das Verhältnis R = k/n ist die Rate des Codes.

Beispiel

Ein (3,2)-Blockcode wird beispielsweise durch die folgende Tabelle definiert.

u	v
(0 0)	(0 0 0)
(0 1)	(0 1 1)
(1 0)	(1 0 1)
(1 1)	(1 1 0)

Aus jeweils zwei Informationsbits wird ein Codewort der Länge n = 3 gebildet. Alle Codewörter weisen insofern eine gewisse Struktur auf, dass die Anzahl Nullen immer ungerade ist.

6.2 Hamming Codes

Als weiteres Beispiel wollen wir einen (7,4)-Blockcode betrachten, dessen $2^k = 16$ Codewörter in der folgenden Tabelle zusammengestellt sind

Tabelle 5: Der (7,4)-Hamming-Code

Nachrichtenwort $\mathbf{u} = (u_1 \quad u_2 \quad u_3 \quad u_4)$	**Codewort** $\mathbf{v} = (v_1 \quad v_2 \quad v_3 \quad v_4 \quad v_5 \quad v_6 \quad v_7)$
0000	0000000
0001	0001011
0010	0010101
0011	0011110
0100	0100110
0101	0101101
0110	0110011
0111	0111000
1000	1000111
1001	1001100
1010	1010010
1011	1011001
1100	1100001
1101	1101010
1110	1110100
1111	1111111

Neben den $k = 4$ Nachrichtenbits enthält jedes Codewort $m = n - k = 3$ Prüfbits (parity check bits), welche aus den Nachrichtenbits berechnet werden:

$$v_5 = u_1 \oplus u_2 \oplus u_3 = v_1 \oplus v_2 \oplus v_3$$
$$v_6 = u_1 \oplus u_2 \oplus u_4 = v_1 \oplus v_2 \oplus v_4$$
$$v_7 = u_1 \oplus u_3 \oplus u_4 = v_1 \oplus v_3 \oplus v_4 .$$

Aus diesen drei Gleichungen lassen sich die Prüfbedingungen des Codes ableiten:

$$v_1 \oplus v_2 \oplus v_3 \oplus v_5 = 0$$
$$v_1 \oplus v_2 \oplus v_4 \oplus v_6 = 0$$
$$v_1 \oplus v_3 \oplus v_4 \oplus v_7 = 0 .$$

Bei fehlerfreier Übertragung eines Codewortes muss das empfangene Binärwort diese drei Bedingungen erfüllen. Ist eine der Bedingungen verletzt, so fand offensichtlich ein Übertragungsfehler statt.

Um die Gültigkeit eines empfangenen Codewortes zu überprüfen, berechnet der Empfänger aus den empfangenen Bits $r_1, r_2, ..., r_7$ die drei Syndromwerte

$$s_1 = r_1 \oplus r_2 \oplus r_3 \oplus r_5$$
$$s_2 = r_1 \oplus r_2 \oplus r_4 \oplus r_6$$
$$s_3 = r_1 \oplus r_3 \oplus r_4 \oplus r_7 .$$

Falls keine Übertragungsfehler aufgetreten sind, ergeben alle drei Gleichungen den Wert null.

Wenn man annimmt, das höchstens ein Bit falsch übertragen wurde, erhält man einen eindeutigen Zusammenhang zwischen der Position des fehlerhaften Bits und dem Syndromvektor.

Tabelle 6: Zusammenhang zwischen dem fehlerhaften Bit und dem Syndromvektor

Fehlerhaftes Bit	s_1	s_2	s_3
-	0	0	0
r_1	1	1	1
r_2	1	1	0
r_3	1	0	1
r_4	0	1	1
r_5	1	0	0
r_6	0	1	0
r_7	0	0	1

Falls also die Annahme zutrifft, dass nur ein Bit fehlerhaft ist, kann aus den berechneten Syndromwerten die Position des Fehlers lokalisiert und das entsprechende Bit korrigiert werden. Traten bei der Übertragung zwei Fehler auf, so erhält man bei der Berechnung des Syndromvektors einen von (0 0 0) verschiedenen Wert. Daraus kann auf Übertragungsfehler geschlossen werden. Die aufgrund des Syndromvektors durchgeführte Korrektur liefert jedoch nicht das korrekte, ursprünglich gesendete Codewort. Die Fehlerkorrektur versagt in diesem Szenario. Der vorgestellte Code kann demnach einen Fehler korrigieren oder bis zu zwei Fehler erkennen.

Vorgehen zum Decodieren des vorgestellten Codes

1. Die m = n - k Prüfgleichungen werden mit den empfangenen Bits ausgewertet. Als Ergebnis erhält man einen Syndromvektor mit m binären Komponenten
2. Die Decodiertabelle (Tabelle 6) gibt den Zusammenhang zwischen der Fehlerposition und dem Syndromvektor wieder. Dieser ist jedoch nur dann korrekt, falls höchstens ein Bit fehlerhaft übertragen wurde.
3. Mit der Kenntnis der Fehlerposition kann das fehlerhafte Bit korrigiert, d.h. invertiert werden.

Abgesehen vom Nullvektor kann der Syndromvektor $2^m - 1$ Werte annehmen. Damit können ebenso viele Fehlerpositionen eindeutig bezeichnet werden. Will man jeden Einzelfehler korrigieren können, so dürfen die Codewörter folglich höchstens die Länge

$$n = 2^m - 1$$

aufweisen. Man kann zeigen, dass für alle $m \geq 3$ ein solcher Code existiert. Sämtliche dieser so genannten Hamming-Codes [6] sind in der Lage, einzelne Bitfehler zu korrigieren.

Tabelle 7: Mögliche Parameter von Hamming-Codes

m	n = 2^m - 1	k = n - m
3	7	4
4	15	11
5	31	26
6	63	57

6.2.1 Prüfgleichungen

Die Prüfgleichungen der Hamming-Codes müssen so aufgebaut sein, dass ein eindeutiger Zusammenhang zwischen Fehlerposition und verletzten Prüfgleichungen besteht. Damit resultiert das nachfolgend beschriebene Vorgehen zur Festlegung der Prüfgleichungen.

1. Bei der fehlerhaften Übertragung eines der m Prüfbits wird jeweils genau eine Prüfgleichung verletzt. Der Syndromvektor weist also genau eine Eins auf, wofür es m Möglichkeiten gibt.
2. Gewisse Nachrichtenbits führen bei fehlerhafter Übertragung zu einer Verletzung von genau zwei Prüfgleichungen. Das heisst, von den m Komponenten des Syndromvektors sind genau zwei gleich 1. Die Anzahl Möglichkeiten dafür beträgt
$$\binom{m}{2}.$$
3. Allgemein existieren
$$\binom{m}{i}$$
Möglichkeiten, genau i der m Prüfgleichungen zu verletzen. Damit können genau so viele Nachrichtenbits identifiziert werden, welche bei fehlerhafter Übertragung genau i Prüfgleichungen verletzen.
4. Schliesslich bleibt noch Platz für ein Nachrichtenbit, das bei fehlerhafter Übertragung sämtliche m Prüfgleichungen verletzt.

Mit dieser Vorgehensweise können also gesamthaft

$$\underbrace{m}_{\text{Prüfbits}} + \underbrace{\binom{m}{2}}_{\substack{\text{Nachrichtenbits, welche}\\ \text{zwei Prüfgleichungen beeinflussen}}} + \underbrace{\binom{m}{3}}_{\substack{\text{Nachrichtenbits, welche}\\ \text{drei Prüfgleichungen beeinflussen}}} + \cdots + \underbrace{1}_{\substack{\text{Nachrichtenbit, welches}\\ \text{alle Prüfgleichungen beeinflusst}}} = 2^m - 1$$

Bits vor Übertragungsfehlern geschützt werden. Die Prüfbedingungen werden entsprechend aufgebaut. Das erste Nachrichtenbit, u_1, erscheint in sämtlichen m Prüfgleichungen. Die nächsten m Nachrichtenbits, u_2 bis u_{m+1}, beeinflussen alle mit Ausnahme einer Prüfgleichung. Danach folgen

$$\binom{m}{m-2}$$

Nachrichtenbits, welche in jeweils m - 2 Prüfgleichungen auftauchen. Dies wird sinngemäss fortgesetzt bis zu den letzten Nachrichtenbits, die dann jeweils auf zwei Prüfgleichungen einen Einfluss nehmen. Die m Prüfbits beeinflussen zu guter Letzt jeweils genau eine Prüfgleichung.

Das Verfahren wird mit der Tabelle 8 anhand des Beispiels m = 4, n = 15 nochmals verdeutlicht.

Tabelle 8: Zusammenhang zwischen Prüfgleichungen und Codebits bei einem (15,4)-Hamming-Code

u_1	u_2	u_3	u_4	u_5	u_6	u_7	u_8	u_9	u_{10}	u_{11}	v_{12}	v_{13}	v_{14}	v_{15}	
$\oplus$	$\oplus$	$\oplus$	$\oplus$		$\oplus$	$\oplus$	$\oplus$				$\oplus$				$=S_1$
$\oplus$	$\oplus$	$\oplus$		$\oplus$	$\oplus$			$\oplus$	$\oplus$			$\oplus$			$=S_2$
$\oplus$	$\oplus$		$\oplus$	$\oplus$		$\oplus$		$\oplus$		$\oplus$			$\oplus$		$=S_3$
$\oplus$		$\oplus$	$\oplus$	$\oplus$			$\oplus$		$\oplus$	$\oplus$				$\oplus$	$=S_4$
1	$\binom{m}{m-1}=m$				$\binom{m}{m-2}$						$\binom{m}{1}=m$				

6.2.2 Erweiterung des Hamming-Codes um ein zusätzliches Paritätsbit

Jeder Hamming-Code kann einzelne Fehler korrigieren. Bei zwei Übertragungsfehlern ist das Syndrom zwar ungleich dem Nullvektor, doch geht die Korrektur mit der Syndromtabelle von der Annahme aus, das höchstens ein Bit fehlerhaft ist und liefert deshalb bei zwei Fehlern kein korrektes Resultat. Der Decoder ist jedoch nicht in der Lage, diese Situation zu erkennen und gibt keine Warnung aus. Er nimmt fälschlicherweise an, das berechnete Syndrom sei durch einen einzelnen Fehler verursacht worden.

Durch Hinzufügen eines zusätzlichen Paritätsbits kann erreicht werden, dass zwei Fehler wenigstens erkannt, nicht jedoch korrigiert, werden können. Dieses Bit wird beispielsweise so gewählt, dass die Anzahl Einsen in jedem Codewort gerade ist. Bei einem einzelnen Bitfehler wird die entsprechende Paritätsbedingung verletzt. Wurden jedoch zwei Bits fehlerhaft übertragen, so führt dies dazu, dass die Paritätsbedingung erfüllt ist.

Tabelle 9: Zusammenhang zwischen Syndromvektor, Paritätsbedingung und Anzahl Fehler.

Anzahl Fehler	Syndromvektor	Paritätsbedingung
0	(0 ... 0)	erfüllt
1	(x ... x)	nicht erfüllt
2	(x ... x)	erfüllt

6.3 Codeeigenschaften

Bei einem Blockcode ist die genaue Zuordnung zwischen den 2^k möglichen Nachrichtenworten und den Codeworten nicht von Bedeutung für die Leistungsfähigkeit des Codes (kann aber für die Komplexität der Implementation sehr wohl eine wichtige Rolle spielen). Im Allgemeinen betrachten wir deshalb einen Blockcode schlicht als eine Menge von 2^k Codeworten der Länge $n > k$. Ausschlaggebend für die Qualität eines Blockcodes sind die Beziehungen zwischen den einzelnen Codeworten. Dabei spielt insbesondere die minimale Hamming-Distanz eine wichtige Rolle. Dieser Parameter bestimmt die Fehlererkennungs- und Fehlerkorrekturfähigkeiten des Codes.

Im Falle eines binären Codes können die Codeworte als n-dimensionale Vektoren mit binären Einträgen dargestellt werden. Für einen solchen Vektor ist das so genannte Hamming-Gewicht wie folgt definiert.

Hamming-Gewicht

Das Hamming-Gewicht $w(\mathbf{v})$ eines binären Vektors $\mathbf{v} = (v_1\ v_2\ \dots\ v_n)$ ist definiert als die Anzahl von null verschiedener Komponenten von $\mathbf{v}$.

Beispielsweise ist das Hamming-Gewicht von $\mathbf{v} = (1\ 0\ 0\ 1\ 1\ 0)$ gleich 3.

Sind $\mathbf{v}$ und $\mathbf{u}$ zwei binäre Vektoren der Länge n, so kann zwischen diesen eine Hamming-Distanz definiert werden.

Hamming-Distanz

Die Hamming-Distanz $d(\mathbf{v},\mathbf{u})$ zwischen zwei Vektoren $\mathbf{v}$ und $\mathbf{u}$ ist gleich der Anzahl Stellen, in denen sich die beiden Vektoren unterscheiden.

Beispielsweise ist die Hamming-Distanz zwischen $\mathbf{v} = (1\ 0\ 0\ 1\ 1\ 0)$ und $\mathbf{u} = (0\ 0\ 0\ 1\ 0\ 1)$ gleich 3, weil sich die beiden Vektoren an den Stellen 1, 5 und 6 unterscheiden.

Die Hamming-Distanz erfüllt sämtliche Bedingungen, welche von einer Abstandsfunktion erwartet werden:

$$d(\mathbf{v},\mathbf{u}) \geq 0$$

$$d(\mathbf{v},\mathbf{u}) = 0 \Leftrightarrow \mathbf{v} = \mathbf{u}$$

$$d(\mathbf{v},\mathbf{u}) = d(\mathbf{u},\mathbf{v})$$

$$d(\mathbf{v},\mathbf{u}) \leq d(\mathbf{v},\mathbf{w}) + d(\mathbf{w},\mathbf{u}) .$$

Die letzte Beziehung bedeutet, dass die direkte Distanz zwischen zwei Punkten immer kleiner oder gleich einem Umweg ist. Sie wird aufgrund des in Figur 15 dargestellten Sachverhalts Dreiecksungleichung genannt.

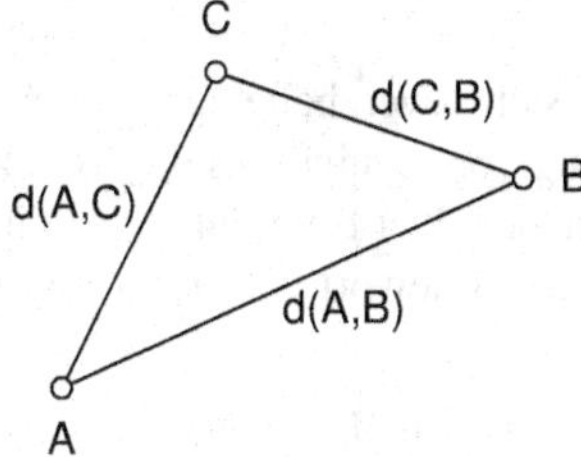

Figur 15: Dreiecksungleichung

Aus der Definition der Hamming-Distanz und den Eigenschaften der Addition modulo 2 folgt

$$d(\mathbf{u},\mathbf{v}) = w(\mathbf{u} \oplus \mathbf{v}) .$$

Die Hamming-Distanz zwischen zwei binären Vektoren ist somit gleich dem Hamming-Gewicht der Summe (Differenz) der beiden Vektoren.

Betrachten wir nun einen Blockcode, also eine Menge C von Codeworten, so kann zwischen jeweils zwei Elementen der Menge die Hamming-Distanz berechnet werden. Die minimale Hamming-Distanz des Blockcodes C ist wie folgt definiert.

Minimale Hamming-Distanz des Blockcodes C

$$d_{min}(C) = \min\{d(\mathbf{v},\mathbf{u}) \mid \mathbf{v},\mathbf{u} \in C, \mathbf{v} \neq \mathbf{u}\}$$

Beispiel

Gegeben sei ein Code mit drei Codeworten der Länge $n = 4$

$$\mathbf{c}_1 = (0 \quad 0 \quad 0 \quad 1)$$
$$\mathbf{c}_2 = (1 \quad 0 \quad 0 \quad 0)$$
$$\mathbf{c}_3 = (1 \quad 1 \quad 1 \quad 1) .$$

Die Berechnung der Hamming-Distanz zwischen jeweils zwei Codeworten liefert das Ergebnis

$$d(\mathbf{c}_1,\mathbf{c}_2) = 2$$
$$d(\mathbf{c}_1,\mathbf{c}_3) = 3$$
$$d(\mathbf{c}_2,\mathbf{c}_3) = 3 ,$$

woraus $d_{min} = 2$ folgt. ∎

Aus der minimalen Hamming-Distanz eines Codes lässt sich dessen Fähigkeit, Fehler zu erkennen oder zu korrigieren, ableiten.

Fehlererkennung

Ein Code mit der minimalen Hamming-Distanz d_{min} kann bis zu d_{min} - 1 Fehler sicher erkennen.

Eine minimale Hamming-Distanz von d_{min} bedeutet, dass sich zwei beliebige Codewörter in mindestens d_{min} Stellen unterscheiden. Durch eine Verfälschung von weniger als d_{min} Bits kann aus dem gesendeten Codewort kein anders gültiges Codewort entstehen. Der Empfänger stellt in diesem Fall fest, dass das empfangene Binärwort nicht einem gültigen Codewort entspricht und schliesst daraus auf einen Fehler bei der Übertragung.

Andererseits gibt es sicher zwei Codewörter, welche sich in genau d_{min} Stellen unterscheiden. Werden bei der Übertragung genau diese d_{min} Bits verfälscht, so entsteht aus dem gesendeten Codewort wiederum ein gültiges Codewort. Der Empfänger detektiert also ein gültiges Codewort und wird deshalb keinen Fehler feststellen.

Die obige Aussage zur Fehlererkennung bedeutet keineswegs, dass ein Code mit minimaler Hamming-Distanz d_{min} nicht auch gelegentlich Fehler erkennen kann, bei denen d_{min} oder mehr Bits beeinträchtigt sind. Nur kann dies eben nicht für alle Codewörter und Fehlermuster garantiert werden.

Wird ein Code zur Fehlerkorrektur eingesetzt, so kann darüber folgende Aussage gemacht werden.

Fehlerkorrektur (1)

Es sei t eine positive ganze Zahl welche die Bedingung

$$2 \cdot t + 1 \leq d_{min} \leq 2 \cdot t + 2$$

erfüllt. Ein Code mit minimaler Hamming-Distanz d_{min} kann alle Fehler korrigieren, bei denen t oder weniger Bits beeinträchtigt sind.

Ist d_{min} ungerade, so gilt

$$2 \cdot t + 1 = d_{min} < 2 \cdot t + 2$$

und somit

$$t = \frac{d_{min} - 1}{2}.$$

Falls jedoch d_{min} gerade ist, so folgt aus der Bedingung

$$2 \cdot t + 1 < d_{min} = 2 \cdot t + 2$$

und folglich

$$t = \frac{d_{min} - 2}{2}.$$

Damit kann die obige Aussage umformuliert werden.

Fehlerkorrektur (2)

Ein Code mit minimaler Hamming-Distanz d_{min} kann Fehlermuster mit

$$t = \begin{cases} \dfrac{d_{min}-1}{2} & d_{min} \text{ ungerade} \\ \dfrac{d_{min}-2}{2} & d_{min} \text{ gerade} \end{cases}$$

oder weniger Fehler sicher korrigieren.

Beweis

Ein Fehler kann korrigiert werden, falls die Hamming-Distanz des empfangenen Binärwortes zum gesendeten Codewort kleiner ist als die Hamming-Distanz zu jedem anderen Codewort.

Wir nehmen an, dass $t' \leq t$ Fehler aufgetreten sind und wollen zeigen, dass in diesem Fall das korrekte Codewort gefunden werden kann. Es gilt also

$$d(\mathbf{c}_i, \mathbf{r}) = t',$$

wobei $\mathbf{r}$ das empfangene Binärwort und $\mathbf{c}_i$ das gesendete Codewort repräsentieren. Aus der Dreiecksungleichung folgt

$$\underbrace{d(\mathbf{c}_i, \mathbf{r})}_{=t'} + d(\mathbf{r}, \mathbf{c}_j) \geq d(\mathbf{c}_i, \mathbf{c}_j) \geq d_{min}$$

und daher

$$d(\mathbf{r}, \mathbf{c}_j) = d(\mathbf{c}_j, \mathbf{r}) \geq d_{min} - t'.$$

Die Grösse t wurde so definiert, dass die Bedingung

$$d_{min} \geq 2 \cdot t + 1,$$

erfüllt ist, woraus folgt

$$d(\mathbf{c}_j, \mathbf{r}) \geq 2 \cdot t + 1 - t'.$$

Gemäss Voraussetzung gilt $t' \leq t$ und somit

$$d(\mathbf{c}_j, \mathbf{r}) \geq 2 \cdot t' + 1 - t' = t' + 1 > t' = d(\mathbf{c}_i, \mathbf{r})$$

oder

$$d(\mathbf{c}_j, \mathbf{r}) > d(\mathbf{c}_i, \mathbf{r}).$$

Die Hamming-Distanz zwischen dem empfangenen Binärwort $\mathbf{r}$ und jedem falschen Codewort $\mathbf{c}_j$ ist demnach immer grösser als die Distanz zum korrekten Codewort $\mathbf{c}_i$. Jedes Fehlermuster mit t oder weniger Fehlern kann also korrigiert werden.

Andererseits kann ein Code mit minimaler Hamming-Distanz d_{min} nicht sämtliche Fehlermuster mit mehr als t Fehlern korrigieren. Es gibt immer mindestens einen Fall, wo ein Fehlermuster mit t + 1

Fehlern zu einem empfangenen Binärwort führt, das näher bei einem nicht korrekten Codewort liegt. ■

6.4 Berechnung der Restfehlerwahrscheinlichkeit

Es ist relativ aufwendig, die trotz fehlerkorrigierendem Code verbleibende Bitfehlerwahrscheinlichkeit zu berechnen. Deshalb beschränkt man sich oft auf die Berechnung der Wahrscheinlichkeit, dass ein fehlerhaft übertragenes Codewort nicht mehr korrigiert werden kann. Wie viele Bits davon betroffen sind, wird dabei nicht berücksichtigt.

Wir gehen von einem einfachen symmetrischen Binärkanal (vgl. Seite 40) aus. Ein einzelnes, ungeschütztes Bit wird dementsprechend mit der Wahrscheinlichkeit P_b fehlerhaft übertragen. Ein Codewort der Länge n weist folglich im Mittel

$$E[\text{Anzahl Fehler}] = n \cdot P_b$$

fehlerhafte Bits auf. Die Leistungsfähigkeit des Codes sei durch die Anzahl Fehler t, die sicher korrigiert werden können, gegeben. Obwohl dies nicht korrekt ist, nehmen wir an, dass ein Codewort niemals korrigiert werden kann, sobald mehr als t Fehler aufgetreten sind. Die Wahrscheinlichkeit dafür wollen wir im Folgenden berechnen.

Die Wahrscheinlichkeit, dass ein einzelnes Bit richtig übertragen wird, beträgt $(1 - P_b)$. Für eine vollständig fehlerfreie Übertragung eines Codeworts müssen sämtliche n Bits korrekt übertragen werden, wofür die Wahrscheinlichkeit

$$P_0 = (1 - P_b)^n$$

beträgt.

Für die Wahrscheinlichkeit, dass genau das Bit an der i-ten Stelle fehlerhaft übertragen wurde, ergibt sich

$$(1 - P_b)^{n-1} \cdot P_b \,.$$

Für die Position dieses einzelnen Bits gibt es n Möglichkeiten. Deshalb erhält man für die Wahrscheinlichkeit, dass genau ein Bit an einer beliebigen Stelle falsch ist

$$P_1 = n \cdot (1 - P_b)^{n-1} \cdot P_b \,.$$

Betrachten wir nun den allgemeinen Fall, dass genau j der n Bits falsch übertragen wurden. Für die Lage dieser j Fehlerbits gibt es

$$\binom{n}{j}$$

Möglichkeiten, die alle die Wahrscheinlichkeit

$$(1 - P_b)^{n-j} \cdot P_b^j$$

besitzen. Die Wahrscheinlichkeit, dass genau j Bits an beliebigen Positionen fehlerhaft sind, beträgt demnach

$$P_j = \binom{n}{j} \cdot (1 - P_b)^{n-j} \cdot P_b^j .$$

Gemäss unserer Voraussetzung können Übertragungsfehler sicher korrigiert werden, wenn höchstens t Bits fehlerhaft sind. Mit ein wenig Glück können aber bisweilen auch mehr als t Bitfehler korrigiert werden. Die Wahrscheinlichkeit für einen korrigierbaren Fehler lässt sich demnach lediglich abschätzen

$$P_{korrigierbar} \geq P_0 + P_1 + \cdots + P_t = \sum_{j=0}^{t} \binom{n}{j} \cdot (1 - P_b)^{n-j} \cdot P_b^j .$$

Umgekehrt ist die Wahrscheinlichkeit für einen nicht mehr korrigierbaren Fehler kleiner oder gleich der Wahrscheinlichkeit, dass die Anzahl Fehler die Grenze t überschreitet.

$$\begin{aligned} P_{Restfehler} &= 1 - P_{korrigierbar} \\ &\leq \sum_{j=t+1}^{n} \binom{n}{j} \cdot (1 - P_b)^{n-j} \cdot P_b^j \\ &= 1 - \sum_{j=0}^{t} \binom{n}{j} \cdot (1 - P_b)^{n-j} \cdot P_b^j . \end{aligned}$$

Beispiel

Der Hamming-Code mit der Blocklänge $n = 7$ kann einzelne Bitfehler sicher korrigieren. Mit $P_b = 10^{-2}$ ergeben sich folgende Wahrscheinlichkeiten, für jeweils 0, 1, ... 7 fehlerhaft übertragene Bits.

Anzahl fehlerhafter Bits	Wahrscheinlichkeit
0	$P_0 = 9.321E-01$
1	$P_1 = 6.590E-02$
2	$P_2 = 1.997E-03$
3	$P_3 = 3.362E-05$
4	$P_4 = 3.396E-07$
5	$P_5 = 2.058E-09$
6	$P_6 = 6.930E-12$
7	$P_7 = 1.000E-14$

Ein übertragenes Codewort kann sicher korrigiert werden, falls die Anzahl Fehler kleiner gleich 1 ist. Die Wahrscheinlichkeit dafür beträgt

$$P_{korrigierbar} = P_0 + P_1 = 0.998 .$$

Für mehr als einen Fehler kann die Korrigierbarkeit nicht mehr garantiert werden. Dafür errechnet sich eine Wahrscheinlichkeit von

$$P_{Restfehler} = P_2 + P_3 + P_4 + P_5 + P_6 + P_7 = 2.03 \cdot 10^{-3} .$$

Selbstverständlich gilt

$$P_0 + P_1 + P_2 + P_3 + P_4 + P_5 + P_6 + P_7 = 1 ,$$

weshalb sich die Restfehlerwahrscheinlichkeit auch wie folgt berechnen lässt

$$P_{Restfehler} = 1 - P_{korrigierbar} = 1 - P_0 - P_1 = 2.03 \cdot 10^{-3} .$$

6.5 Dichtgepackte Codes

Ein Code mit k Informationsbits besteht aus 2^k Codeworten der Länge n. Betrachten wir ein einzelnes Codewort, so gibt es dazu

$$\binom{n}{0} = 1 \quad \text{Binärwort mit Hamming-Distanz} \quad 0,$$

$$\binom{n}{1} = n \quad \text{Binärworte mit Hamming-Distanz} \quad 1,$$

$$\binom{n}{2} \quad \text{Binärworte mit Hamming-Distanz} \quad 2,$$

$$\vdots$$

$$\binom{n}{t} \quad \text{Binärworte mit Hamming-Distanz} \quad t.$$

Sollen also t Fehler korrigierbar sein, so müssen jeweils

$$\binom{n}{0} + \binom{n}{1} + \binom{n}{2} + \cdots + \binom{n}{t} = \sum_{j=0}^{t} \binom{n}{j}$$

empfangene Binärworte einem Codewort zugeordnet werden. Die Anzahl möglicher empfangener Codeworte ist gleich 2^n. Da ein empfangenes Binärwort nicht zwei Codewörtern zugeordnet werden kann, muss demnach gelten

$$2^k \cdot \sum_{j=0}^{t} \binom{n}{j} \le 2^n .$$

Daraus folgt für die Anzahl m = n - k Prüfbits die Bedingung

$$\sum_{j=0}^{t} \binom{n}{j} \le 2^{n-k} = 2^m \quad \text{oder} \quad m \ge \log_2 \left(\sum_{j=0}^{t} \binom{n}{j} \right) .$$

Ein Code, der sicher t Fehler korrigieren können soll, muss also eine minimale Anzahl Prüfbits aufweisen. Diese Bedingung wird als Hamming-Grenze bezeichnet. Erfüllt ein Code die Bedingung mit Gleichheit, so wird er dichtgepackt genannt.

7 Lineare Blockcodes

Unter den Blockcodes ist die Unterklasse der linearen Blockcodes von erheblicher Bedeutung.

Linearer Blockcode

Ein Blockcode der Länge n mit 2^k Codeworten wird linearer (n,k)-Blockcode genannt, falls die Summe zweier beliebiger Codeworte immer ein Codewort ergibt.

$$\mathbf{v}_i, \mathbf{v}_j \in C \Rightarrow \mathbf{v}_i \oplus \mathbf{v}_j \in C$$

Für den Spezialfall $\mathbf{v}_i = \mathbf{v}_j$ folgt $\mathbf{v}_i \oplus \mathbf{v}_j = \mathbf{0} \in C$. Bei einem linearen Blockcode ist demzufolge der Nullvektor immer ein gültiges Codewort.

Um einen linearen Blockcode zu definieren, ist es nicht notwendig, die Menge aller Codewörter aufzulisten. Es genügt, k linear unabhängige Codewörter $\mathbf{g}_1$, $\mathbf{g}_2$, ..., $\mathbf{g}_k$ anzugeben, da daraus durch Linearkombination

$$\mathbf{v} = u_1 \cdot \mathbf{g}_1 + u_2 \cdot \mathbf{g}_2 + \cdots + u_k \cdot \mathbf{g}_k$$

sämtliche Codewörter erzeugt werden können. Eine natürliche Wahl für die Gewichtungsfaktoren u_1, u_2, … u_k sind die k Nachrichtenbits, die der Einfachheit halber zu einem binären Zeilenvektor

$$\mathbf{u} = \begin{pmatrix} u_1 & u_2 & \cdots & u_k \end{pmatrix}$$

zusammengefasst werden. Ausserdem lässt sich aus den k linear unabhängigen Codeworten $\mathbf{g}_1$, $\mathbf{g}_2$, ..., $\mathbf{g}_k$ eine k×n Matrix bilden

$$\mathbf{G} = \begin{bmatrix} \mathbf{g}_1 \\ \mathbf{g}_2 \\ \vdots \\ \mathbf{g}_k \end{bmatrix}.$$

Damit lässt sich nun jedes Codewort $\mathbf{v}$ des Codes wie folgt berechnen

$$\mathbf{v} = \mathbf{u} \cdot \mathbf{G} = \begin{pmatrix} u_1 & u_2 & \cdots & u_k \end{pmatrix} \cdot \begin{bmatrix} \mathbf{g}_1 \\ \mathbf{g}_2 \\ \vdots \\ \mathbf{g}_k \end{bmatrix} = u_1 \cdot \mathbf{g}_1 + u_2 \cdot \mathbf{g}_2 + \cdots + u_k \cdot \mathbf{g}_k .$$

Man spricht davon, dass die Zeilen der Matrix $\mathbf{G}$ den (n,k)-Code erzeugen oder aufspannen. Aus diesem Grund wird $\mathbf{G}$ die Erzeuger- oder Generatormatrix des Codes genannt. Jede Matrix, deren Zeilen aus k linear unabhängigen Codeworten bestehen, kann als Generatormatrix verwendet werden und ergibt im Endeffekt die gleiche Menge an Codeworten. Hingegen ist die Zuordnung zwischen Nachrichtenwort $\mathbf{u}$ und Codewort $\mathbf{v}$ von der spezifischen Wahl der Generatormatrix abhängig.

Aus der obigen Beziehung folgt, dass ein linearer (n,k)-Blockcode vollständig durch die Angabe seiner Generatormatrix bestimmt ist.

Was können wir über die Generatormatrix aussagen? Zunächst wissen wir, dass die Zeilen der Generatormatrix selber auch Codeworte sind. So führt beispielsweise die Wahl $\mathbf{u} = (1\ 0\ \dots\ 0)$ für das Nachrichtenwort auf das Codewort $\mathbf{v} = \mathbf{g}_1$. Zusätzlich müssen die Zeilen aber auch linear unabhängig sein, d.h. keine Zeile kann als Linearkombination der anderen Zeilen dargestellt werden. Wäre diese Bedingung nicht erfüllt, so würden unterschiedliche Nachrichtenworte ins gleiche Codewort abgebildet, was sicher nicht erwünscht ist. Dazu ein Beispiel: Nehmen wir an es gelte $\mathbf{g}_3 = \mathbf{g}_1 + \mathbf{g}_2$. Dann würden die Nachrichtenworte $(1\,1\,0\,0\dots 0)$ und $(0\,0\,1\,0\dots 0)$ das gleiche Codewort ergeben.

Beispiel

Gegeben ist die Generatormatrix eines linearen Blockcodes mit k = 4 und n = 7:

$$G = \begin{bmatrix} 1 & 0 & 0 & 0 & 1 & 1 & 0 \\ 0 & 1 & 0 & 0 & 1 & 0 & 1 \\ 0 & 0 & 1 & 0 & 0 & 1 & 1 \\ 0 & 0 & 0 & 1 & 1 & 1 & 1 \end{bmatrix}.$$

Es ist offensichtlich unmöglich, eine Zeile durch Addition beliebiger anderer Zeilen zu erhalten. Die Zeilen sind folglich linear unabhängig.

Falls $\mathbf{u} = (1\,1\,0\,1)$ die aus k Bits bestehende Nachricht ist, die übertragen werden soll, ergibt sich für das entsprechende Codewort

$$\begin{aligned} \mathbf{v} &= \begin{pmatrix} 1 & 1 & 0 & 1 \end{pmatrix} \cdot \begin{bmatrix} 1 & 0 & 0 & 0 & 1 & 1 & 0 \\ 0 & 1 & 0 & 0 & 1 & 0 & 1 \\ 0 & 0 & 1 & 0 & 0 & 1 & 1 \\ 0 & 0 & 0 & 1 & 1 & 1 & 1 \end{bmatrix} \\ &= 1 \cdot \mathbf{g}_1 \oplus 1 \cdot \mathbf{g}_2 \oplus 0 \cdot \mathbf{g}_3 \oplus 1 \cdot \mathbf{g}_4 \\ &= \begin{pmatrix} 1 & 0 & 0 & 0 & 1 & 1 & 0 \end{pmatrix} \oplus \begin{pmatrix} 0 & 1 & 0 & 0 & 1 & 0 & 1 \end{pmatrix} \oplus \begin{pmatrix} 0 & 0 & 0 & 1 & 1 & 1 & 1 \end{pmatrix} \\ &= \begin{pmatrix} 1 & 1 & 0 & 1 & 1 & 0 & 0 \end{pmatrix}. \end{aligned}$$

Wird diese Berechnung für alle $2^k = 16$ möglichen Kombinationen von Nachrichtenbits durchgeführt, erhält man die nachfolgende Codetabelle.

Tabelle 10: Linearer (7,4)-Blockcode

Nachrichtenwort $\mathbf{u} = (u_1 \quad u_2 \quad u_3 \quad u_4)$	Codewort $\mathbf{v} = (v_1 \quad v_2 \quad v_3 \quad v_4 \quad v_5 \quad v_6 \quad v_7)$
0000	0000000
0001	0001111
0010	0010011
0011	0011100
0100	0100101
0101	0101010
0110	0110110
0111	0111001
1000	1000110
1001	1001001
1010	1010101
1011	1011010
1100	1100011
1101	1101100
1110	1110000
1111	1111111

Es handelt sich dabei wieder um einen (7,4)-Hamming-Code mit $d_{min} = 3$. ■

Die minimale Hamming-Distanz eines linearen Blockcodes lässt sich vergleichsweise einfach aus dem minimalen Hamming-Gewicht des Codes bestimmen.

Minimales Hamming-Gewicht eines Codes

Die Grösse

$$w_{min} = \min\left\{w(\mathbf{v}_i) \mid \mathbf{v}_i \in C, \mathbf{v}_i \neq \mathbf{0}\right\}$$

wird als minimales (Hamming-) Gewicht des Codes C bezeichnet.

Das minimale Hamming-Gewicht ist demnach gleich der minimalen Anzahl Einsen, welche ein Codewort (mit Ausnahme von **0**) aufweist.

Theorem

Bei einem linearen Blockcode ist die minimale Hamming-Distanz des Codes identisch mit dem minimalen Hamming-Gewicht.

$$d_{min} = w_{min}$$

Beweis

Für zwei beliebige Codewörter $\mathbf{v}_i$ und $\mathbf{v}_j$ gilt:

$$d(\mathbf{v}_i, \mathbf{v}_j) = d(\mathbf{v}_i \oplus \mathbf{v}_i, \mathbf{v}_j \oplus \mathbf{v}_i) = d(\mathbf{0}, \underbrace{\mathbf{v}_j \oplus \mathbf{v}_i}_{\mathbf{v}_r \in C}) = w(\mathbf{v}_r)\,.$$

Bestimmt man auf beiden Seiten das Minimum über alle möglichen Werte (mit Ausnahme von $\mathbf{v}_i = \mathbf{v}_j$ resp. $\mathbf{v}_r = 0$) so folgt $d_{min} = w_{min}$. ■

Um die minimale Hamming-Distanz eines linearen Blockcodes zu bestimmen, genügt es, die minimale Anzahl Einsen in den vom Nullvektor verschiedenen Codeworten zu ermitteln.

Beispiel

Im vorhergegangenen Beispiel weisen alle Codeworte (mit Ausnahme von (0 0 0 0 0 0 0)) mindestens drei Einsen auf. Das minimale Hamming-Gewicht und damit auch die minimale Hamming-Distanz beträgt deshalb $d_{min} = w_{min} = 3$. ■

7.1 Systematische Form der Generatormatrix

Ein Code, bei dem die ersten k Stellen des Codeworts gerade den k Nachrichtenbits entsprechen, wird systematischer oder separierbarer Code genannt[6]. Das Codewort weist die in Figur 16 gezeigte Struktur auf

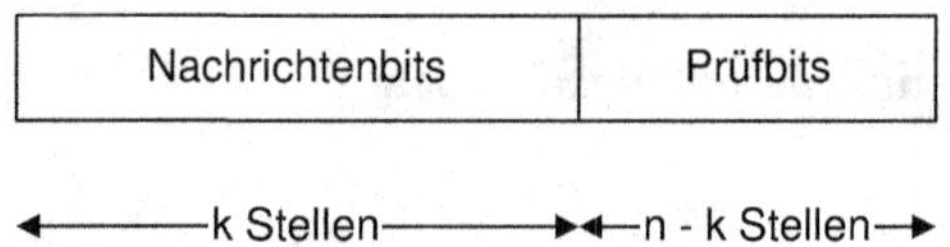

Figur 16: Systematisches Codewort

Die Generatormatrix hat in diesem Fall die Form

$$\mathbf{G} = \begin{bmatrix} \mathbf{I}_k & \mathbf{P}_{k \times (n-k)} \end{bmatrix},$$

wobei $\mathbf{I}_k$ die Einheitsmatrix der Dimension k×k bezeichnet. Die Figur 17 verdeutlicht, weshalb mit dieser Generatormatrix ein systematisches Codewort entsteht.

[6] Gewisse Autoren definieren einen systematischen Code so, dass sich die Nachrichtenbits am Ende des Codeworts befinden.

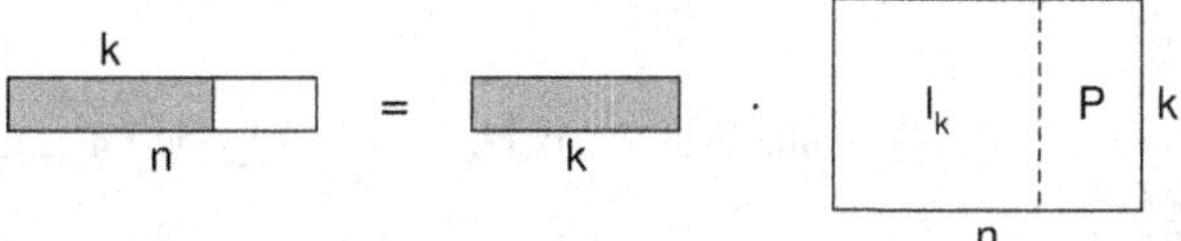

Figur 17: Berechnung eines systematischen Codewortes.

Bei der Umwandlung eines Codes in einen systematischen Code wird die Tatsache ausgenutzt, dass für die Bildung der Generatormatrix beliebige linear unabhängige Codewörter verwendet werden können. Die Zeilen der systematischen Generatormatrix **G'** können also aus beliebigen Linearkombinationen der Zeilen der gegebenen Generatormatrix **G** zusammengesetzt werden. Zudem kann selbstverständlich die Reihenfolge der Zeilen beliebig vertauscht werden. Bei einer Vertauschung der Spalten ändert zwar die Menge der Codeworte, die Distanz- und damit die Fehlerkorrektureigenschaften des Codes bleiben jedoch erhalten.

Beispiel

Gegeben ist ein Code durch seine Generatormatrix

$$\mathbf{G} = \begin{bmatrix} 1 & 1 & 0 & 1 & 0 & 0 & 1 \\ 1 & 0 & 1 & 0 & 0 & 1 & 1 \\ 1 & 0 & 0 & 1 & 1 & 1 & 0 \end{bmatrix} = \begin{bmatrix} \mathbf{g}_1 \\ \mathbf{g}_2 \\ \mathbf{g}_3 \end{bmatrix}.$$

Durch geeignete Linearkombination der einzelnen Zeilen

$$\mathbf{g}_1' = \mathbf{g}_3 = (1 \quad 0 \quad 0 \quad 1 \quad 1 \quad 1 \quad 0)$$
$$\mathbf{g}_2' = \mathbf{g}_1 \oplus \mathbf{g}_3 = (0 \quad 1 \quad 0 \quad 0 \quad 1 \quad 1 \quad 1)$$
$$\mathbf{g}_3' = \mathbf{g}_2 \oplus \mathbf{g}_3 = (0 \quad 0 \quad 1 \quad 1 \quad 1 \quad 0 \quad 1)$$

lässt sich daraus eine systematische Generatormatrix ableiten

$$\mathbf{G}' = \begin{bmatrix} 1 & 0 & 0 & 1 & 1 & 1 & 0 \\ 0 & 1 & 0 & 0 & 1 & 1 & 1 \\ 0 & 0 & 1 & 1 & 1 & 0 & 1 \end{bmatrix}.$$

■

7.2 Prüfmatrix

Zu jedem linearen Blockcode existiert eine Prüfmatrix **H**, die wie folgt definiert ist.

Prüfmatrix H

Ein Vektor **v** ist genau dann ein Codewort, falls

$$\mathbf{v} \cdot \mathbf{H}^T = \mathbf{0}$$

gilt.

Mit Hilfe der Prüfmatrix **H** kann somit überprüft werden, ob ein beliebiges Binärwort **v** ein gültiges Codewort ist. Ist dies der Fall, so wird in der Regel angenommen, dass die Übertragung fehlerfrei vonstatten ging.

Die Funktion der Prüfmatrix wird ersichtlich, wenn wir deren Zeilen mit $\mathbf{h}_i$ bezeichnen. Aus der beschriebenen Prüfbedingung

$$\mathbf{v} \cdot \mathbf{H}^T = \mathbf{v} \cdot \begin{bmatrix} \mathbf{h}_1^T & \mathbf{h}_2^T & \cdots & \mathbf{h}_{n-k}^T \end{bmatrix} = \begin{pmatrix} \mathbf{v} \cdot \mathbf{h}_1^T & \mathbf{v} \cdot \mathbf{h}_2^T & \cdots & \mathbf{v} \cdot \mathbf{h}_{n-k}^T \end{pmatrix} = \mathbf{0}$$

geht nämlich hervor, dass die folgenden $n - k$ Prüfgleichungen erfüllt sein müssen, falls **v** ein gültiges Codewort ist

$$\begin{aligned} \mathbf{v} \cdot \mathbf{h}_1^T &= 0 \\ \mathbf{v} \cdot \mathbf{h}_2^T &= 0 \\ &\vdots \\ \mathbf{v} \cdot \mathbf{h}_{n-k}^T &= 0. \end{aligned}$$

Sofern die Generatormatrix eines linearen (n,k)-Blockcodes in systematischer Form vorliegt

$$\mathbf{G} = [\mathbf{I}_k \quad \mathbf{P}],$$

ist die entsprechende Prüfmatrix gegeben durch

$$\mathbf{H} = \begin{bmatrix} \mathbf{P}^T & \mathbf{I}_{n-k} \end{bmatrix},$$

wobei $\mathbf{P}^T$ die Transponierte der Matrix **P** bezeichnet.

Jedes gültige Codewort **v** entsteht durch Multiplikation eines beliebigen Vektors **u** mit der Generatormatrix **G**

$$\mathbf{v} = \mathbf{u} \cdot \mathbf{G} = \mathbf{u} \cdot [\mathbf{I}_k \quad \mathbf{P}].$$

Der Test mit Hilfe der Prüfmatrix liefert in diesem Fall

$$\mathbf{v} \cdot \mathbf{H}^T = \mathbf{u} \cdot [\mathbf{I}_k \quad \mathbf{P}] \cdot \begin{bmatrix} \mathbf{P} \\ \mathbf{I}_{n-k} \end{bmatrix} = \mathbf{u} \cdot (\mathbf{P} \oplus \mathbf{P}) = \mathbf{0}.$$

7.3 Decodierung

Wir nehmen an, dass ein Codewort $\mathbf{v}$ über einen gestörten Kanal übertragen wurde. Das empfangene Binärwort setzt sich aus dem gesendeten Codewort $\mathbf{v}$ und einem Fehlermuster $\mathbf{e}$ zusammen

$$\mathbf{r} = \mathbf{v} \oplus \mathbf{e}.$$

Der Decoder berechnet die Grösse

$$\mathbf{s} = \mathbf{r} \cdot \mathbf{H}^T,$$

was als Syndrom von $\mathbf{r}$ bezeichnet wird. Gemäss Definition der Prüfmatrix $\mathbf{H}$ ist das Syndrom genau dann null, falls $\mathbf{r}$ ein gültiges Codewort ist. Gilt umgekehrt $\mathbf{s} \neq \mathbf{0}$, so ist $\mathbf{r}$ kein gültiges Codewort und der Decoder schliesst daraus, dass bei der Übertragung mindestens ein Fehler aufgetreten ist.

Entspricht das Fehlermuster $\mathbf{e}$ zufälligerweise einem von null verschiedenen Codewort, so ist die Summe $\mathbf{r} = \mathbf{c} \oplus \mathbf{e}$ wiederum ein gültiges Codewort und der Decoder geht fälschlicherweise davon aus, dass kein Fehler aufgetreten ist. Solche Fehler können vom Decoder nicht erkannt werden.

Das Syndrom hängt nicht vom gesendeten Codewort, sondern einzig vom Fehlermuster ab:

$$\begin{aligned} \mathbf{s} &= \mathbf{r} \cdot \mathbf{H}^T \\ &= (\mathbf{v} \oplus \mathbf{e}) \cdot \mathbf{H}^T \\ &= \underbrace{\mathbf{v} \cdot \mathbf{H}^T}_{=\mathbf{0}} \oplus \mathbf{e} \cdot \mathbf{H}^T \\ &= \mathbf{e} \cdot \mathbf{H}^T. \end{aligned}$$

Deshalb kann aus der Kenntnis des Syndroms auf das Fehlermuster geschlossen werden. Die Gleichung

$$\mathbf{s} = \mathbf{e} \cdot \mathbf{H}^T$$

besitzt jedoch viele Lösungen für den Fehlervektor $\mathbf{e}$. Ein Decoder wird aus diesen Lösungen die wahrscheinlichste (d.h. in der Regel diejenige mit dem kleinsten Hamming-Gewicht) auswählen.

Beispiel

Wir betrachten den linearen Blockcode mit der Generatormatrix

$$G = \begin{bmatrix} 1 & 0 & 0 & 0 & 1 & 1 & 0 \\ 0 & 1 & 0 & 0 & 0 & 1 & 1 \\ 0 & 0 & 1 & 0 & 1 & 1 & 1 \\ 0 & 0 & 0 & 1 & 1 & 0 & 1 \end{bmatrix} = \begin{bmatrix} I_4 & P \end{bmatrix}.$$

Die dazugehörige Prüfmatrix lautet

$$H = \begin{bmatrix} P^T & I_3 \end{bmatrix} = \begin{bmatrix} 1 & 0 & 1 & 1 & 1 & 0 & 0 \\ 1 & 1 & 1 & 0 & 0 & 1 & 0 \\ 0 & 1 & 1 & 1 & 0 & 0 & 1 \end{bmatrix}.$$

Es sei $\mathbf{r} = (r_1\, r_2\, r_3\, r_4\, r_5\, r_6\, r_7)$ der empfangene Vektor. Das Syndrom ist dann gegeben durch

$$\mathbf{s} = \mathbf{r} \cdot \mathbf{H}^T$$

$$= \begin{pmatrix} r_1 & r_2 & r_3 & r_4 & r_5 & r_6 & r_7 \end{pmatrix} \cdot \begin{bmatrix} 1 & 1 & 0 \\ 0 & 1 & 1 \\ 1 & 1 & 1 \\ 1 & 0 & 1 \\ 1 & 0 & 0 \\ 0 & 1 & 0 \\ 0 & 0 & 1 \end{bmatrix}$$

$$= \begin{pmatrix} s_1 & s_2 & s_3 \end{pmatrix}.$$

Die einzelnen Komponenten des Syndromvektors sind

$$s_1 = r_1 \oplus r_3 \oplus r_4 \oplus r_5$$
$$s_2 = r_1 \oplus r_2 \oplus r_3 \oplus r_6$$
$$s_3 = r_2 \oplus r_3 \oplus r_4 \oplus r_7$$

und definieren die drei Prüfgleichungen des Codes.

Wird nun $\mathbf{r} = (1\,0\,0\,1\,0\,0\,1)$ empfangen, so berechnet der Decoder das Syndrom

$$\mathbf{s} = \mathbf{r} \cdot \mathbf{H}^T = \begin{pmatrix} 0 & 1 & 0 \end{pmatrix}.$$

Aus der Beziehung

$$\mathbf{s} = \mathbf{e} \cdot \mathbf{H}^T$$

folgt, dass sämtliche Fehlermuster, welche das Gleichungssystem

$$0 = e_1 \oplus e_3 \oplus e_4 \oplus e_5$$
$$1 = e_1 \oplus e_2 \oplus e_3 \oplus e_6$$
$$0 = e_2 \oplus e_3 \oplus e_4 \oplus e_7$$

erfüllen, zu dem berechneten Syndrom führen. Die folgenden Fehlermuster sind allesamt Lösungen des Gleichungssystems

(0 0 0 0 0 1 0)	(0 1 0 0 0 0 1)	(1 0 0 0 1 0 0)	(1 1 0 0 1 1 1)
(0 0 0 1 1 1 1)	(0 1 0 1 1 0 0)	(1 0 0 1 0 0 1)	(1 1 0 1 0 1 0)
(0 0 1 0 1 0 1)	(0 1 1 0 1 1 0)	(1 0 1 0 0 1 1)	(1 1 1 0 0 0 0)
(0 0 1 1 0 0 0)	(0 1 1 1 0 1 1)	(1 0 1 1 1 1 0)	(1 1 1 1 1 0 1)

Das wahrscheinlichste Fehlermuster ist dasjenige mit der kleinsten Anzahl Einsen, also

$$\mathbf{e} = \begin{pmatrix} 0 & 0 & 0 & 0 & 0 & 1 & 0 \end{pmatrix}.$$

Der Decoder würde folglich das Codewort

$$\hat{\mathbf{v}} = \mathbf{r} \oplus \mathbf{e} = \begin{pmatrix} 1 & 0 & 0 & 1 & 0 & 1 & 1 \end{pmatrix}$$

ausgeben. Gäbe es zwei oder mehr Fehlermuster mit kleinstem Hamming-Gewicht, könnte der Decoder den Fehler nicht mehr sicher korrigieren. ■

7.4 Mathematischer Exkurs

Mathematisch betrachtet ist ein linearer (n, k)-Blockcode C ein k-dimensionaler Unterraum des Vektorraums $\{0, 1\}^n$ aller binären Vektoren der Länge n. Dieser Unterraum wird durch die k linear unabhängigen Zeilen der Generatormatrix aufgespannt.

Um diese Begriffe zu verdeutlichen, wählen wir ein anschauliches Beispiel, nämlich den dreidimensionalen Vektorraum $\mathbb{R}^3$ aller reellen Vektoren[7]. Zwei linear unabhängige Vektoren $\mathbf{a}_1$ und $\mathbf{a}_2$ spannen in $\mathbb{R}^3$ eine Ebene durch den Nullpunkt auf. Diese Ebene besteht aus allen Punkten, deren Ortsvektoren $\mathbf{r}$ durch die Linearkombination

$$\mathbf{r} = \lambda_1 \cdot \mathbf{a}_1 + \lambda_2 \cdot \mathbf{a}_2 = (\lambda_1 \quad \lambda_2) \cdot \begin{bmatrix} \mathbf{a}_1 \\ \mathbf{a}_2 \end{bmatrix}$$

($\lambda_1, \lambda_2 \in \mathbb{R}$) berechnet werden können. Werden zwei beliebige Vektoren der Ebene miteinander addiert, so liegt das Resultat wiederum in der Ebene. Das selbe gilt, wenn ein in der Ebene liegender Vektor mit einer reellen Zahl multipliziert wird. Die Ebene ist demnach ein zweidimensionaler Unterraum W von $\mathbb{R}^3$.

Anstelle der beiden linear unabhängigen Vektoren $\mathbf{a}_1$ und $\mathbf{a}_2$ kann die Ebene auch durch den Normalenvektor $\mathbf{n}$ definiert werden. Die Ebene ist gleich der Menge aller Punkte, deren Ortsvektoren $\mathbf{r}$ senkrecht auf $\mathbf{n}$ stehen und demzufolge der Bedingung

$$\mathbf{r} \cdot \mathbf{n}^T = 0$$

genügen. (Die Gleichung sagt aus, dass die Projektion eines in der Ebene liegenden Vektors $\mathbf{r}$ auf den Normalenvektor $\mathbf{n}$ null ergibt.) Der Vektor $\mathbf{n}$ spannt einen eindimensionalen Unterraum von $\mathbb{R}^3$ auf, nämlich eine Gerade. Dieser Unterraum enthält sämtliche Vektoren, die senkrecht auf den Vektoren des Unterraums W stehen und wird deshalb orthogonales Komplement $W^{\perp}$ von W genannt.

[7] Wie in der Codierungstechnik üblich, schreiben wir die Vektoren als Zeilenvektoren.

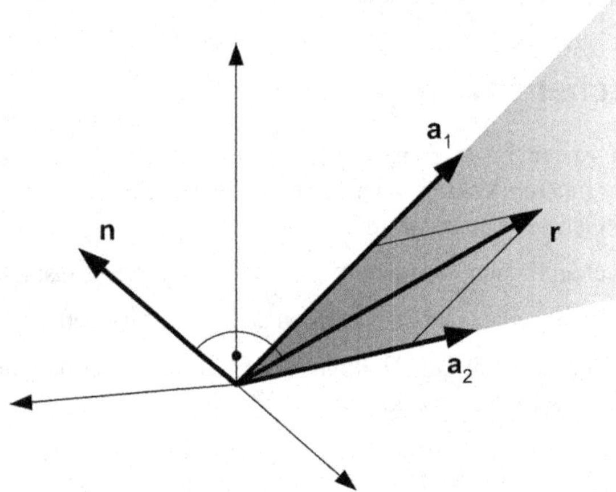

Figur 18: Die linear unabhängigen Vektoren $\mathbf{a}_1$ und $\mathbf{a}_2$ spannen in $\mathbb{R}^3$ einen zweidimensionalen Unterraum auf.

Kehren wir zur Codierungstheorie zurück. Dort haben wir es mit binären Vektoren zu tun. Im Vektorraum $\{0,1\}^n$ spannen k linear unabhängige Vektoren $\mathbf{g}_1$, $\mathbf{g}_2$, …, $\mathbf{g}_k$ einen k-dimensionalen Unterraum C auf. Die Elemente dieses Unterraums sind alle möglichen Linearkombinationen

$$\mathbf{v} = u_1 \cdot \mathbf{g}_1 \oplus u_2 \cdot \mathbf{g}_2 \oplus \cdots \oplus u_k \cdot \mathbf{g}_k = \begin{pmatrix} u_1 & u_2 & \cdots & u_k \end{pmatrix} \cdot \begin{bmatrix} \mathbf{g}_1 \\ \mathbf{g}_2 \\ \vdots \\ \mathbf{g}_k \end{bmatrix} = \mathbf{u} \cdot \mathbf{G}.$$

Da die Gewichtungsfaktoren u_i nur 0 oder 1 sein können, enthält dieser Unterraum genau 2^k Elemente. Diese bilden den Code.

Das zum Code orthogonale Komplement $C^{\perp}$ wird durch n - k linear unabhängige Vektoren $\mathbf{h}_1$, $\mathbf{h}_2$, … $\mathbf{h}_{n-k}$ aufgespannt, die allesamt senkrecht auf den Codewörtern stehen. Daraus ergeben sich die n - k Prüfgleichungen des Codes:

$$\mathbf{v} \cdot \mathbf{h}_i^T = 0, \quad i = 1, 2, \cdots n-k.$$

Zusammengefasst in eine Matrix

$$\mathbf{H} = \begin{bmatrix} \mathbf{h}_1 \\ \mathbf{h}_2 \\ \vdots \\ \mathbf{h}_{n-k} \end{bmatrix}$$

erhält man die Prüfmatrix des Codes. Die Zeilen der Prüfmatrix spannen folglich den Unterraum $C^{\perp}$ auf.

8 Zyklische Codes

Zyklische Codes sind eine wichtige Unterklasse der linearen Blockcodes. Sie sind vor allem aus zwei Gründen attraktiv.

1. Die Codierung und die Berechnung des Syndroms können mittels Schieberegistern vergleichsweise einfach realisiert werden.
2. Zyklische Codes weisen eine bemerkenswerte algebraische Struktur auf, die es gestattet, einfache Methoden zu deren Decodierung zu finden.

Zyklische Code sind lineare Blockcodes mit einer zusätzlichen Einschränkung:

Zyklischer Code

Ein linearer Code ist ein zyklischer Code, falls die zyklische Verschiebung jedes Codewortes wieder ein Codewort liefert

$$(v_1 \quad v_2 \quad \cdots \quad v_{n-1} \quad v_n) \in C \Rightarrow (v_2 \quad v_3 \quad \cdots \quad v_n \quad v_1) \in C\,.$$

8.1 Polynomdarstellung

Jeder binäre Vektor **v** mit n Komponenten kann durch ein Polynom v(X) mit binären Koeffizienten dargestellt werden:

$$\mathbf{v} = (v_1 \quad v_2 \quad \cdots \quad v_{n-1} \quad v_n) \Rightarrow v(X) = v_1 \cdot X^{n-1} \oplus v_2 \cdot X^{n-2} \oplus \cdots \oplus v_{n-1} \cdot X \oplus v_n\,.$$

Wir bezeichnen v(X) als Codepolynom des Vektors **v**.

Mit Hilfe dieser Polynomdarstellung lassen sich einige Operationen vergleichsweise einfach durchführen. Im Zusammenhang mit den zyklischen Codes ist dabei naturgemäss die zyklische Permutation eines Codewortes von Interesse. Wird ein Vektor

$$\mathbf{v} = (v_1 \quad v_2 \quad \cdots \quad v_n)$$

um i Stellen zyklisch nach links permutiert, so resultiert der Vektor

$$\mathbf{v}^{(i)} = (v_{i+1} \quad v_{i+2} \quad \cdots \quad v_n \quad v_1 \quad \cdots \quad v_i)$$

mit dem Codepolynom

$$v^{(i)}(X) = v_{i+1} \cdot X^{n-1} \oplus v_{i+2} \cdot X^{n-2} \oplus \cdots \oplus v_n \cdot X^i \oplus v_1 \cdot X^{i-1} \oplus \cdots \oplus v_i\,.$$

Wird das Polynom v(X) mit X^i multipliziert, so stimmt das Resultat in den Potenzen i bis n - 1 mit dem Polynom $v^{(i)}(X)$ überein

$$X^i \cdot v(X) = v_1 \cdot X^{n+i-1} \oplus \cdots \oplus v_i \cdot X^n \oplus \underbrace{v_{i+1} \cdot X^{n-1} \oplus \cdots \oplus v_n \cdot X^i}_{\text{Übereinstimmung mit } v^{(i)}(X)}\,.$$

Die restlichen Stellen müssen hingegen korrigiert werden, um $v^{(i)}(X)$ zu erhalten

$$\begin{aligned} v^{(i)}(X) &= X^i \cdot v(X) \underbrace{\oplus v_i \cdot X^n \oplus v_i \cdot X^0}_{\text{Korrektur des Terms mit } v_i} \oplus \cdots \underbrace{\oplus v_1 \cdot X^{n+i-1} \oplus v_1 \cdot X^{i-1}}_{\text{Korrektur des Terms mit } v_1} \\ &= X^i \cdot v(X) \oplus \left(X^n \oplus 1\right) \cdot \underbrace{\left(v_i \oplus \cdots \oplus v_1 \cdot X^{i-1}\right)}_{q(X)} . \end{aligned}$$

Es gilt also

$$v^{(i)}(X) = X^i \cdot v(X) \oplus \left(X^n \oplus 1\right) \cdot q(X)$$

oder

$$X^i \cdot v(X) = \left(X^n \oplus 1\right) \cdot q(X) \oplus v^{(i)}(X) .$$

Das Polynom $v^{(i)}(X)$ ist sicher nicht durch $X^n \oplus 1$ teilbar, da dessen Ordnung kleiner als n ist. Die obige Gleichung sagt deshalb aus, dass die Division von $X^i \cdot v(X)$ durch $X^n \oplus 1$ den Quotienten q(X) und den Rest $v^{(i)}(X)$ ergibt. Umgekehrt ist das Polynom $v^{(i)}(X)$ des zyklisch permutierten Vektors gleich dem Rest, wenn $X^i \cdot v(X)$ durch $X^n \oplus 1$ dividiert wird:

$$v^{(i)}(X) = R_{X^n \oplus 1}\left[X^i \cdot v(X)\right] .$$

8.2 Generatorpolynom

Theorem

Für jeden zyklischen (n,k)-Code existiert genau ein Generatorpolynom

$$g(X) = X^m \oplus g_2 \cdot X^{m-1} \oplus \cdots \oplus g_m \cdot X \oplus 1$$

der Ordnung m = n - k. Ein binäres Wort **v** der Länge n ist genau dann ein Codewort, falls dessen Polynom v(X) durch g(X) teilbar ist.

Aus dem Theorem folgt sofort, dass jedes Polynom eines gültigen Codewortes von der folgenden Form ist

$$\begin{aligned} v(X) &= u(x) \cdot g(X) \\ &= \left(u_1 \cdot X^{k-1} \oplus \cdots \oplus u_k\right) \cdot g(X) . \end{aligned}$$

Entsprechen die Koeffizienten u_1 bis u_k des Polynoms u(X) gerade den k Informationsbits, so gibt die obige Formel eine Regel zur Berechnung des zur Nachricht ($u_1\, u_2 \ldots u_k$) gehörenden Codewortes **v** an:

$$v(X) = u(X) \cdot g(X) .$$

$$v(X) = v_1 \cdot X^{n-1} \oplus \cdots \oplus v_n \quad \text{Codewortpolynom}$$

$$u(X) = u_1 \cdot X^{k-1} \oplus \cdots \oplus u_k \quad \text{Nachrichtenpolynom}$$

$$g(X) = X^m \oplus g_2 \cdot X^{m-1} \oplus \cdots \oplus g_m \cdot X \oplus 1 \quad \text{Generatorpolynom}$$

Dies muss insbesondere auch für $u(X) = 1$ gelten, woraus folgt, dass $g(X)$ selber die Polynomdarstellung eines gültigen Codewortes ist.

Beispiel

Ein zyklischer Code mit $n = 7$ und $k = 4$ besitzt das Generatorpolynom

$$g(X) = X^3 \oplus X \oplus 1 .$$

Für die Nachricht $u = (1\ 0\ 1\ 0)$ lautet das Nachrichtenpolynom $u(X) = X^3 \oplus X$ und es folgt

$$\begin{aligned} v(X) &= u(X) \cdot g(X) \\ &= \left(X^3 \oplus X\right) \cdot \left(X^3 \oplus X \oplus 1\right) \\ &= X^6 \oplus X^4 \oplus X^3 \oplus X^4 \oplus X^2 \oplus X \\ &= X^6 \oplus X^3 \oplus X^2 \oplus X . \end{aligned}$$

Das dazugehörige Codewort lautet

$$\mathbf{v} = \begin{pmatrix} 1 & 0 & 0 & 1 & 1 & 1 & 0 \end{pmatrix} .$$ ■

8.3 Systematische Form

Wie das obige Beispiel zeigt, ergibt sich durch die beschriebene Konstruktionsregel kein systematischer Code. Das Nachrichtenwort ist nicht direkt aus dem Codewort ersichtlich. Um systematische Codewörter zu generieren, muss deshalb ein anderes Vorgehen gewählt werden.

Das systematische Codewort muss folgende drei Bedingungen erfüllen:

1. Da das Codewort **v** die Länge n besitzt, ist das dazugehörige Polynom $v(X)$ höchstens vom Grad $n - 1$.
2. Die vordersten k Stellen des Codeworts sollen den k Nachrichtenbits entsprechen.
3. Damit der binäre Vektor **v** überhaupt ein Codewort ist, muss dessen Polynom $v(X)$ ohne Rest durch das Generatorpolynom $g(X)$ teilbar sein.

Wir suchen also ein Polynom $v(X)$ vom Grad $n - 1$ oder kleiner, das durch $g(X)$ teilbar ist. Ferner sollen die zu Potenzen $n - 1$ bis $n - k$ gehörigen Koeffizienten den Nachrichtenbits u_1 bis u_k entsprechen.

Zunächst repräsentieren wir die k Nachrichtbits in gewohnter Weise durch ein Polynom

$$u(X) = u_1 \cdot X^{k-1} \oplus u_2 \cdot X^{k-2} \oplus \cdots \oplus u_k .$$

Aus der ersten und zweiten Bedingung folgt, dass das Polynom des Codeworts von der Form

$$v(X) = \underbrace{u_1 \cdot X^{n-1} \oplus u_2 \cdot X^{n-2} \oplus \cdots \oplus u_k \cdot X^{n-k}}_{\text{systematischer Teil}} \oplus b(X)$$

sein muss. Vom Polynom b(X) wissen wir vorläufig nur, dass es höchstens vom Grad n - k - 1 sein darf, da es ansonsten den systematischen Teil von v(X) zerstören würde. Wie unschwer zu verifizieren ist, kann der systematische Teil aus dem Nachrichtenpolynom u(X) berechnet werden:

$$v(X) = \underbrace{X^{n-k} \cdot u(X)}_{\text{systematischer Teil}} \oplus b(X)\,.$$

Die Multiplikation mit X^{n-k} entspricht einer Verschiebung des Nachrichtenvektors um n - k Stellen nach links:

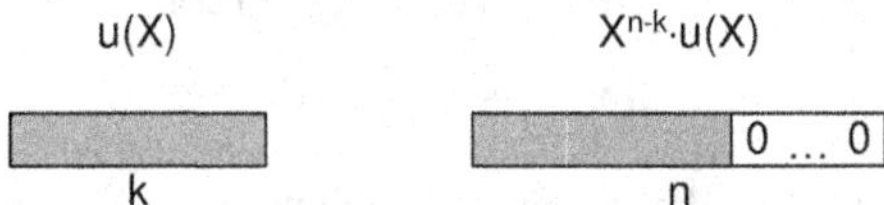

Um der dritten Bedingung zu genügen, muss das Polynom b(X) so gewählt werden, dass v(X) ohne Rest durch g(X) teilbar ist, d.h.

$$R_{g(X)}\left[v(X)\right] = 0$$

$$R_{g(X)}\left[X^{n-k} \cdot u(X) \oplus b(X)\right] = 0$$

$$R_{g(X)}\left[X^{n-k} \cdot u(X)\right] \oplus R_{g(X)}\left[b(X)\right] = 0\,.$$

Da g(X) vom Grad n - k ist und b(X) höchstens den Grad n - k - 1 aufweisen darf, gilt

$$R_{g(X)}\left[b(X)\right] = b(X)$$

und wir erhalten für b(X) die Bedingung

$$R_{g(X)}\left[X^{n-k} \cdot u(X)\right] \oplus b(X) = 0\,,$$

woraus abschliessend folgt

$$b(X) = R_{g(X)}\left[X^{n-k} \cdot u(X)\right].$$

Unter dieser Voraussetzung ist das Polynom $v(X) = X^{n-k} \cdot u(X) \oplus b(X)$ ein Vielfaches von g(X) und somit, gemäß Definition, ein gültiges Codewort. Es hat die Form

$$X^{n-k} \cdot u(X) \oplus b(X) = u_1 \cdot X^{n-1} \oplus \cdots \oplus u_k \cdot X^{n-k} \oplus b_1 \cdot X^{n-k-1} \oplus \cdots \oplus b_{n-k}$$

und entspricht deshalb dem Codewort

$$\mathbf{v} = \begin{pmatrix} u_1 & \cdots & u_k & b_1 & \cdots & b_{n-k} \end{pmatrix}.$$

Die ersten k Stellen des Codewortes entsprechen den k Nachrichtenbits, d.h. das derart erzeugte Codewort ist systematisch.

Erzeugen eines systematischen Codes mit dem Generatorpolynom g(X)

1. Die Nachricht u(X) wird mit X^{n-k} multipliziert.
2. Der Rest b(X), der sich bei der Division von $X^{n-k} \cdot u(X)$ durch g(X) ergibt, wird berechnet.
3. Das Codewort wird durch das Polynom

$$v(X) = X^{n-k} \cdot u(X) \oplus b(X)$$

dargestellt.

Beispiel

Wir betrachten nochmals den zyklischen (7,4)-Code mit dem Generatorpolynom

$$g(X) = X^3 \oplus X \oplus 1 .$$

Das Nachrichtenwort **u** = (1 0 0 1) soll codiert werden, d.h.

$$u(X) = X^3 \oplus 1 .$$

Um das dazugehörige Codewort zu bestimmen, wird wie folgt vorgegangen.

1. $$X^{n-k} \cdot u(X) = X^3 \cdot u(X) = X^6 \oplus X^3$$

2. $$\left(X^6 \oplus X^3\right) : \left(X^3 \oplus X \oplus 1\right) = X^3 \oplus X$$

$$\begin{array}{l} \underline{X^6 \oplus X^4 \oplus X^3} \\ \quad X^4 \\ \quad \underline{X^4 \oplus X^2 \oplus X} \\ \qquad\quad X^2 \oplus X = b(X) \end{array}$$

3. $$\begin{aligned} v(X) &= X^{n-k} \cdot u(X) \oplus b(X) \\ &= X^6 \oplus X^3 \oplus X^2 \oplus X \end{aligned}$$

Das Codewort lautet demnach

$$\mathbf{v} = (1 \quad 0 \quad 0 \quad 1 \quad 1 \quad 1 \quad 0)$$

und enthält in den ersten vier Stellen tatsächlich das Nachrichtenwort. ■

8.4 Codierung von zyklischen Codes

Aus dem Nachrichtenwort der Länge k wird ein Codewort der Länge n gebildet. Dazu bestehen zwei Möglichkeiten.

8.4.1 Nichtsystematischer Code

Das Codewort entsteht aus der Multiplikation des Nachrichtenpolynoms mit dem Generatorpolynom

$$v(X) = u(X) \cdot g(X) .$$

Das derart berechnete Codewort ist in der Regel nicht systematisch, d. h. die Bits der Nachricht sind nicht direkt ersichtlich.

Um das Codewort zu bestimmen, muss ein Verfahren zur Polynommultiplikation implementiert werden. Dieses lässt sich mit Hilfe von Schieberegistern einfach realisieren.

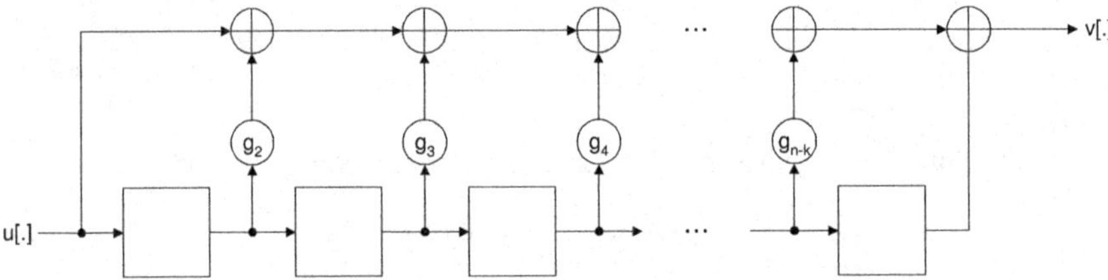

Figur 19: Realisierung der Polynommultiplikation mit Hilfe von Schieberegistern

Beispiel

Das Generatorpolynom

$$g(X) = X^3 \oplus X^2 \oplus 1$$

sei gegeben. Die Schaltung zur Berechnung des Codewortes sieht deshalb folgendermassen aus

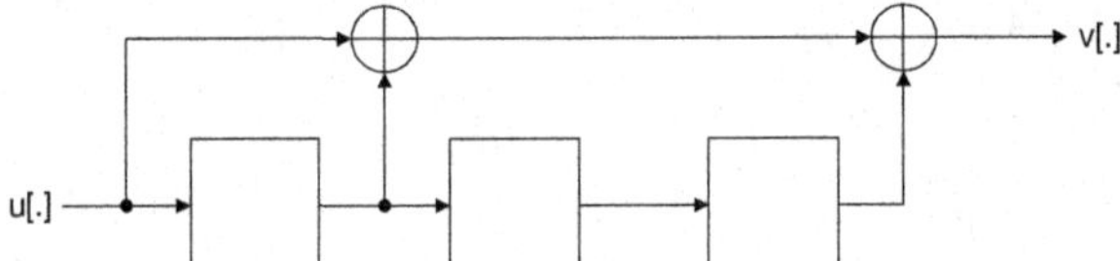

Die Funktionsweise der Schaltung soll anhand des Nachrichtenwortes $\mathbf{u} = (1\ 0\ 1\ 1)$ untersucht werden. Zu Beginn des Codierungsprozesses werden sämtliche Schieberegisterinhalte gelöscht. Danach wird mit jedem Taktzyklus ein weiteres Bit des Nachrichtenworts an den Eingang des Encoders gelegt und jeweils das Ausgangsbit bestimmt.

Takt	Aktuelles Bit	Schieberegisterinhalt			Ausgangsbit
i	u[i]	u[i - 1]	u[i - 2]	u[i - 3]	v[i]
1	1	0	0	0	1
2	0	1	0	0	1
3	1	0	1	0	1
4	1	1	0	1	1
5	0	1	1	0	1
6	0	0	1	1	1
7	0	0	0	1	1

Die Kontrolle durch Ausmultiplizieren der entsprechenden Polynome

$$\begin{aligned} v(X) &= u(X)\cdot g(X) \\ &= \left(X^3 \oplus X \oplus 1\right)\cdot\left(X^3 \oplus X^2 \oplus 1\right) \\ &= X^6 \oplus X^5 \oplus X^4 \oplus X^3 \oplus X^2 \oplus X \oplus 1 \\ &\hat{=} (1 \;\; 1 \;\; 1 \;\; 1 \;\; 1 \;\; 1 \;\; 1) \end{aligned}$$

bestätigt das Ergebnis. ■

8.4.2 Systematischer Code

Um einen systematischen Code zu erhalten, wird das Codewort mittels der Beziehung

$$v(X) = X^{n-k}\cdot u(X) \oplus b(X)$$

bestimmt. Dabei bezeichnet b(X) den Rest bei der Division von $X^{n-k}\cdot u(X)$ durch g(X)

$$b(X) = R_{g(X)}\left[X^{n-k}\cdot u(X)\right].$$

Dieses Vorgehen ergibt einen systematischen Code, dessen erste k Bits das Nachrichtenwort darstellen. Die Aufgabe des Encoders besteht im Berechnen der Prüfbits, welche durch das Restpolynom b(X) repräsentiert werden. Dazu muss $X^{n-k}\cdot u(X)$ durch g(X) dividiert werden, was wiederum mit Hilfe von Schieberegistern realisiert werden kann.

Um die Prüfbits zu bestimmen muss eine Polynomdivision durchgeführt werden, was mit der folgenden Schieberegisterschaltung realisiert werden kann.

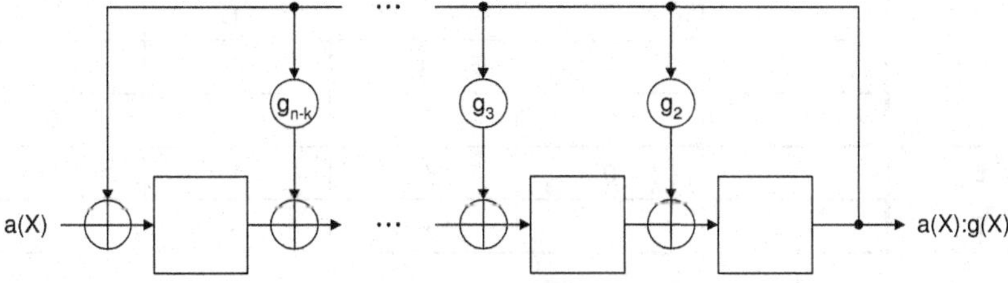

Figur 20: Realisierung der Polynomdivision mit Hilfe von Schieberegistern

Nach Ablauf der Division enthält das Schieberegister den Rest b(X).

Beispiel

Die Erzeugung eines systematischen Codewortes soll anhand des Beispiels mit dem Generatorpolynom

$$g(X) = X^3 \oplus X \oplus 1$$

gezeigt werden. Die entsprechende Schaltung zur Berechnung des Codewortes kann der nachfolgenden Figur entnommen werden.

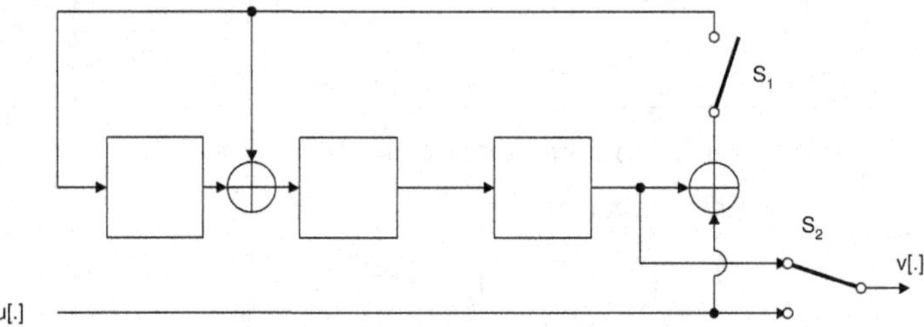

Die Codierung besteht aus zwei Phasen:

1. Schalter S_1 geschlossen, Schalter S_2 in der unteren Stellung

   Während k Taktzyklen werden die Bits $u_1, u_2, ..., u_k$ des Nachrichtenwortes direkt an den Ausgang gegeben. Gleichzeitig wird im rückgekoppelten Schieberegister die Division $x^{n-k} \cdot u(X)/g(X)$ berechnet. Das Schieberegister enthält anschliessend den Rest, also die Prüfbits b(X).

2. Schalter S_1 offen, Schalter S_2 in der oberen Stellung

   Das Schieberegister ist nicht mehr rückgekoppelt. Während n - k Taktzyklen wird der Inhalt des Schieberegisters an den Ausgang gegeben.

Die Funktionsweise der Schaltung soll anhand des Nachrichtenwortes **u** = (1 0 1 0) erläutert werden. Die in der Schaltung während der Codierung auftretenden Signale können der folgenden Tabelle entnommen werden.

i	u[i]	SR1	SR2	SR3	v[i]
		0	0	0	
1	1	1	1	0	1
2	0	0	1	1	0
3	1	0	0	1	1
4	0	1	1	0	0
5		0	1	1	0
6		0	0	1	1
7		0	0	0	1

Am Ausgang wird demnach das Codewort **v** = (1 0 1 0 0 1 1) ausgegeben.

Die entsprechenden Prüfbits können durch die Rechnung

$$b(X) = R_{X^3 \oplus X \oplus 1}\left[X^3 \cdot u(X)\right] = X \oplus 1 \mathrel{\hat{=}} (0 \quad 1 \quad 1)$$

verifiziert werden. ■

8.5 Decodierung von zyklischen Codes

Die Decodierung eines zyklischen Codes besteht aus den selben drei Stufen wie die Decodierung eines linearen Codes

1. Berechnung des Syndroms
2. Zuordnung des Syndroms zu einem Fehlermuster
3. Korrektur des empfangenen Binärwortes

8.5.1 Berechnung des Syndroms

Jedes gültige Codewortpolynom ist ohne Rest durch g(X) teilbar. Im Decodierer wird das Polynom des empfangenen Binärwortes r(X) durch g(X) dividiert. Resultiert daraus kein Rest, so repräsentiert r(X) ein gültiges Codewort und es wird angenommen, dass die Übertragung fehlerfrei war. Ein eventuelles Restpolynom wird als Syndrom s(X) bezeichnet und ist einzig vom Fehlerpolynom e(X) und nicht vom gesendeten Codewort abhängig.

8.5.2 Zuordnung des Syndroms zu einem Fehlermuster

Jedes Polynom, also auch das Fehlerpolynom e(X), kann in ein Vielfaches von g(X) und einen Rest s(X) aufgeteilt werden:

$$e(X) = a(X) \cdot g(X) \oplus \underbrace{R_{g(X)}\left[e(X)\right]}_{s(X)} .$$

Bei der Bestimmung des Syndroms bleibt nur der Rest s(X) übrig. Deshalb existieren in der Regel viele verschiedene Fehlermuster, die alle das gleiche Syndrom ergeben.

Im Decoder sind zu jedem Syndrom die jeweils wahrscheinlichsten Fehlermuster in einer Syndromtabelle gespeichert.

8.5.3 Korrektur des empfangenen Binärwortes

Mit der Kenntnis des Fehlermusters ist es anschliessend einfach, das empfangene Binärwort zu korrigieren. Dazu ist lediglich eine Anzahl EXOR-Gatter notwendig.

Beispiel

Die Decoderschaltung für den zyklischen Code mit dem Generatorpolynom $g(X) = X^3 \oplus X \oplus 1$ ist in der nachstehenden Figur wiedergegeben. In einem rückgekoppelten Schieberegister wird zunächst aus den empfangenen Bits r[.] das Syndrom berechnet. Das dazugehörige Fehlermuster wird einer Syndromtabelle entnommen und dazu verwendet, das Nachrichtenwort zu korrigieren.

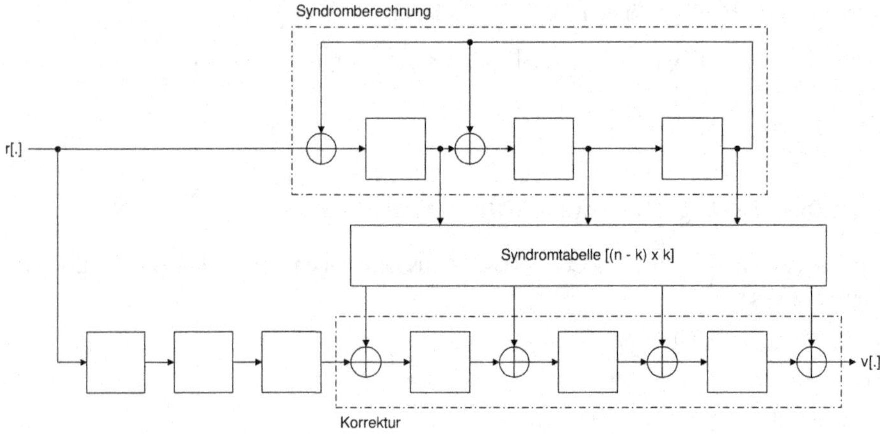

■

8.6 Fehlererkennende CRC-Codes

In vielen Geräten der Übertragungstechnik werden heute so genannten Cyclic-Redundancy-Check (CRC) Codes zur Fehlererkennung eingesetzt. Grundsätzlich handelt es sich dabei um Hashfunktionen. Das heisst, aus den im Allgemeinen beliebig langen Eingangsdaten wird eine Prüfsumme mit einer vorgegebenen Anzahl Bits berechnet. Dieser Prüfwert wird zusätzlich zu den Daten übertragen und kann vom Empfänger mit dem Wert verglichen werden, den er selber aus den empfangenen Daten berechnet. Stimmen die beiden Werte nicht überein, so sind die empfangenen Daten fehlerhaft. Einige gebräuchliche Generatorpolynome sind in der nachfolgenden Tabelle wiedergegeben.

Bei den CRC-Codes resultiert die Prüfsumme aus dem Rest, der sich bei der Division durch das Generatorpolynom ergibt. Diese Division kann mit Hilfe von Schieberegisterschaltungen sehr effizient durchgeführt werden.

Tabelle 11: Einige gebräuchliche Generatorpolynome für CRC-Codes

CRC-4 (G.704)	$X^4 + X + 1$
CRC-5 (Bluetooth)	$X^5 + X^4 + X^2 + 1$
CRC-CCITT	$X^{16} + X^{12} + X^5 + 1$
CRC-16	$X^{16} + X^{15} + X^2 + 1$
CRC-32	$X^{32} + X^{26} + X^{23} + X^{22} + X^{16} + X^{12} + X^{11} + X^{10} + X^8 + X^7 + X^5 + X^4 + X^2 + X + 1$

Das Generatorpolynom g(X) setzt sich zusammen aus einem primitiven Polynom p(X) und dem Polynom X + 1

$$g(X) = p(X) \cdot (X + 1) .$$

(Eine Ausnahme davon bildet CRC-4, dessen Polynom primitiv ist und den Faktor X + 1 nicht enthält.) Der Faktor X + 1 garantiert, dass jede ungerade Anzahl von Fehlern erkannt wird. Ein solcher

Fehler würde ein Fehlerpolynom mit einer ungeraden Anzahl von Termen ergeben, das keine Nullstelle bei $X = 1$ besitzt und folglich nicht durch das Polynom $X + 1$ teilbar ist.

Überdies können CRC-Codes nicht nur alle Einbit- und Zweibitfehler, sondern auch beliebige Büschelfehler mit einer Länge kleiner gleich dem Grad des Polynoms erkennen.

"... the most important linear codes, both theoretically and practically, that have yet been found, the so-called Reed-Solomon (RS) codes."

James L. Massey

"It's clear they're practical, because everybody's using them now..."

Elwyn R. Berlekamp

9 Reed-Solomon Codes

9.1 Einleitung

Die Reed-Solomon Codes wurden 1960 von Irving Reed und Gustave Solomon entdeckt [7]. Zu jener Zeit waren schnelle digitale Schaltungen nur sehr aufwendig zu realisieren, weshalb es einige Zeit dauerte, bis erste Implementationen praktikabel wurden. Seit einigen Jahren werden die Reed-Solomon Codes jedoch in einer zunehmenden Anzahl Anwendungen eingesetzt:

- Compact Disc (CD)
- Digital Versatile Disc (DVD)
- Satellitenkommunikation (z. B. Voyager II, Mars Pathfinder, Cassini)
- Breitband-Modems (ADSL, xDSL, ...)
- Digital Video Broadcasting (DVB mit (204,188)-RS-Code)

Die Codeworte setzen sich beim Reed-Solomon Code nicht aus binären Symbolen zusammen. Vielmehr stammen diese aus einer Menge mit endlich vielen Elementen. Beliebt sind natürlich Mengen mit 2^m Elementen, da in diesem Fall die einzelnen Symbole durch jeweils m binäre Ziffern dargestellt werden können. Für $m = 4$ stammen die Codesymbole beispielsweise aus der Menge $\{(0000), (0001), ..., (1111)\}$.

Über dieser endlichen Menge werden die Operationen „Addition" und „Multiplikation" definiert, wobei die Definitionen auf den ersten Blick ein wenig gewöhnungsbedürftig sind. So ist beispielsweise $(1000)\cdot(0111) = (1101)$ oder, noch verwirrender, $1/(1000) = (1111)$. Nichtsdestotrotz kann man damit sehr ähnlich rechnen wie beispielsweise mit den komplexen Zahlen.

Die Reed-Solomon Codes eignen sich vor allem zur Korrektur von Büschelfehlern. Selbst wenn viele (aufeinander folgende) Bits eines Symbols fehlerhaft übertragen werden, zählt dies nur als ein Symbolfehler und kann entsprechend einfach korrigiert werden. Oft werden Reed-Solomon Codes mit Faltungscodes kombiniert, da letztere ziemlich empfindlich auf Büschelfehler reagieren, sich dafür aber hervorragend zur Korrektur von gleichmässig verteilten Fehlern eignen.

Die Codeworte eines Reed-Solomon Codes zeichnen sich dadurch aus, dass deren Fouriertransformation gewisse vorgegebene Bedingungen erfüllt. Anders gesagt: Die Codewörter besitzen spezielle spektrale Eigenschaften. Der Decoder kann überprüfen, ob diese Eigenschaften verletzt sind und das Spektrum gegebenenfalls korrigieren. Die Figur 21 ist ein Versuch, die Funktionsweise eines Reed-Solomon Codes anschaulich zu erklären.

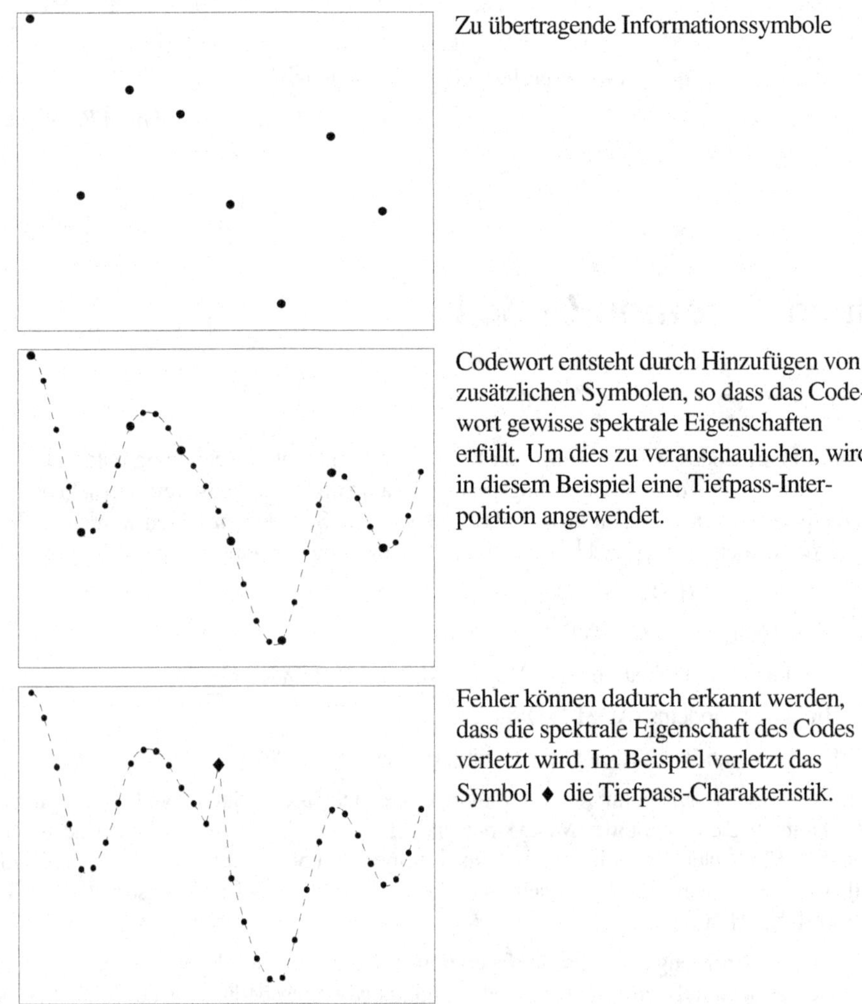

Figur 21: Zur Funktionsweise der Reed-Solomon Codes.

Reed-Solomon Codes sind vor allem deshalb so erfolgreich, weil ein direkter Zusammenhang zwischen der Anzahl fehlerhafter Symbole und der Komplexität der Fouriertransformation des Fehlermusters besteht. So lange die Anzahl Fehler eine gewisse Grenze nicht überschreitet, kann aus relativ wenigen Stützwerten die gesamte Fouriertransformation des Fehlermusters rekonstruiert und daraus das Fehlermuster berechnet werden.

9.2 Rechnen im endlichen Körper GF(2^m)

Um einen endlichen Körper mit $q = 2^m$ Elementen zu definieren, wird ein so genannt primitives Polynom p(X) vom Grad m benötigt. Primitive Polynom sind irreduzibel, das heisst, sie lassen sich nicht durch ein Polynom kleineren Grades teilen. In dieser Hinsicht verhalten sie sich also ähnlich wie Primzahlen. Ausserdem teilen die primitiven Polynome das Polynom $X^{q-1} + 1$, aber kein Polynom der Form $X^i + 1$ für $i < q - 1$. Primitive Polynome sind nicht einfach zu erkennen, können aber einschlägigen Tabellen entnommen werden.

Tabelle 12: Einige primitive Polynome

m	p(X)
1	$X + 1$
2	$X^2 + X + 1$
3	$X^3 + X + 1$
4	$X^4 + X + 1$
5	$X^5 + X^2 + 1$
6	$X^6 + X + 1$

Das primitive Element α des Körpers GF(2^m) ist eine Nullstelle des primitiven Polynoms p(X), welches den Körper definiert. Auf Grund der speziellen Eigenschaften des primitiven Polynoms folgt daraus, dass α auch eine Nullstelle von $X^{q-1} + 1$ ist. Es gilt demnach $\alpha^{q-1} = 1$. Hingegen ist $\alpha^i \neq 1$ für $0 < i < q - 1$. Die Potenzen $\alpha^0 = 1$, α^1, ... α^{q-2} des primitiven Elements sind deshalb allesamt verschieden und erzeugen sämtliche von null verschiedenen Elemente des Körpers.

Beispiel

Als Beispiel wollen wir den Körper GF(2^3) mit $q = 8$ Elementen betrachten. Dazu verwenden wir das folgende primitive Polynom vom Grad $m = 3$

$$p(X) = X^3 + X + 1 .$$

Das primitive Element α dieses Körpers ist eine Nullstelle von p(X), es gilt also

$$p(\alpha) = \alpha^3 + \alpha + 1 = 0$$

oder

$$\alpha^3 = \alpha + 1 .$$

Dabei haben wir von der Tatsache Gebrauch gemacht, dass die Koeffizienten der Polynome aus dem Restklassenkörper GF(2) = {0, 1} stammen, so dass beispielsweise $-\alpha = \alpha$ gilt. Mit Hilfe dieser Beziehung können sämtliche von null verschiedenen Elemente des Körpers durch α ausgedrückt werden:

$$\alpha^0 = 1$$
$$\alpha^1 = \alpha$$
$$\alpha^2 = \alpha^2$$
$$\alpha^3 = \alpha + 1$$
$$\alpha^4 = \alpha \cdot (\alpha + 1) = \alpha^2 + \alpha$$
$$\alpha^5 = \alpha \cdot \left(\alpha^2 + \alpha\right) = \alpha^3 + \alpha^2 = \alpha^2 + \alpha + 1$$
$$\alpha^6 = \alpha \cdot \left(\alpha^2 + \alpha + 1\right) = \alpha^3 + \alpha^2 + \alpha = \alpha + 1 + \alpha^2 + \alpha = \alpha^2 + 1$$

Die 8 Elemente des Körpers GF(2^3) können auf unterschiedliche Arten dargestellt werden. Beispielsweise als binäre Vektoren **v** der Länge 3 oder als Polynome $v(\alpha)$ vom Grad kleiner 3 mit binären Koeffizienten. Schliesslich wissen wir, dass alle von null verschiedenen Elemente sich als Potenz des primitiven Elements α schreiben lassen. Die letztgenannte Art der Darstellung ist natürlich insbesondere dann von Vorteil, wenn es darum geht, zwei Elemente zu multiplizieren. Dabei muss lediglich berücksichtigt werden, dass $\alpha^7 = 1$ gilt.

v	v(α)	**Potenzdarstellung**
(0 0 0)	0	-
(0 0 1)	1	$\alpha^0 = \alpha^7$
(0 1 0)	α	α^1
(0 1 1)	$\alpha + 1$	α^3
(1 0 0)	α^2	α^2
(1 0 1)	$\alpha^2 + 1$	α^6
(1 1 0)	$\alpha^2 + \alpha$	α^4
(1 1 1)	$\alpha^2 + \alpha + 1$	α^5

Nachdem die Elemente nun erzeugt sind, müssen noch die Operationen über diesem Körper definiert werden. Zwei Elemente werden addiert, in dem die dazugehörigen Vektoren komponentenweise addiert werden, also beispielsweise

$$(1 \quad 0 \quad 1) + (1 \quad 1 \quad 0) = (0 \quad 1 \quad 1)$$

oder, in Polynomdarstellung,

$$\left(\alpha^2 + 1\right) + \left(\alpha^2 + \alpha\right) = \alpha + 1 .$$

Um zwei Elemente zu multiplizieren, werden die entsprechenden Polynome multipliziert. Danach wird der Rest bei Division durch das primitive Polynom $p(\alpha)$ ermittelt

$$(\alpha + 1) \cdot \left(\alpha^2 + \alpha + 1\right) = \alpha^3 + 1$$
$$\left(\alpha^3 + 1\right) \bmod \left(\alpha^3 + \alpha + 1\right) = \alpha$$

und daher

$$\begin{pmatrix}0 & 1 & 1\end{pmatrix}\cdot\begin{pmatrix}1 & 1 & 1\end{pmatrix}=\begin{pmatrix}0 & 1 & 0\end{pmatrix}.$$

Das gleiche Ergebnis erhält man selbstverständlich, wenn die Elemente zuerst als Potenzen des primitiven Elements α dargestellt werden:

$$\alpha^3 \cdot \alpha^5 = \alpha^8 = \alpha .$$

Zu jedem Element ausser 0 existiert das inverse Element bezüglich der Multiplikation. So ist beispielsweise (1 1 0) invers zu (0 1 1), wie durch Ausmultiplizieren einfach verifiziert werden kann:

$$\left(\alpha^3+\alpha\right)\cdot(\alpha+1)=\alpha^3+\alpha$$

$$\left(\alpha^3+\alpha\right)\operatorname{mod}\left(\alpha^3+\alpha+1\right)=1 .$$

Das inverse Element lässt sich besonders leicht aus der Potenzdarstellung bestimmen:

$$\left(\alpha^k\right)^{-1}=\alpha^{7-k} .$$ ■

9.3 Diskrete Fouriertransformation

Betrachten wir einen Vektor $\mathbf{v}=\begin{pmatrix}v_1 & v_2 & \cdots & v_n\end{pmatrix}$ mit n komplexen Komponenten, so ist dessen diskrete Fouriertransformation ebenfalls ein Vektor $\mathbf{V}=\begin{pmatrix}V_1 & V_2 & \cdots & V_n\end{pmatrix}$ mit n komplexen Komponenten, die wie folgt berechnet werden[8]

$$V_k=\sum_{i=1}^{n} v_i \cdot e^{-j\cdot\frac{2\cdot\pi}{n}\cdot i\cdot k} .$$

Mit der Abkürzung

$$\alpha=e^{j\cdot\frac{2\cdot\pi}{n}}$$

resultiert die Vereinfachung

$$V_k=\sum_{i=1}^{n} v_i \cdot \alpha^{-i\cdot k} .$$

---

[8] Unsere Definition der diskreten Fouriertransformation weicht ein klein wenig von der in der Signalverarbeitung gebräuchlichen Definition $V_{k+1}=\sum_{i=0}^{n-1} v_{i+1}\cdot e^{-j\cdot\frac{2\cdot\pi}{n}\cdot i\cdot k}$ ab. Dadurch vereinfacht sich die Notation, ohne dass etwas wirklich Wesentliches geändert würde.

In diesem Zusammenhang ist die folgende Eigenschaft von α ausschlaggebend: Im Körper der komplexen Zahlen $\mathbb{C}$ gilt

$$\alpha^i \neq 1, \quad 1 < i < n$$
$$\alpha^n = 1 .$$

Man bezeichnet α deshalb als Element der Ordnung n. (Die Wahl von α ist übrigens nicht eindeutig, genau so gut könnte man $\alpha = \exp(-j \cdot 2 \cdot \pi / n)$ wählen.)

Wird dem Vektor $\begin{pmatrix} v_1 & v_2 & \cdots & v_n \end{pmatrix}$ formal ein Polynom

$$v(X) = v_1 \cdot X^{n-1} + v_2 \cdot X^{n-2} + \cdots + v_n$$

zugeordnet, so kann die diskrete Fouriertransformation auch als Auswertung des Polynoms an der Stelle α^k interpretiert werden

$$\begin{aligned} v\left(\alpha^k\right) &= v_1 \cdot \left(\alpha^k\right)^{n-1} + v_2 \cdot \left(\alpha^k\right)^{n-2} + \cdots + v_n \cdot \left(\alpha^k\right)^{n-n} \\ &= v_1 \cdot \alpha^{-1 \cdot k} + v_2 \cdot \alpha^{-2 \cdot k} + \cdots + v_n \cdot \alpha^{-n \cdot k} \\ &= \sum_{i=1}^{n} v_i \cdot \alpha^{-i \cdot k} \\ &= V_k . \end{aligned}$$

Dabei haben wir von der Tatsache $\alpha^{k \cdot n} = 1^k = 1$ Gebrauch gemacht.

Wie unschwer zu verifizieren ist, kann die diskrete Fouriertransformation überdies als Multiplikation mit einer Matrix definiert werden

$$\mathbf{V} = \mathbf{v} \cdot \mathbf{A} = \mathbf{v} \cdot \begin{bmatrix} \alpha^{-1 \cdot 1} & \alpha^{-1 \cdot 2} & \cdots & \alpha^{-1 \cdot n} \\ \alpha^{-2 \cdot 1} & \alpha^{-2 \cdot 2} & \cdots & \alpha^{-2 \cdot n} \\ \vdots & \vdots & \ddots & \vdots \\ \alpha^{-n \cdot 1} & \alpha^{-n \cdot 2} & \cdots & \alpha^{-n \cdot n} \end{bmatrix} .$$

Die Matrix **A** ist invertierbar, was es erlaubt, die Rücktransformation ebenfalls als Matrixoperation darzustellen

$$\mathbf{v} = \mathbf{V} \cdot \mathbf{A}^{-1} = \frac{1}{n} \cdot \mathbf{V} \cdot \begin{bmatrix} \alpha^{1 \cdot 1} & \alpha^{1 \cdot 2} & \cdots & \alpha^{1 \cdot n} \\ \alpha^{2 \cdot 1} & \alpha^{2 \cdot 2} & \cdots & \alpha^{2 \cdot n} \\ \vdots & \vdots & \ddots & \vdots \\ \alpha^{n \cdot 1} & \alpha^{n \cdot 2} & \cdots & \alpha^{n \cdot n} \end{bmatrix} ,$$

woraus wiederum die Polynomdarstellung abgeleitet werden kann

$$v_i = \frac{1}{n} \cdot V\left(\alpha^i\right) .$$

Dabei bezeichnet V(X) das zum Vektor **V** gehörige Polynom

$$V(X) = V_1 \cdot X^{n-1} + V_2 \cdot X^{n-2} + \cdots + V_n .$$

Verlassen wir nun den Körper der komplexen Zahlen und betrachten einen endlichen Körper GF(q) mit q Elementen[9]. Ein Element α der Ordnung n existiert in diesem Körper genau dann, falls n ein Teiler von q - 1 ist. Insbesondere interessiert uns der Fall n = q - 1, da dann die Potenzen von α alle von null verschiedenen Elemente generieren. Die Mathematiker bezeichnen α deswegen als primitives Element des Körpers.

Beispiel

Als Beispiel erwähnen wir den Restklassenkörper $\{0, 1, 2, 3, 4\}$ der ganzen Zahlen modulo 5, welcher q = 5 Elemente besitzt und in welchem $\alpha = 2$ ein Element der Ordnung n = 4 ist

$$\alpha^1 = 2^1 \bmod 5 = 2$$
$$\alpha^2 = 2^2 \bmod 5 = 4$$
$$\alpha^3 = 2^3 \bmod 5 = 3$$
$$\alpha^4 = 2^4 \bmod 5 = 1 .$$

■

Mit einem solchen Element α lässt sich im endlichen Körper GF(q) eine diskrete Fouriertransformation der Länge n definieren.

Diskrete Fouriertransformation

Gegeben seien ein Vektor $\begin{pmatrix} v_1 & v_2 & \cdots & v_n \end{pmatrix}$ mit Komponenten aus einem endlichen Körper GF(q) sowie ein Element α dieses Körpers mit der Ordnung n. Die diskrete Fouriertransformation $\begin{pmatrix} V_1 & V_2 & \cdots & V_3 \end{pmatrix}$ bezüglich des Elements α ist dann durch die Beziehung

$$V_k = \sum_{i=1}^{n} v_i \cdot \alpha^{-i \cdot k}$$

definiert.

Die inverse Transformation ergibt sich aus der Beziehung

$$v_i = \frac{1}{n} \cdot \sum_{k=1}^{n} V_k \cdot \alpha^{i \cdot k} = \frac{1}{n} \cdot V\left(\alpha^i\right).$$

Was ist aber mit n gemeint? Die natürliche Zahl n gehört ja nicht zum Körper, in dem wir rechnen. Das Symbol n ist vielmehr die Abkürzung für $n \cdot 1 = n \cdot \alpha^0$ und ist deshalb wie folgt zu berechnen:

---

[9] Ein solcher endlicher Körper existiert nur, wenn q eine ganzzahlige Potenz einer Primzahl p ist: $q = p^n$ mit $n \in \mathbb{N}$.

$$n = \underbrace{\alpha^0 + \alpha^0 + \cdots + \alpha^0}_{\text{n mal}}.$$

9.4 Reed-Solomon Codes

Reed-Solomon Codes sind nicht binär. Die Symbole, aus denen die Codeworte gebildet werden, stammen vielmehr aus einem endlichen Körper GF(q) mit q Elementen. In der Regel ist $q = 2^m$ und die einzelnen Symbole werden als binäre Vektoren der Länge m oder als Polynom der Ordnung m - 1 mit binären Koeffizienten dargestellt.

Um einen Reed-Solomon Code zu definieren wird im Körper GF(q) ein Element α der Ordnung q - 1 gewählt. Zudem wird vorgegeben, wie viele Fehler t der Code korrigieren können soll. Ein Codewort besteht aus n = q - 1 Symbolen

$$\mathbf{c} = \begin{pmatrix} c_1 & c_2 & \cdots & c_n \end{pmatrix}$$

und ist dadurch definiert, dass dessen Fouriertransformation bezüglich α mit $2 \cdot t$ Nullen beginnt[10]

$$\mathbf{C} = \left(\underbrace{0 \ \cdots \ 0}_{2\cdot t} \ C_{2\cdot t+1} \ \cdots \ C_n \right).$$

Entsprechend der Polynominterpretation der Fouriertransformation ist c(X) genau dann die Polynomdarstellung eines Codeworts, falls

$$\begin{aligned} C_1 &= c\left(\alpha^1\right) = 0 \\ C_2 &= c\left(\alpha^2\right) = 0 \\ C_3 &= c\left(\alpha^3\right) = 0 \\ &\vdots \\ C_{2\cdot t} &= c\left(\alpha^{2\cdot t}\right) = 0 \end{aligned}$$

gilt. Dies sind gleichsam die Prüfgleichungen des Codes.

Die Werte $\alpha^1, \alpha^2, \ldots, \alpha^{2\cdot t}$ sind also Nullstellen des Polynoms c(X) und demzufolge muss c(X) ohne Rest durch das Polynom

$$g(X) = \left(X - \alpha^1\right) \cdot \left(X - \alpha^2\right) \cdot \cdots \cdot \left(X - \alpha^{2\cdot t}\right)$$

teilbar sein. Umgekehrt besitzt jedes Polynom c(X), welches durch g(X) teilbar ist, Nullstellen an den Stellen $\alpha^1, \alpha^2, \ldots, \alpha^{2\cdot t}$ und ist daher die Darstellung eines gültigen Codewortes. Wir ziehen daraus den Schluss:

---

[10] Die Nullstellen müssen nicht zwingend in den ersten $2 \cdot t$ Komponenten der Fouriertransformation auftreten, sondern können an einer beliebigen Stelle des Vektors $\mathbf{C}$ erscheinen.

Reed-Solomon Codes

Reed-Solomon Codes sind zyklische (n, n - 2·t)-Codes, deren Codesymbole aus einem endlichen Körper GF(q) stammen. Sie besitzen das Generatorpolynom

$$g(X) = \left(X - \alpha^1\right) \cdot \left(X - \alpha^2\right) \cdot \ldots \cdot \left(X - \alpha^{2 \cdot t}\right),$$

wobei α ein Element der Ordnung n = q - 1 ist. Mit dem Parameter t wird die Anzahl korrigierbarer Fehlerstellen festgelegt.

Aus diesem Grunde können für die Codierung im Wesentlichen die gleichen Schaltungen wie für die zyklischen Codes verwendet werden. Es ist jedoch zu beachten, dass die Symbole nicht binär sind und daher die notwendigen Operationen (Addition, Multiplikation, Speichern) im Körper GF(q) durchgeführt werden müssen. Rechnen in endlichen Körpern ist jedoch mit einfachen digitalen Schaltungen zu bewerkstelligen.

9.4.1 Decodierung

Ähnlich wie bei den zyklischen Codes, läuft die Decodierung beim Reed-Solomon Code in mehreren Schritten ab:

1. Berechnung des Syndroms

   Das empfangene Signal setzt sich aus einem gültigen Codewort **c** und einem Fehlervektor **e** zusammen

   $$\mathbf{r} = \mathbf{c} + \mathbf{e}.$$

   Dessen Fouriertransformation liefert

   $$\mathbf{R} = \mathbf{C} + \mathbf{E}.$$

   Von **C** ist bekannt, dass die ersten 2·t Komponenten verschwinden, also hängen die ersten 2·t Komponenten von **R** nur vom Fehlervektor **e** ab. Sie sind identisch mit den ersten 2·t Stellen des Vektors **E** und bilden den Syndromvektor, dessen Komponenten aus dem Polynom r(X) der empfangenen Daten berechnet werden kann.

   $$\begin{aligned} S_1 &= E_1 = R_1 = r(\alpha) \\ S_2 &= E_2 = R_2 = r\left(\alpha^2\right) \\ &\vdots \\ S_{2\cdot t} &= E_{2\cdot t} = R_{2\cdot t} = r\left(\alpha^{2\cdot t}\right). \end{aligned}$$

2. Berechnung des Fehlermusters

   Bei diesem Schritt offenbaren die Reed-Solomon Codes ihre Stärke. Aufgrund der algebraischen Struktur des Codes ist es nämlich verhältnismässig einfach, aus dem Syndrom eine Schätzung des Fehlervektors zu berechnen.

   Unter der Voraussetzung, dass das Hamming-Gewicht w(**e**) des Fehlervektors kleiner gleich t ist, lassen sich aus den ersten 2·t Stellen des Vektors **E** die restlichen Stellen interpolieren.

Dazu steht ein leistungsfähiges Verfahren zur Verfügung, das unter der Bezeichnung Berlekamp-Massey Algorithmus [8], [9] bekannt ist und auf der Tatsache basiert, dass die Komponenten von **E** durch ein linear rückgekoppeltes Schieberegister der Länge w(**e**) erzeugt werden können.

Die inverse Fouriertransformation liefert schliesslich eine Schätzung $\hat{\mathbf{e}}$ für das Fehlermuster.

3. Korrektur des Fehlers

   Für die Schätzung des gesendeten Codeworts muss das geschätzte Fehlermuster lediglich vom empfangenen Vektor subtrahiert werden

$$\hat{\mathbf{c}} = \mathbf{r} - \hat{\mathbf{e}} \,.$$

Beispiel

Der Berlekamp-Massey Algorithmus findet zu einer gegebenen, endlichen Folge von Symbolen das kürzeste, linear rückgekoppelte Schieberegister, welches diese Folge erzeugt. Die Symbole können aus einem beliebigen Körper stammen. Der Einfachheit halber wählen wir hier GF(2), obwohl dies für Reed-Solomon Codes nicht repräsentativ ist.

Nehmen wir an, wir wissen von einer binären Folge, dass sie mit (1 0 1 1) beginnt und die lineare Komplexität $L = 2$ besitzt. Letzteres bedeutet, dass die Folge mit einem linear rückgekoppelten Schieberegister der Länge $L = 2$ erzeugt werden kann.

Für die Eingangsdaten (1 0 1 1) liefert der Algorithmus das in Figur 22 wiedergegebene Schieberegister als Resultat. Man kann sich leicht davon überzeugen, dass dieses Schieberegister tatsächlich die Folge (1 0 1 1) erzeugt.

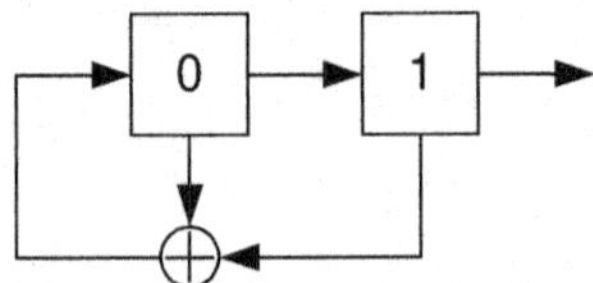

Figur 22: Kürzestes, linear rückgekoppeltes Schieberegister, welches die Folge (1 0 1 1) erzeugt.

Lässt man das Schieberegister weiterlaufen, so erhält man

(1 0 1 1 0 1 1 0 1 1 0 1 1 ...)

als gesuchte Folge.

Auf ähnliche Weise lässt sich beim Reed-Solomon Code mit dem Algorithmus die Fouriertransformation **E** des Fehlervektors bestimmen, wenn die ersten 2·t Stellen bekannt sind und der Fehlervektor selber höchstens t von null verschiedene Stellen aufweist. ■

10 Faltungscodes

Im Gegensatz zu den Blockcodes besitzen die Encoder für Faltungscodes ein Gedächtnis (Speicher). Die n Ausgangsbits hängen nicht nur von den aktuellen k Eingangsbits, sondern auch von den vergangenen m·k Eingangsbits ab. Typischerweise sind k und n kleine ganze Zahlen. Die Speichertiefe m muss jedoch ausreichend gross gewählt werden, um eine kleine Fehlerwahrscheinlichkeit zu erzielen. Für den wichtigen und gebräuchlichen Spezialfall $k = 1$ wird die Folge der Nachrichtenbits nicht mehr in Blöcke unterteilt und man erhält eine kontinuierliche Codierung.

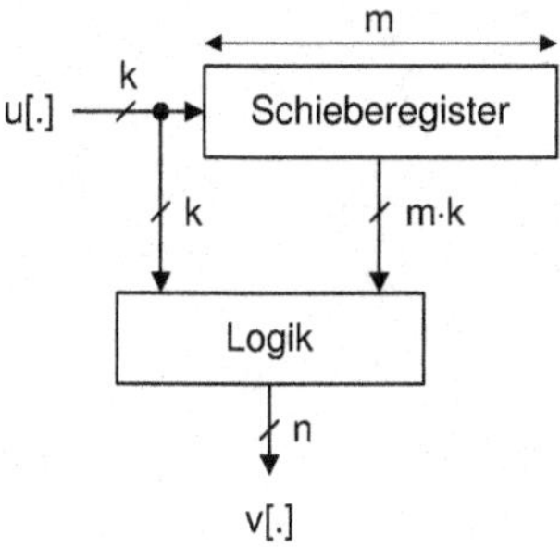

Figur 23: Grundsätzlicher Aufbau eines Encoders für einen Faltungscode

Das Verhältnis $R = k/n$ wird als Rate des Faltungscodes bezeichnet.

Beispiel

Wir betrachten einen Faltungscode mit $k = 1$, $n = 2$ und $m = 3$. Dessen Encoderschaltung könnte wie folgt aussehen.

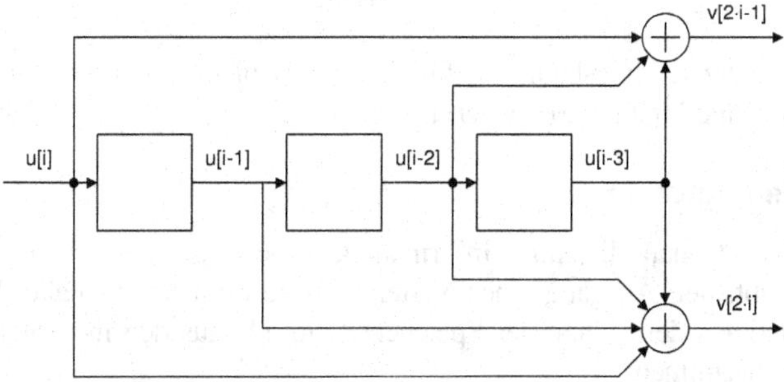

Die Folge von Nachrichtenbits u[.] wird Bit für Bit an den Eingang des Encoders angelegt. Aus dem aktuellen Eingangsbit u[i] und den $m = 3$ vergangenen Bits u[i - 1], u[i - 2] und u[i - 3] werden die beiden Ausgangsbit v[2·i - 1] und v[2·i] durch logische Verknüpfung berechnet. ■

10.1 Darstellung eines Faltungscodes

10.1.1 Codebaum

Die durch den Encoder erzeugten Codesequenzen werden in Form eines Verzweigungsbaums dargestellt. Ein neuer Block von k Eingangsbits ergibt eine Verzweigung des Baums mit 2^k Ästen. Für den Spezialfall k = 1 erhält man einen binären Baum.

Beispiel

Codebaum des Faltungscodes von Seite 87.

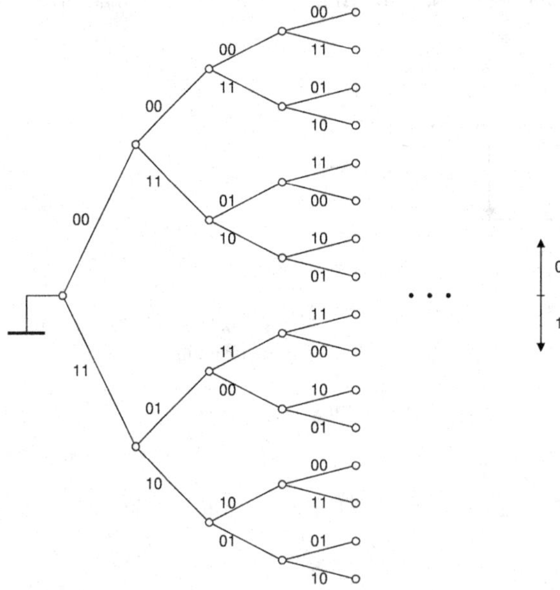

■

Die Darstellung als Verzweigungsbaum ist für die Praxis nicht von grosser Bedeutung, da die Anzahl Knoten exponentiell mit der Zeit wächst.

10.1.2 Zustandsdiagramm

Als Zustand bezeichnet man diejenige Information, welche es zusammen mit der aktuellen Eingangsgrösse erlaubt, den Ausgang eines Systems zu bestimmen. Im Falle des Faltungscodes setzt sich der Zustand aus dem Inhalt der Speicherzellen, d.h. aus den m vergangenen Eingangsblöcken der Breite k zusammen.

Die aktuellen Ausgangsbits hängen demzufolge einzig vom Zustand des Encoders und den aktuellen Eingangsbits ab. Von einem Zustand wird in Abhängigkeit der Eingangsbits in einen anderen Zustand verzweigt, wobei gleichzeitig die entsprechenden Ausgangsbits ausgegeben werden. Das Verhalten des Encoders lässt sich deshalb mittels eines Zustandsdiagramms beschreiben. Dabei werden die Zustandsübergänge durch Pfeile dargestellt, die mit dem aktuellen Eingangsbit und den Ausgangsbits beschriftet werden.

Beispiel

Zustandsdiagramm des Faltungscodes von Seite 87.

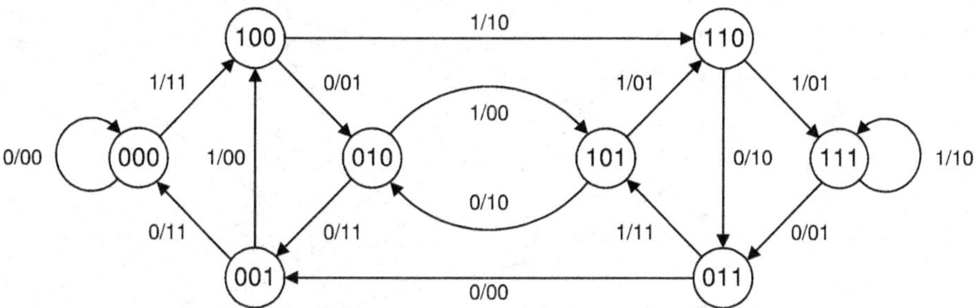

Die Kennzeichnung der Zustandsübergangspfeile beinhaltet das aktuelle Eingangsbit sowie die beiden daraus resultierenden Ausgangsbits. ■

10.1.3 Trellisdiagramm

Die Fähigkeit eines Faltungscodes, Übertragungsfehler zu erkennen oder zu korrigieren, beruht auf der Tatsache, dass nicht alle denkbaren Zustandsübergänge auch effektiv möglich sind. Aufgrund der Struktur des Encoders sind nur gewisse Zustandsübergänge erlaubt, d.h. die Abfolge der Zustände folgt gewissen Regeln, welche vom Empfänger überprüft werden können. Wird der Zustandsübergang nur von einem einzelnen Eingangsbit beeinflusst (k = 1), so existieren zu jedem Zustand nur zwei mögliche Nachfolgezustände.

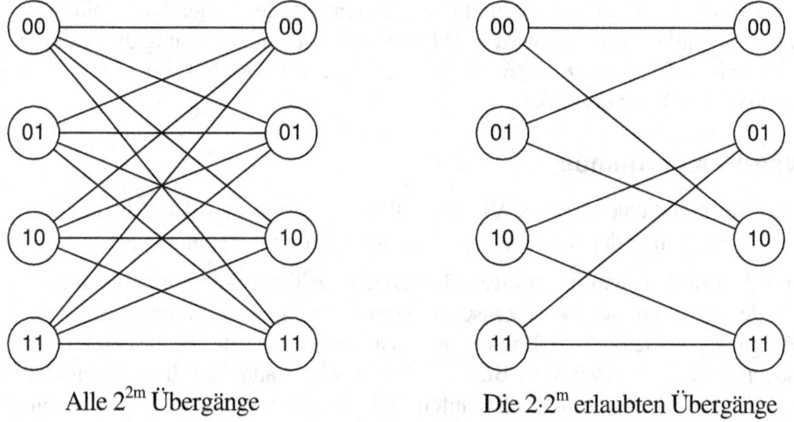

Figur 24: Vergleich der möglichen Zustandsübergänge mit allen denkbaren Übergängen für m = 2 und k = 1.

Das Trellisdiagramm beschreibt die zeitliche Abfolge der Zustände und repräsentiert so alle erlaubten Zustandssequenzen. In der Vertikalen werden sämtliche 2^m Zustände als Knoten aufgetragen. Die Horizontale ist eine Zeitachse.

Beispiel

Trellisdiagramm für den Faltungscode von Seite 87, wobei angenommen wurde, dass das Schieberegister zu Beginn gelöscht wurde.

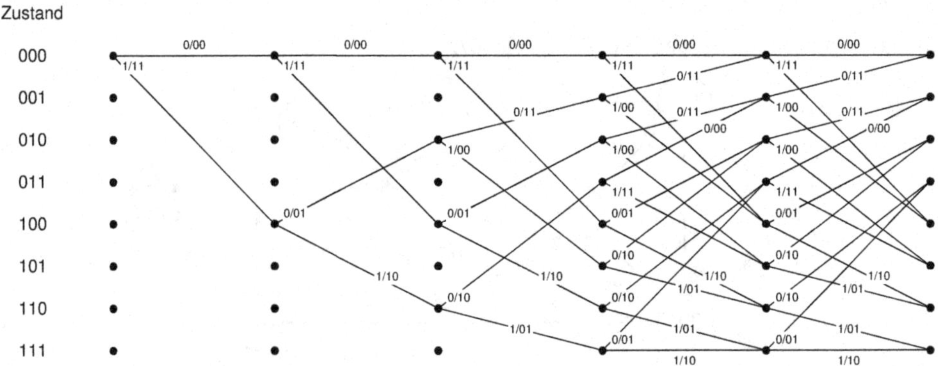

Figur 25: Trellis des Faltungscodes

Für den Startzustand (0 0 0) gibt es nur zwei erlaubte Folgezustände, nämlich (0 0 0), falls das aktuelle Eingangsbit gleich 0 ist und (1 0 0), falls das aktuelle Eingangsbit gleich 1 ist. Bei dieser Verzweigung werden entweder die beiden Bits (0 0) oder aber (1 1) ausgegeben. ■

10.2 Decodierung

Jeder Pfad des Trellisdiagramms entspricht einer erlaubten Zustandssequenz, zu der jeweils eine Folge von übertragenen Codebits v[.] gehört. Die Aufgabe des Decoders besteht darin, daraus diejenige Zustandssequenz zu identifizieren, die am ehesten mit der Folge der empfangenen Bits r[.] übereinstimmt. Im einfachsten Fall wird als Mass für die Übereinstimmung die Hamming-Distanz zwischen den beiden Bitsequenzen gewählt. Je nach Art des Kanals kann es jedoch von Vorteil sein, eine andere Metrik zu verwenden.

10.2.1 Viterbi-Algorithmus

Im Jahr 1967 veröffentlichte Andrew Viterbi [10] ein Verfahren zur Decodierung von Faltungscodes, welches später unter der Bezeichnung Viterbi-Algorithmus bekannt wurde.

Beim Viterbi-Algorithmus wird jeder Zustandsübergang im Trellisdiagramm mit einer Zweigmetrik versehen, welche die Abweichung zwischen dem empfangenen Signal und dem für diesen Zustandsübergang erwarteten Signal beschreibt. Wir wollen dazu die Hamming-Distanz zwischen den empfangenen und den erwarteten Bits verwenden. Man kann sich diese Zweigmetrik als eine Art Kosten vorstellen, die beim Durchlaufen des entsprechenden Zustandsübergangs bezahlt werden müssen. Je weniger das empfangene und das erwartete Signal voneinander abweichen, desto geringer sind die Kosten. Die Aufgabe des Decoders besteht darin, denjenigen Pfad des Trellis mit den geringsten Gesamtkosten zu identifizieren.

Der Viterbi-Algorithmus beruht auf den folgenden Prinzipien

- Die Gesamtkosten eines Pfades setzen sich additiv aus den Kosten der dazugehörigen Zweigmetriken zusammen. Ein Pfad besteht aus einer Abfolge von Zustandsübergängen, wobei sich die Gesamtkosten des Pfads (= Pfadmetrik) aus der Addition der dazugehörigen Zweigmetriken ergeben.
- Durchlaufen mehrere Pfade denselben Zustandsknoten, so können die Teilpfade vom Start- zum Zustandsknoten und vom Zustandsknoten zum Endknoten getrennt optimiert werden. Will man beispielsweise von Hamburg über Basel nach Rom fahren, so können die Teilstrecken Hamburg – Basel und Basel – Rom unabhängig voneinander optimiert werden.

Die Anzahl möglicher Pfade durch den Trellis wächst exponentiell mit dessen Länge an und es wäre deshalb sehr aufwendig, die Gesamtkosten aller möglichen Pfade zu berechnen. Um dieses Problem näher zu studieren, betrachten wir einen einzelnen Zustandsknoten $S_j[k]$ im Trellis. In diesen Knoten münden eine gewisse Anzahl Zustandsübergänge, die jeweils in einem Vorgängerzustand $S_i[k-1]$ starten. Wir nehmen vorläufig an, dass wir die Gesamtkosten der Pfade, welche in den Vorgängerzuständen enden, kennen und bezeichnen diese mit $M_i[k-1]$.

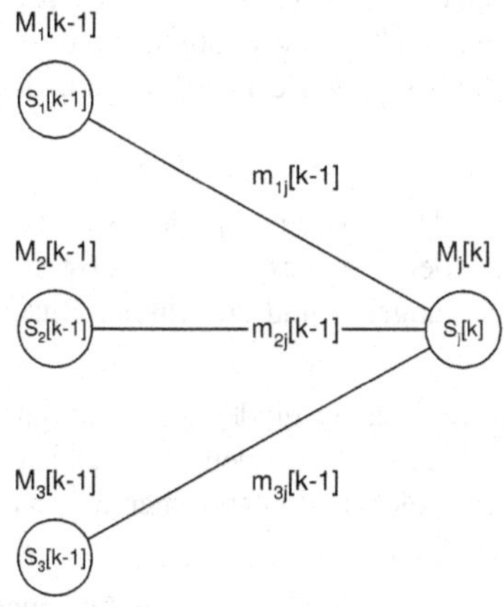

Figur 26: Berechnung der Gesamtkosten für einen Pfad, der im aktuellen Zustand $S_j[k]$ endet und welcher drei Vorgängerzustände $S_1[k-1]$, $S_2[k-1]$ und $S_3[k-1]$ besitzt.

Für einen Pfad, der im aktuellen Zustand $S_j[k]$ endet, errechnen sich die Gesamtkosten $M_j[k]$ aus der Addition der Gesamtkosten des Vorgängerzustands $M_i[k-1]$und den Kosten des entsprechenden Zustandsübergangs $m_{ij}[k-1]$

$$M_j[k] = M_i[k-1] + m_{ij}[k-1] .$$

Der Index i läuft dabei über alle möglichen Vorgängerzustände. Es gibt also mehrere Pfade, die im aktuellen Zustand $S_i[k]$ enden. In der Regel weisen diese Pfade jedoch unterschiedliche Gesamtkosten auf. Wir sind nur am Pfad mit den geringsten Gesamtkosten interessiert, können also die anderen Pfade, welche im aktuellen Zustand $S_j[k]$ enden, ein für alle mal vergessen. Von allen Pfaden, die in den aktuellen Zustand $S_j[k]$ münden, bleibt folglich nur ein einziger übriger, dessen Gesamtkosten durch

$$M_j[k] = \min_i \left(M_i[k-1] + m_{ij}[k-1] \right)$$

gegeben sind. Die restlichen Zustandsübergänge werden gestrichen.

Aus den obigen Überlegungen entspringt das folgende Verfahren für die Bestimmung des optimalen Pfades im Trellis.

Viterbi-Algorithmus

1. Für alle Zustände des Startzeitpunkts $k = 0$ werden die Kosten auf $M_i[0] = 0$ gesetzt.
2. Der Zeitpunkt k wird um 1 erhöht. Für jeden Zustand $S_i[k]$ des Zeitpunkts k wird derjenige in den Zustand mündende Zustandsübergang ermittelt, der die geringsten Gesamtkosten
$$M_j[k] = \min_i \left(M_i[k-1] + m_{ij}[k-1] \right)$$
ergibt. Die restlichen Zustandsübergänge werden gestrichen.
3. Wiederhole den Schritt 2, bis alle empfangenen Bits verarbeitet sind.
4. Ermittle aus allen möglichen Endzuständen denjenigen mit den geringsten Gesamtkosten. Ausgehend von diesem Zustand kann rückwärts der optimale Pfad ermittelt werden. Da im Schritt 2 jeweils nur ein Zustandsübergang überlebt hat, ist dies nicht weiter schwierig.

Die Festlegung der Kosten zum Startzeitpunkt auf $M_i[0] = 0$ ist natürlich willkürlich. Selbstverständlich könnte auch jeder andere Wert gewählt werden. Da wir die Gesamtkosten eines Pfades jedoch als Anzahl der Bitabweichungen zwischen empfangener und decodierter Bitsequenz interpretieren, macht diese Wahl durchaus Sinn.

Welcher Zustandsübergang im Schritt 2 überlebt, ist nicht immer eindeutig. Es ist durchaus denkbar, dass zwei Zustandsübergänge, die in denselben Zustand münden, zu gleichen minimalen Kosten führen. In diesem Fall ist es gleichgültig, welcher Zustandsübergang überlebt. Die Optimalität des Pfades bleibt dennoch erhalten.

Oft wird der Viterbi-Algorithmus zur kontinuierlichen Decodierung von empfangenen Bitfolgen eingesetzt. In diesem Fall ist es natürlich nicht praktikabel, zu warten, bis alle empfangenen Bits verarbeitet sind. Ohne dass die Optimalität merklich leiden würde, kann jedoch nach einer gewissen Zeit über den ersten Zustandsübergang und damit über das erste gesendete Bit entschieden werden. Computersimulationen zeigen, dass die Entscheidung nach etwa der fünffachen Gedächtnislänge des Encoders gefällt werden kann.

Beispiel

Wir verwenden den Faltungscode von Seite 87 und wollen den zur empfangenen Bitfolge $r[.] = (0\ 1\ 0\ 1\ 1\ 0\ 1\ 0\ 1\ 1\ 1\ 1)$ am besten passenden Pfad im Trellis ermitteln.

Die Anwendung des Viterbi-Algorithmus liefert einen Pfad, der in lediglich zwei Stellen von den empfangenen Bits abweicht. Alle anderen Pfade weisen eine grössere Abweichungen auf.

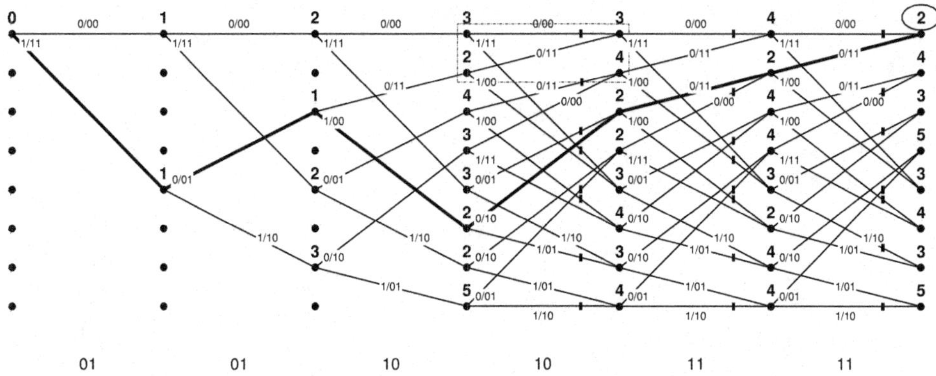

Der gefundene Pfad korrespondiert mit der Nachrichtenfolge û[.] = (1 0 1 0 0 0).

Dort wo jeweils zwei Zustandsübergänge in einen Zustandsknoten münden, wurden für beide Fälle die Kosten

$$M_j[k] = M_i[k-1] + m_{ij}[k-1]\,.$$

berechnet. Dies wollen wir anhand des markierten Beispiels nochmals erläutern:

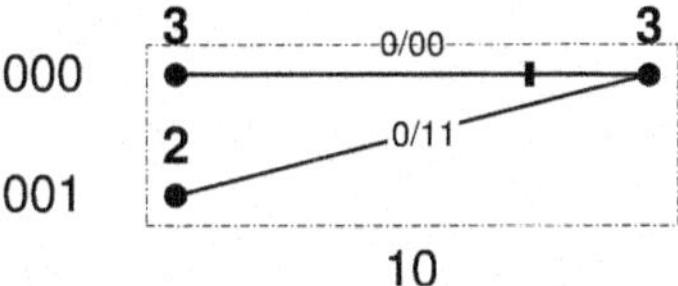

Der Zustand (0 0 0) besitzt die beiden Vorgängerzustände (0 0 0) und (0 0 1). Die entsprechenden Zustandsübergänge weichen in jeweils einem Bit von der empfangenen Bitsequenz 1 0 ab. Für die neuen Kosten des Zustands (0 0 0) gibt es die beiden Möglichkeiten

$$M_{(000)}[k] = M_{(000)}[k-1] + m_{(000)\to(000)}[k-1] = 3 + 1 = 4$$

oder

$$M_{(000)}[k] = M_{(001)}[k-1] + m_{(001)\to(000)}[k-1] = 2 + 1 = 3\,.$$

Der Übergang von (0 0 1) auf (0 0 0) ergibt also die geringeren Kosten, weshalb der andere Zweig gestrichen wird. ■

11 Turbo Codes

Claude Shannon zeigte, dass praktisch alle Blockcodes mit sehr langen, zufällig gewählten Codeworten die Kanalkapazität erreichen. Da diese Codes jedoch kaum Struktur besitzen, ist es in der Praxis nicht möglich, einen effizienten Decoder zu bauen. Die bis jetzt betrachteten Codes weisen eine klare Struktur auf, was deren Decodierung vereinfacht. Mit ihnen kann die Kanalkapazität allerdings nicht erreicht werden. John Coffey und Rodney Goodman wiesen 1990 in ihrem Artikel „Any Code of Which We Cannot Think Is Good“ [11] auf dieses Dilemma hin.

Schon 1966 schlug David Forney [12] vor, einfache fehlerkorrigierende Codes so zu verketten, dass ein leistungsfähiger Gesamtcode entsteht, wobei jedoch gleichzeitig die Decodierung einfach bleiben soll. Die Verknüpfung der Teilcodes kann prinzipiell seriell oder parallel erfolgen. Ein Beispiel für eine serielle Verkettung von Codes findet sich in der Luftschnittstelle des GSM-Netzes, wo ein innerer Faltungscode zur Fehlerkorrektur und ein äusserer Blockcode zur Fehlererkennung dienen.

11.1 Encoder

Bei den 1993 von Claude Berrou, Alain Glavieux und Punya Thitimajshima [13] vorgeschlagenen Turbo Codes werden zwei Encoder parallel eingesetzt. Die Eingangsbits für den zweiten Encoder durchlaufen einen Interleaver, in dem jeweils eine fixe Anzahl Bits gespeichert und in anderer, pseudozufälliger Reihenfolge wieder ausgegeben wird. Die Reihenfolge, mit der die Bits ausgeben werden, soll möglichst keine ersichtliche Struktur aufweisen und bewirkt die zufallsähnliche Eigenschaft der Turbo Codes. Andererseits ist das Interleaving-Muster jedoch bekannt und erlaubt so eine effiziente Decodierung des Codes.

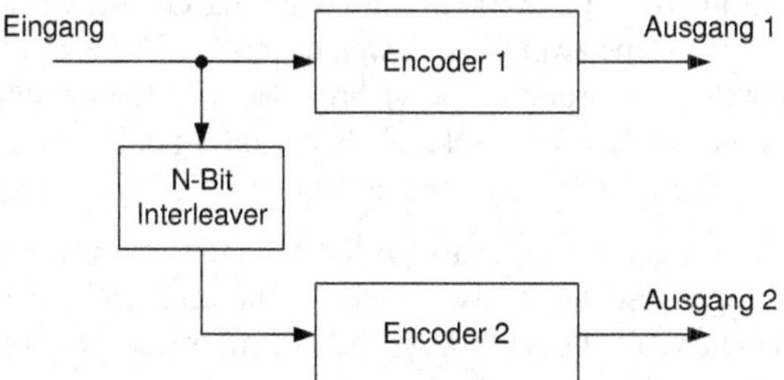

Figur 27: Struktur eines Turbo Encoders

Da die Eingangsdaten – entsprechend der Grösse N des Interleavers – in endliche Blöcke unterteilt werden, kann ein Turbo Code als linearer Blockcode mit meist sehr langer Blocklänge ($N \geq 1000$) interpretiert werden. Die Korrektureigenschaften eines solchen Codes hängen von der Gewichtsverteilung der Codewörter ab. Erwünscht ist, dass möglichst alle Codewörter eine hohes Hamming-Gewicht aufweisen oder, anders gesagt, Codewörter mit kleinem Hamming-Gewicht sollen möglichst selten auftreten. Bei den Turbo Codes wird die Wahrscheinlichkeit von Codeworten mit kleinem Hamming-Gewicht durch den Einsatz des Interleavers reduziert. Falls der erste Encoder für eine bestimmte Eingangsbitsequenz ein Codewort mit kleinem Hamming-Gewicht ausgibt, soll das Vertauschen der Bits im Interleaver dazu führen, dass das vom zweiten Encoder ausgegebene Codewort ein grosses Hamming-Gewicht besitzt.

Für die einzelnen Encoder wurden ursprünglich rekursive und systematische Faltungscodes eingesetzt[11]. Die Feed-Forward Struktur, mit welcher Faltungscodes üblicherweise codiert werden, weist den Nachteil auf, dass einzelne Einsen am Eingang zu Codeworten mit kleinem Hamming-Gewicht führen. So gibt beispielsweise der in Figur 28 gezeigte Encoder bei der Eingangssequenz u[.] = (...0 0 1 0 0 0 ...) die Ausgangssequenz v[.] = (... 00 00 11 01 11 00 00 00...) mit dem Hamming-Gewicht 5 aus. Da sich einzelne Einsen durch den Interleaver ausbreiten, wird der Turbo Code ebenfalls diesen Nachteil aufweisen.

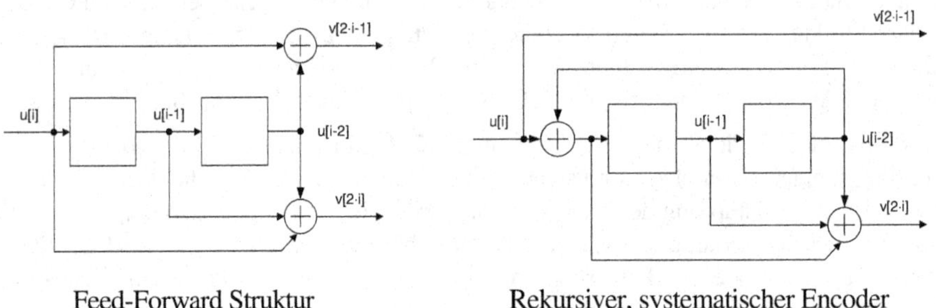

Figur 28: Beispiel eines Faltungscodes mit zwei unterschiedlichen Encodern

Die Lösung besteht darin, einen Pfad des Encoders an den Eingang zurückzukoppeln und dafür das aktuelle Eingangsbit u[i] direkt als Codebit auszugeben. Dadurch entsteht ein systematischer Encoder mit rekursiver Struktur und damit unendlicher Impulsantwort. Die Distanzeigenschaften des Codes werden dabei nicht geändert.

Der rekursive Encoder in Figur 28 reagiert auf die Eingangssequenz u[.] = (...0 0 1 0 0 0 0 0 0 0...) mit der Ausgangssequenz v[.] = (...00 00 11 01 00 01 00 01 00 01...), welche unendlich viele Einsen enthält. Nach wie vor existieren jedoch gewisse Eingangssequenzen, für welche der Encoder ein Codewort mit kleinem Hamming-Gewicht ausgibt. So führt u[.] = (...0 0 1 0 1 0 0 0...) beispielsweise auf die Ausgangssequenz v[.] = (...00 00 11 01 11 00 00 00...) mit Hamming-Gewicht 5. Die kritischen Eingangssequenzen enthalten aber mindestens zwei Einsen, welche durch den Interleaver fast immer auseinander gerissen werden. (Aus diesem Grund ist es wichtig, dass das Interleaving-Muster möglichst keine einfache Struktur aufweist.) Die Wahrscheinlichkeit, dass beide Encoder Sequenzen mit kleinem Hamming-Gewicht ausgeben, ist dementsprechend klein.

Die einzelnen Encoder sind systematisch. Die Eingangsbitsequenz erscheint direkt an einem der Ausgänge. Beim Turbo Code würde die Eingangssequenz also zweimal (in unterschiedlicher Reihenfolge) übertragen, was nicht sehr effizient wäre. Deshalb lässt man beim zweiten Encoder den systematischen Teil weg.

Im Beispiel in Figur 29 werden für jedes Eingangsbit drei Ausgangsbits erzeugt. Die Rate des Codes beträgt demnach 1/3. Falls eine höhere Rate gefordert ist, können ausgewählte Prüfbits gelöscht werden (Punktierung). Wird von jedem Encoder jeweils nur jedes zweite Prüfbit übertragen, resultiert eine Rate von 1/2.

---

[11] Dies ist jedoch nicht zwingend. In einigen Anwendungen werden anstelle der Faltungscode Blockcodes eingesetzt.

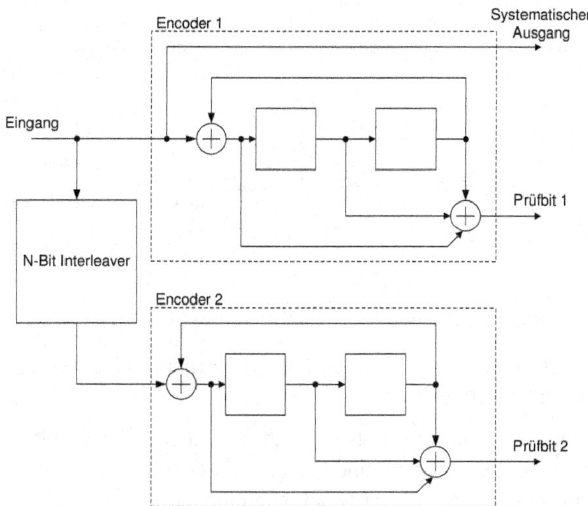

Figur 29: Beispiel eines Encoders für Turbo Codes

11.2 Decoder

Im Grunde besteht ein Turbo Code aus zwei einzelnen, parallel geschalteten Codes. Um die Decodierung möglichst einfach zu halten, wird demzufolge zunächst der erste Code verwendet um Information über die gesendeten Bits zu ermitteln. Dabei werden jedoch keine harten Entscheidungen im Sinne von 0 oder 1 getroffen. Vielmehr wird ein Mass für die Wahrscheinlichkeit der einzelnen Bits errechnet. Dieses Wissen dient dann dem Decoder des zweiten Codes dazu, eine bessere Schätzung der gesendeten Bits abzuleiten. Beim Turbo Code wird diese Information wiederum dem ersten Decoder zur Verfügung gestellt, der daraus eine nochmals verbesserte Schätzung ableitet und diese erneut dem zweiten Decoder übergibt. Ähnlich wie bei einem Verbrennungsmotor mit Turbolader[12] wird also der Ausgang zurückgekoppelt um die Verhältnisse am Eingang zu verbessern. Nach einer gewissen Anzahl Iterationen wird abschliessend über Nullen und Einsen entschieden.

[12] Ein Turbolader besteht aus einer Abgasturbine im Abgasstrom, die einen Verdichter im Ansaugtrakt antreibt. So ist es möglich, die Zylinder mit komprimierter Luft zu füllen und so mehr Verbrennungsluft pro Arbeitstakt zur Verfügung zu stellen. (Quelle: www.wikipedia.de)

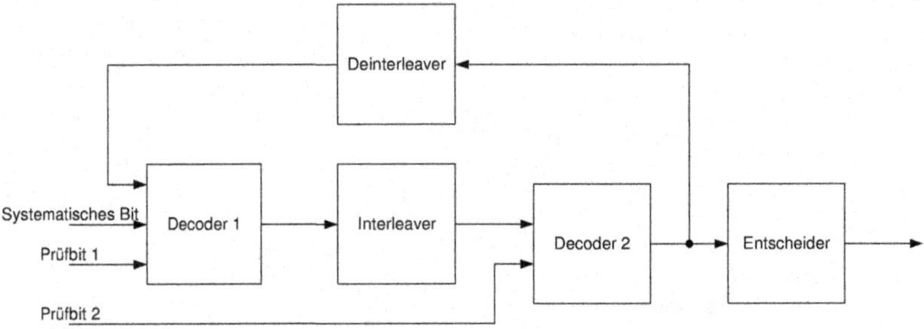

Figur 30: Struktur eines Turbo Decoders

Charakteristisch für den Decoder ist seine iterative Arbeitsweise und die Verwendung von „weichen Entscheidungen" (soft decision).

Wie die Figur 31 zeigt, nimmt die Leistungsfähigkeit des Codes mit zunehmender Anzahl Iterationen zu. Die iterative Decodierung und die grossen Blocklängen verursachen allerdings eine merkliche Verzögerung, die für gewisse Anwendungen nicht tolerierbar ist.

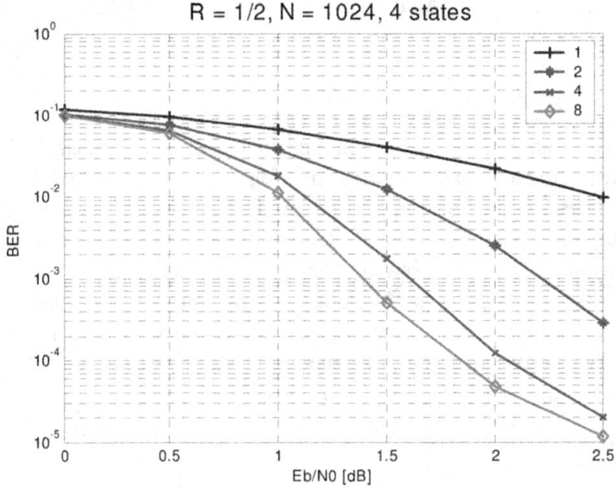

Figur 31: Bitfehlerrate eines Turbo Codes in Abhängigkeit der Anzahl Iterationen (R = ½, N = 1024, systematischer Faltungscode mit 4 Zuständen)

11.3 Maximum a posteriori Decoding

Die Aufgabe eines Decoders besteht grundsätzlich darin, aus den beobachteten Empfangswerten eine möglichst fehlerfreie Schätzung der gesendeten Symbole zu bestimmen. Die Wahrscheinlichkeit für einen korrekten Entscheid ist maximal, falls das geschätzte Symbol û gleich dem Symbol u gesetzt wird, für welches die a posteriori Wahrscheinlichkeit[13]

---

[13] Für die Wahrscheinlichkeit, dass die Zufallsvariable U den Wert u annimmt, verwenden wir die Notation P(U = u) oder, gleichwertig, $P_U(u)$. Falls, in der zweiten Schreibweise, der Index (U) und das

$$P(u|\text{Beobachtung})$$

maximal ist. Im Gegensatz zur a priori Wahrscheinlichkeit $P_U(u)$, die im Voraus bekannt ist, beruht die a posteriori Wahrscheinlichkeit auf der gemachten Beobachtung, ist also erst nachträglich bekannt. Der Decoder macht also eine Beobachtung und entscheidet hinterher, welches der möglichen Symbole unter der gegebenen Beobachtung am wahrscheinlichsten ist. Den Wert dieses Symbols gibt er als Schätzung û aus.

Ist das Symbol U binär, so lautet die Entscheidungsregel

$$P(U=1|\text{Beobachtung}) \geq P(U=0|\text{Beobachtung}) \Rightarrow \hat{u}=1$$
$$P(U=1|\text{Beobachtung}) < P(U=0|\text{Beobachtung}) \Rightarrow \hat{u}=0$$

oder, äquivalent,

$$\frac{P(U=1|\text{Beobachtung})}{P(U=0|\text{Beobachtung})} \geq 1 \Rightarrow \hat{u}=1$$
$$\frac{P(U=1|\text{Beobachtung})}{P(U=0|\text{Beobachtung})} < 1 \Rightarrow \hat{u}=0\,.$$

Der Entscheid basiert folglich auf dem Likelihood-Verhältnis

$$\frac{P(U=1|\text{Beobachtung})}{P(U=0|\text{Beobachtung})}$$

oder, alternativ, auf dem Log Likelihood Verhältnis

$$\Lambda_U = \log\left(\frac{P(U=1|\text{Beobachtung})}{P(U=0|\text{Beobachtung})}\right).$$

Das Vorzeichen von Λ_U gibt an, welches Bit wahrscheinlicher ist. Der Betrag von Λ_U ist ein Mass für die Güte dieser Entscheidung.

Mit Hilfe des Satzes von Bayes

$$P(A|B) = \frac{P(B|A)\cdot P(A)}{P(B)}$$

kann für Λ_U die Beziehung

$$\Lambda_U = \underbrace{\log\left(\frac{P(U=1)}{P(U=0)}\right)}_{\text{a priori Information}} + \log\left(\frac{p(\text{Beobachtung}|U=1}{p(\text{Beobachtung}|U=0}\right)$$

Argument (u) durch Gross- und Kleinschreibung des gleichen Symbol dargestellt werden, ist die Abkürzung $P_U(u) = P(u)$ erlaubt.

hergeleitet werden. Der erste Term beschreibt das Vorwissen über die beiden Ereignisse U = 1 und U = 0, welches ohne Beobachtung bekannt ist. Ist kein solches a priori Wissen vorhanden, wird P(U = 0) = P(U= 1) = ½ gesetzt und der entsprechende Term verschwindet. Der zweite Term ist eine Funktion der am Ausgang des Kanals gemachten Beobachtung. Um dies besser zu verstehen, wollen wir dazu ein Beispiel betrachten.

Beispiel

Ein Sender gibt für U = 0 den Wert x = -A und für U = 1 den Wert x = +A aus. Während der Übertragung wird das Sendesignal durch eine mittelwertfreie, gaussverteilte Zufallsvariable Z mit gegebener Varianz σ^2 additiv überlagert, was schliesslich zur Beobachtung Y führt. Da die Beobachtung von der zufälligen Störgrösse Z abhängt, ist sie selber eine Zufallsvariable, deren Wahrscheinlichkeitsdichtefunktion $p_{Y|U}(y|u)$ vom Wert des gesendeten Symbols abhängt

$$p_{Y|U}(y\,|\,u) = \begin{cases} \dfrac{1}{\sqrt{2\pi\sigma^2}} \cdot e^{-\frac{(y-A)^2}{2\cdot\sigma^2}} & u = 1 \\ \dfrac{1}{\sqrt{2\pi\sigma^2}} \cdot e^{-\frac{(y+A)^2}{2\cdot\sigma^2}} & u = 0 \end{cases}.$$

Für einen gegebenen Beobachtungswert Y = y_0 erhält man demnach

$$\log\left(\frac{p_{Y|U}(y_0\,|\,1)}{p_{Y|U}(y_0\,|\,0)}\right) = \frac{2\cdot A}{\sigma^2}\cdot y_0\,,$$

eine Grösse, die vom Wert y_0 der Beobachtung abhängt.

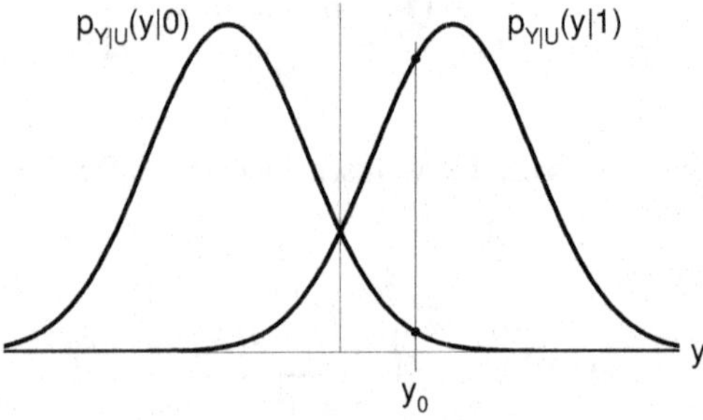

Figur 32: Wahrscheinlichkeitsdichteverteilung der Beobachtung in Abhängigkeit des gesendeten Symbols

■

Bis jetzt wurde die Schätzung eines einzelnen Symbols betrachtet. Wird jedoch ein fehlerkorrigierender Code eingesetzt, so ist das Symbol U_i mit einer Anzahl anderer Symbole verknüpft. Diese durch den Code bedingte Struktur erleichtert im Allgemeinen die Entscheidung über die gesendeten Symbole. Durch den Decodierprozess wird somit zusätzliches Wissen ins Spiel gebracht.

Beim Turbo-Code wird in den einzelnen Decodern kein endgültiger Entscheid über die gesendeten Bits gefällt. Für jedes zu schätzende Bit U_i wird vielmehr eine reelle Zahl berechnet, welche angibt, ob das Bit eher eine 0 oder eine 1 ist. Als Mass dafür wird das Log Likelihood Verhältnis Λ_{U_i} verwendet, welches mit Hilfe des modifizierten BCJR-Algorithmus[14] berechnet werden kann. Man kann zeigen, dass sich Λ_{U_i} aus drei Teilen zusammensetzt

$$\Lambda_{U_i} = \Lambda_{\text{channel}} \cdot y_i + \Lambda_{\text{a priori}} + \Lambda_{\text{extrinsic}} \cdot$$

- Einem Anteil $\Lambda_{\text{channel}} \cdot y_i$, der von der Beobachtung y_i und den Übergangswahrscheinlichkeiten des Kanals abhängt.
- Der a priori Information $\Lambda_{\text{a priori}}$ über das zu schätzende Symbol.
- Einer extrinsischen[15] Information $\Lambda_{\text{extrinsic}}$, welche von den mit U_i durch die Codierung verknüpften Bits herrührt und deshalb als vom Decoder generierte Information interpretiert werden kann.

Nur der extrinsische, vom Decoder neu generierte Anteil wird jeweils an den nachfolgenden Decoder weitergegeben und dort als neue a priori Information eingespeist. Damit wird verhindert, dass die gleiche Information mehrmals benutzt wird, was zu Instabilitäten führen könnte.

Figur 33: Eingang und Ausgang eines Soft-Input Soft-Output Decoders

Nach mehreren Iterationen resultieren aus den Vorzeichen der a posteriori Werte die Entscheide über die gesendeten Bits.

11.4 Leistungsfähigkeit

Berrou, Glavieu und Thitimajshima haben in ihrem Artikel einen Turbo-Code mit einer Blocklänge von $N = 65536$ simuliert. Die systematischen Faltungsencoder besassen je vier Speicherzellen, besassen also 16 Zustände. Durch Punktierung resultierte ein Code mit der Rate $R = 1/2$. Die Simulation ergab nach 18 Iterationsschritten, dass für eine Bitfehlerrate von 10^{-5} ein Signal-zu-Rauschverhältnis pro Bit von $E_b/N_0 \approx 0.7$ dB notwendig war. Dieser Wert ist nur um wenige Zehntel Dezibel höher als die theoretische Grenze, welche durch die Kanalkapazität des AWGN-Kanals mit binärem Eingang gegeben ist (Figur 34).

[14] Die Bezeichnung BCJR stammt von den Erfindern des Algorithmus: R. Bahl, J. Cocke, F. Jelinek, J. Raviv J: „Optimal Decoding of Linear Codes for Minimizing Symbol Error Rate", IEEE Trans. Inform. Theory, vol. IT-20, March 1974, pp.248-287.

[15] Extrinsisch: von aussen her, nicht aus eigenem Antrieb.

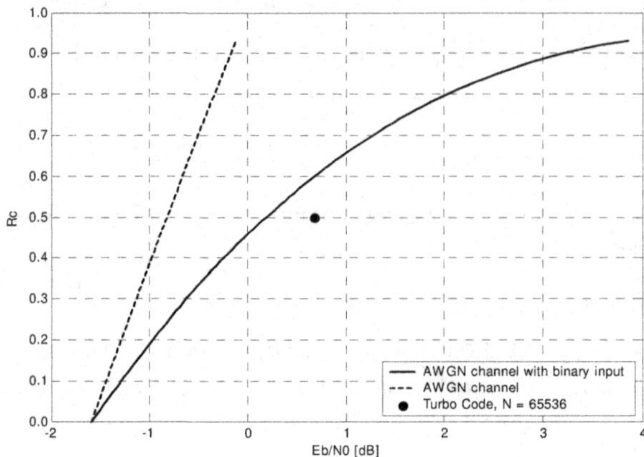

Figur 34: Vergleich der Leistungsfähigkeit eines Turbo-Codes mit der Kanalkapazität

11.5 Anwendungen

Zehn Jahre nach der Entdeckung der Turbo-Codes werden diese heute in einer zunehmenden Anzahl Anwendungen eingesetzt (Tabelle 13).

Tabelle 13: Beispiele von Anwendungen, in denen Turbo-Codes eingesetzt werden.

Anwendung	Turbo Code	Coderaten
CCSDS (Telemetrieübertragung)	Binär 16 Zustände	1/6, 1/4, 1/3, 1/2
UMTS (3GPP)	Binär 8 Zustände	1/3
CDMA2000 (3GPP2)	Binär, 8 Zustände	1/2, 1/3, 1/4
DVB-RCS (Return Channel over Satellite)	Duo-binär 8 Zustände	1/3, 2/5, 1/2, 2/3, 3/4, 4/5, 6/7
Inmarsat M4	Binär 16 Zustände	1/2
Eutelsat	Duo-binär 8 Zustände	4/5, 6/7

11.5.1 CCSDS

Ein Beispiel dafür ist die Übertragung von Telemetriedaten aus dem Weltraum auf die Erde. Die CCSDS (Consultative Committee for Space Data Systems) hat dazu eine Empfehlung (Blue Book 101.0-B-6) herausgegeben. Für die Blocklänge stehen Werte zwischen 1784 und 16384 zur Verfügung, wobei die letzten vier Bits dazu verwendet werden, den Faltungscode wieder in den Nullzustand zurückzuführen. Zu Beginn eines Blockes werden zusätzliche Bits hinzugefügt, die zur

Rahmensynchronisation dienen. Deren Anzahl (32/R) ist von der Rate R des Codes abhängig. Die verwendeten Faltungscodes besitzen 16 Zustände und neben dem systematischen noch drei weitere Ausgänge. Durch unterschiedliche Punktierung können Raten zwischen 1/6 und 1/2 gewählt werden (Figur 35).

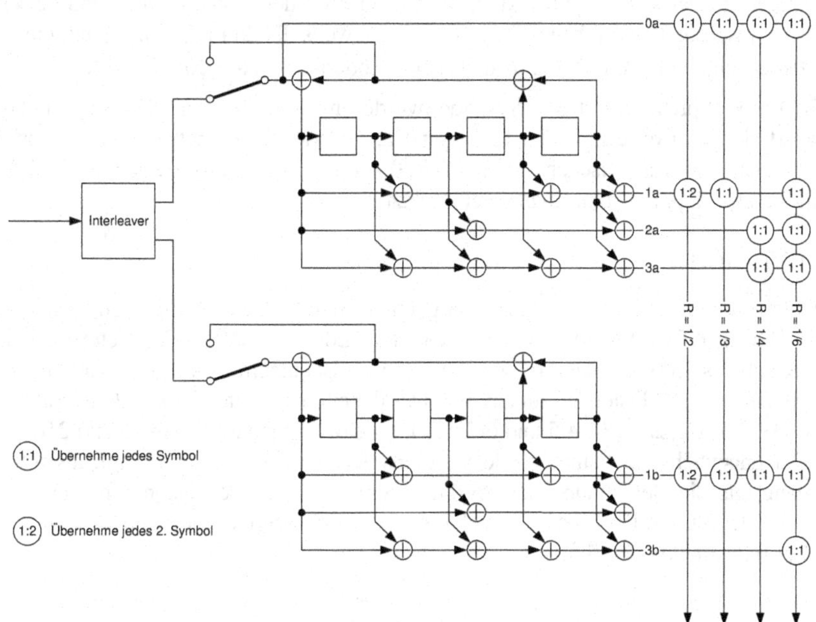

Figur 35: Turbo Encoder im Bluebook 101-0-B-6 des CCSDS.

11.5.2 UMTS, CDMA2000

Im Rahmen des Third Generation Partnership Projects (3GPP) wurde für UMTS (Universal Mobile Telecommunication System) ein Turbo Code spezifiziert. Der Encoder besteht aus zwei parallel verketteten, systematischen Faltungscodes mit acht Zuständen. Die Interleaverlänge N kann zwischen 40 und 5114 Bits gewählt werden.

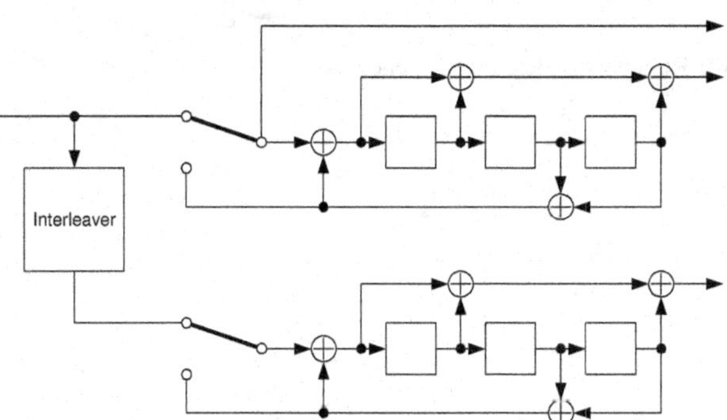

Figur 36: Turbo Encoder für UMTS

Nachdem jeweils ein Block von N Eingangsbits codiert wurde, werden die Schalter in die untere Position umgelegt, was zur Folge hat, dass der Encoder wieder in den Nullzustand versetzt wird. Dabei werden insgesamt zwölf Tailbits (pro Encoder jeweils die drei Bits am Eingang und die drei Prüfbits) zusätzlich übertragen. Damit resultiert eine Coderate von $R = N/(3 \cdot N+12)$.

Für CDMA2000 Spread Spectrum Systeme wurde im Rahmen von 3GPP2 ein Turbocode standardisiert, der wahlweise mit einer Rate von 1/2, 1/3 oder 1/4 betrieben werden kann. Für den Interleaver stehen Grössen zwischen 378 und 20730 zur Verfügung. Der Turbocode wird für den so genannten Reverse Supplemental Channel eingesetzt.

11.5.3 DVB-RCS

DVB (Digital Video Broadcast) wurde ursprünglich als Standard für den digitalen Fernsehrundfunk konzipiert. Der im ETSI Dokument EN 301 790 standardisierte DVB-RCS (Return Channel over Satellite) erlaubt es jedoch einer grossen Anzahl von Benutzern, über den Satelliten mit einer zentralen Stelle (Hub) IP-Daten auszutauschen. Der dabei eingesetzte Turbocode ist mit möglichen Raten von 1/3, 2/5, 1/2, 2/3, 3/4, 4/5 und 6/7 und Interleaverlängen zwischen 12 und 216 Bytes sehr flexibel. Der entsprechende Faltungscode weist insofern eine Besonderheit auf, als dass jeweils zwei Eingangsbits die Berechnung der Prüfbits beeinflussen. Diese beiden Eingangsbits werden periodisch vertauscht, wodurch gewisse Fehlermuster vermieden werden und was zu gesamthaft besseren Leistungsmerkmalen führt.

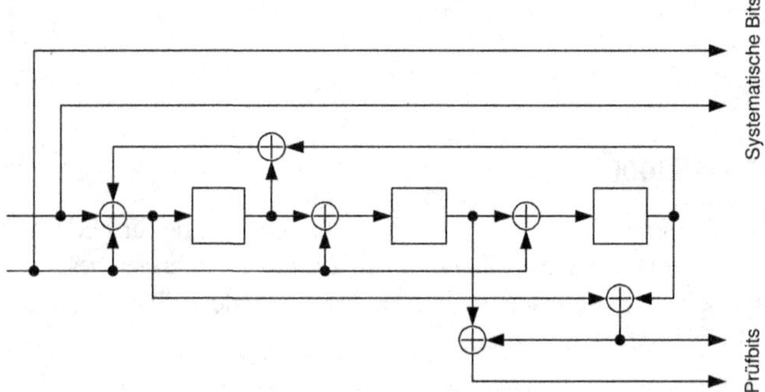

Figur 37: Der beim Turboencoder von DVB-RCS verwendete Faltungsencoder

Stochastische Prozesse und Rauschen

12 Beschreibung stochastischer Signale

Der zeitliche Verlauf von stochastischen Signalen ist gemäss Definition nicht vorhersagbar, sondern enthält immer eine zufällige Komponente. Ein typisches Beispiel eines solchen Zufallssignals ist die Spannung über einem rauschenden Widerstand. Dieses so genannte thermische Rauschen wird durch die thermische Bewegung der Leitungselektronen verursacht. Deren Anzahl ist so riesig, dass der zeitliche Verlauf des Rauschsignals nicht vorhersagbar ist. Betrachten wir hingegen sehr viele rauschende Widerstände mit gleichem Widerstandswert und gleicher Temperatur, so lassen sich gewisse statistische Aussagen machen.

In Figur 38 ist eine solche Schar von Rauschspannungen aufgezeichnet, wie sie beispielsweise an entsprechend vielen gleichartigen Widerständen beobachtet werden kann.

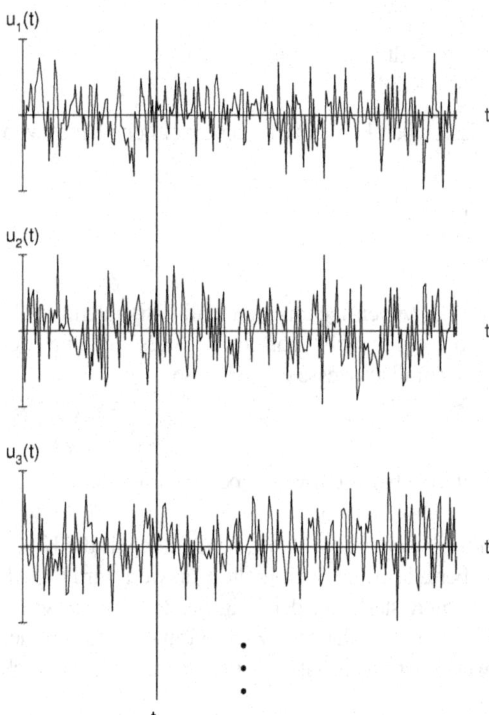

Figur 38: Schar von Rauschspannungen

Der zu einem bestimmten Zeitpunkt t_1 beobachtete Wert $u_k(t_1)$ der Rauschspannung kann sehr unterschiedlich sein. Werden die Rauschspannungen jedoch über eine grosse Anzahl von Widerständen gemittelt, so ergibt sich ein Erwartungswert, der in unserem Beispiel null Volt beträgt:

$$E\left[U(t_1)\right] = \lim_{N \to \infty} \frac{1}{N} \sum_{k=1}^{N} u_k(t_1) = 0\,\mathrm{V}\,.$$

Die Mittelung erfolgt dabei über die gesamte Schar von möglichen Rauschsignalen und wird als Scharmittelwert oder Ensemblemittelwert bezeichnet. Im Allgemeinen ist der lineare Mittelwert E[U(t)] von der Zeit t abhängig. Im Beispiel der rauschenden Widerstände ist der Erwartungswert der Rauschspannung jedoch nicht vom Zeitpunkt t der Beobachtung abhängig, es gilt:

$$E\left[U(t))\right] = E\left[U(t+t_0)\right] = m_U .$$

Bleiben die statistischen Eigenschaften eines Zufallssignals bei einer Verschiebung um eine beliebige Zeit t_0 unverändert, so spricht man von einem stationären Prozess. Dadurch vereinfacht sich die Beschreibung des Zufallsprozesses ganz wesentlich.

In der Realität können die Scharmittelwerte nicht messtechnisch bestimmt werden, da meist nur eine Musterfunktion u(t) des stochastischen Signals beobachtet werden kann. Wir können zwar den zeitlichen Verlauf der Rauschspannung über einem Widerstand beobachten, können daraus aber nicht unbedingt darauf schliessen, wie sich eine ganze Schar von Widerständen verhalten würde. Anstelle des Scharmittelwerts kann jedoch der zeitliche Mittelwert

$$\lim_{T\to\infty} \frac{1}{T} \cdot \int_{-T/2}^{+T/2} u(t)\, dt$$

ermittelt werden. Bei so genannt ergodischen Zufallssignalen konvergiert dieser zeitliche Mittelwert gegen den Scharmittelwert E[U(t)]

$$E\left[U(t)\right] = \lim_{T\to\infty} \frac{1}{T} \cdot \int_{-T/2}^{+T/2} u(t)\, dt .$$

Glücklicherweise ist die Bedingung der Ergodizität bei vielen technischen Zufallssignalen erfüllt. Da der Zeitmittelwert naturgemäss konstant und somit nicht von einer Verschiebung der Beobachtungszeit abhängig ist, können nur stationäre Zufallsprozesse ergodisch sein.

Ergodischer Prozess

Ein Zufallsprozess ist ergodisch, wenn Zeit- und Scharmittelwerte übereinstimmen.

Als Beispiel eines Zufallsprozesses, der weder stationär noch ergodisch ist, betrachten wir die Kurse der in einem Börsenindex vertretenen Aktien. Der über alle Aktien gemittelte Kurswert wird täglich in der Zeitung publiziert. Dieser Scharmittelwert variiert stark mit der Zeit, der Prozess ist somit nicht stationär. Zudem ist uns allen bewusst, dass der über längere Zeit gemittelte Kurs einer einzelnen Aktie keineswegs mit dem Scharmittelwert übereinstimmt. Der Prozess ist folglich auch nicht ergodisch.

12.1 Linearer Mittelwerte

Unter dem linearen Scharmittelwert einer Zufallsgrösse X(t) versteht man den Erwartungswert

$$E[X(t)] = \lim_{N\to\infty} \frac{1}{N} \cdot \sum_{k=1}^{N} x_k(t) .$$

Ist der Zufallsprozess stationär, so hängt dieser Erwartungswert nicht von der Zeit t ab. Der lineare Scharmittelwert ist in diesem Fall eine Konstante

$$E[X(t)] = m_X .$$

Gilt zusätzlich die Bedingung der Ergodizität, so kann der lineare Mittelwert auch über eine zeitliche Mittelung bestimmt werden

$$m_X = \lim_{T\to\infty} \frac{1}{T} \cdot \int_{-T/2}^{+T/2} x(t)\, dt ,$$

wobei x(t) eine beliebige Realisierungsfunktion des Zufallsprozesses ist. Der lineare Scharmittelwert entspricht dann dem Gleichanteil des Signals x(t).

Bei der Bestimmung des linearen Mittelwerts gilt das Überlagerungsprinzip. Setzt sich das Zufallssignal X(t) aus einer gewichteten Summe von Zufallssignalen $X_i(t)$ zusammen

$$X(t) = a_1 \cdot X_1(t) + a_2 \cdot X_2(t) + \cdots ,$$

so resultiert der lineare Mittelwert aus der Summe der gewichteten Mittelwerte der einzelnen Zufallssignale

$$E[X(t)] = a_1 \cdot E[X_1(t)] + a_2 \cdot E[X_2(t)] + \cdots .$$

Der Scharmittelwert einer Summe von Zufallsgrössen ist also gleich der Summe ihrer Scharmittelwerte.

12.2 Quadratischer Mittelwerte

Der quadratische Mittelwert einer Zufallsgrösse X(t)

$$E\left[X^2(t)\right]$$

wird auch als Momentanleistung zur Zeit t bezeichnet. Bei stationären Prozessen ist diese vom Zeitpunkt t unabhängig und entspricht der mittleren Leistung

$$E\left[X^2(t)\right] = P_X .$$

Ist der Zufallsprozess zudem ergodisch, so entspricht der quadratische Mittelwert der normierten Leitung des Signals x(t)

$$P_X = \lim_{T\to\infty} \frac{1}{T} \cdot \int_{-T/2}^{+T/2} x^2(t)\, dt .$$

Wird von dieser Gesamtleistung des Signals die Leistung des Gleichanteils subtrahiert, so erhält man die normierte Leistung des Wechselanteils

$$\sigma_X^2 = P_X - m_X^2 = E\left[X^2(t)\right] - \left(E[X(t)]\right)^2 .$$

Diese Grösse wird als Varianz bezeichnet. Deren Quadratwurzel, die Standardabweichung σ_X, entspricht demnach dem normierten Effektivwert des Wechselanteils des Zufallssignals. Sie ist ein Mass für die Abweichung des Werts der Zufallsvariablen um den Mittelwert und heisst auch mittlerer Fehler.

12.3 Autokorrelationsfunktion

Für die Beschreibung des Zusammenhangs zwischen einem Zufallssignal X(t) und dessen zeitlich verschobenen Kopie $X(t + \tau)$ eignet sich die Autokorrelationsfunktion, die wie folgt definiert ist

$$E\left[X(t) \cdot X(t+\tau)\right].$$

Diese ist im Allgemeinen sowohl von der Zeit t als auch von der Verschiebungszeit τ abhängig. Für den Fall eines stationären[16] Prozesses fällt die Abhängigkeit von der Zeit t jedoch weg und die Autokorrelation ist nur noch von der Zeitdifferenz τ abhängig.

$$E\left[X(t) \cdot X(t+\tau)\right] = R_{XX}(\tau) .$$

Ist der Prozess ausserdem ergodisch, kann $R_{XX}(\tau)$ auch durch Mittelung über der Zeit bestimmt werden

$$R_{XX}(\tau) = \lim_{T \to \infty} \frac{1}{T} \int_{-T/2}^{+T/2} x(t) \cdot x(t+\tau)\, dt .$$

Die gleiche Definition wird übrigens auch zur Berechnung der Autokorrelationsfunktion von deterministischen Leistungssignalen angewandt.

Für stationäre Prozesse weist die Autokorrelationsfunktion die folgenden wichtigen Eigenschaften auf

1. Die Autokorrelationsfunktion ist gerade.

$$\begin{aligned} R_{XX}(-\tau) &= E\left[X(t) \cdot X(t-\tau)\right] \\ &= E\left[X(t'+\tau) \cdot X(t')\right] \\ &= E\left[X(t') \cdot X(t'+\tau)\right] \\ &= R_{XX}(\tau) \end{aligned}$$

[16] Prozesse, deren Mittelwert nicht von der Zeit und deren Autokorrelationsfunktion nur von der Zeitdifferenz τ abhängen, werden auch als schwach stationär (WSS – wide sense stationary) bezeichnet.

2. Für $\tau = 0$ ergibt die Autokorrelationsfunktion die mittlere Leistung des Prozesses.

$$R_{XX}(0) = E\left[X^2(t)\right] = P_X$$

3. Die Autokorrelationsfunktion weist an der Stelle $\tau = 0$ ein absolutes Maximum auf.

$$R_{XX}(0) \geq \left|R_{XX}(\tau)\right|$$

12.4 Spektrale Leistungsdichte

Die Fouriertransformation der Autokorrelationsfunktion eines stationären Zufallsprozesses X(t) wird als dessen spektrale Leistungsdichte oder Leistungsdichtespektrum $S_{XX}(f)$ bezeichnet

$$S_{XX}(f) = \int_{-\infty}^{+\infty} R_{XX}(\tau) \cdot e^{-j \cdot 2 \cdot \pi \cdot f \cdot \tau} \, d\tau .$$

Da $R_{XX}(t)$ eine reelle und gerade Funktion ist, ist $S_{XX}(f)$ ebenfalls reell und gerade.

Umgekehrt kann die Autokorrelationsfunktion aus der spektralen Leistungsdichte durch inverse Fouriertransformation berechnet werden

$$R_{XX}(\tau) = \int_{-\infty}^{+\infty} S_{XX}(f) \cdot e^{+j \cdot 2 \cdot \pi \cdot f \cdot \tau} \, df .$$

Für $\tau = 0$ resultiert die Beziehung

$$P_X = R_{XX}(0) = \int_{-\infty}^{+\infty} S_{XX}(f) \, df .$$

Die Fläche unter $S_{XX}(f)$ entspricht also der mittleren Signalleistung. Daraus erklärt sich auch die Bezeichnung spektrale Leistungsdichte, da sich der Ausdruck $S_{XX}(f) \cdot df$ als Leistungsanteil des Signals in einem sehr schmalen Frequenzbereich der Breite df interpretieren lässt.

12.4.1 Weisses Rauschen

Ein Zufallssignal, dessen spektrale Leistungsdichte für alle Frequenzen konstant ist, wird als weisses Rauschen bezeichnet. Diese Bezeichnung wurde in Analogie zum weissen Licht gewählt, dessen Spektrum alle sichtbaren Farben enthält (wenn auch nicht mit konstanter Leistungsdichte). Wir werden den Wert der Leistungsdichte im zweiseitigen Spektrum mit $\eta/2$ bezeichnen

$$S_{XX}(f) = \frac{\eta}{2} .$$

Für die Autokorrelationsfunktion von weissem Rauschen erhält man durch inverse Fouriertransformation der Leistungsdichte einen Diracstoss

$$R_{XX}(\tau) = \frac{\eta}{2} \cdot \delta(\tau) .$$

Sowohl aus der Beziehung

$$P_X = R_{XX}(0)$$

als auch aus

$$P_X = \int_{-\infty}^{+\infty} S_{XX}(f)\, df$$

folgt, dass die Leistung von weissem Rauschen unendlich gross ist. Weisses Rauschen ist in der Realität also nicht existent. Dennoch ist es oft angenehm (und zulässig) mit weissem Rauschen zu rechnen.

12.4.2 Bandbegrenztes Weisses Rauschen

Physikalisch sinnvoller als weisses Rauschen sind Zufallssignale, deren Leistungsdichte lediglich in im Intervall $|f| < f_g$ konstant und ansonsten gleich null ist

$$S_{XX}(f) = \begin{cases} \frac{\eta}{2} & |f| < f_g \\ 0 & |f| > f_g \end{cases},$$

was als bandbegrenztes weisses Rauschen bezeichnet wird. Für die Autokorrelationsfunktion erhält man in diesem Fall

$$R_{XX}(\tau) = \eta \cdot f_g \cdot \frac{\sin(2 \cdot \pi \cdot f_g \cdot \tau)}{2 \cdot \pi \cdot f_g \cdot \tau}.$$

Die Leistung des Signals lässt sich entweder im Zeitbereich

$$P_X = R_{XX}(0) = \eta \cdot f_g$$

oder im Frequenzbereich

$$P_X = \int_{-\infty}^{+\infty} S_{XX}(f)\, df = \int_{-f_g}^{+f_g} \frac{\eta}{2}\, df = \eta \cdot f_g$$

bestimmen.

Interessant ist ferner, dass die Autokorrelationsfunktion für

$$\tau = \frac{k}{2 \cdot f_g}, k \neq 0$$

Nullstellen aufweist. Abtastwerte, die im Abstand $1/(2 \cdot f_g)$ entnommen werden, sind folglich unkorreliert.

12.5 Zufallssignale in linearen, zeitinvarianten Systemen

Das Verhalten von linearen, zeitinvarianten Systemen wird entweder durch die Impulsantwort h(t) oder die Übertragungsfunktion $\underline{H}(f)$ beschrieben. Zwischen dem Eingangssignal x(t) und dem Ausgangssignal y(t) gilt im Zeitbereich der Zusammenhang

$$y(t) = \int_{-\infty}^{+\infty} h(u) \cdot x(t-u)\, du \,.$$

Das entsprechende Integral wird deshalb auch Faltungsintegral genannt. Durch Fouriertransformation erhält man für den Frequenzbereich

$$\underline{Y}(f) = \underline{H}(f) \cdot \underline{X}(f) \,,$$

wobei $\underline{X}(f)$, $\underline{Y}(f)$ und $\underline{H}(f)$ die Fouriertransformationen von x(t), y(t) und h(t) bezeichnen.

Im Zusammenhang mit zufälligen Signalen stellt sich die Frage, wie die statistischen Eigenschaften des Ausgangssignals aus den entsprechenden Eigenschaften des Eingangssignals bestimmt werden können. Wir wollen dabei voraussetzen, dass das Eingangssignal stationär und ergodisch ist. Wie sich zeigen lässt, gilt dies dann auch für das Ausgangssignal.

12.5.1 Linearer Mittelwert

Wird das Zufallssignal X(t) auf den Eingang eines linearen, zeitinvarianten Systems gegeben, so beobachtet man am Ausgang das Signal

$$Y(t) = \int_{-\infty}^{+\infty} h(u) \cdot X(t-u)\, du \,,$$

Da der Erwartungswert eine lineare Operation ist, resultiert für den linearen Mittelwert

$$E[Y(t)] = \int_{-\infty}^{+\infty} h(u) \cdot \underbrace{E[X(t-u)]}_{m_X} du$$

$$= m_X \cdot \int_{-\infty}^{+\infty} h(u)\, du \,.$$

Ist das Eingangssignal mittelwertfrei, d.h. $m_X = 0$, so gilt dies auch für das Ausgangssignal. Das Integral

$$\int_{-\infty}^{+\infty} h(u)\, du$$

lässt sich als Wert der Übertragungsfunktion $\underline{H}(f)$ an der Stelle $f = 0$ interpretieren. Es beschreibt die Übertragungseigenschaft des Systems für den Gleichanteil des Eingangssignals. Gilt $\underline{H}(0) = 0$, so ist das Ausgangsignal mittelwertfrei.

12.5.2 Autokorrelationsfunktion und quadratischer Mittelwert

Unter der Voraussetzung der Ergodizität ist die Autokorrelationsfunktion des Ausgangssignals wie folgt definiert

$$R_{YY}(\tau) = \lim_{T\to\infty} \frac{1}{T} \int_{-T/2}^{+T/2} y(t) \cdot y(t+\tau)\, dt \,.$$

Mit

$$y(t)\cdot y(t+\tau)=\int_{-\infty}^{+\infty} h(u)\cdot x(t-u)\,du\cdot\int_{-\infty}^{+\infty} h(v)\cdot x(t+\tau-v)\,dv$$

$$=\int_{-\infty}^{+\infty}\int_{-\infty}^{+\infty} x(t-u)\cdot x(t+\tau-v)\cdot h(u)\cdot h(v)\,du\,dv$$

resultiert

$$R_{YY}(\tau)=\lim_{T\to\infty}\frac{1}{T}\int_{-T/2}^{+T/2}\left\{\int_{-\infty}^{+\infty}\int_{-\infty}^{+\infty} x(t-u)\cdot x(t+\tau-v)\cdot h(u)\cdot h(v)\,du\,dv\right\}dt$$

$$=\int_{-\infty}^{+\infty}\int_{-\infty}^{+\infty} h(u)\cdot h(v)\left\{\lim_{T\to\infty}\frac{1}{T}\int_{-T/2}^{+T/2} x(t-u)\cdot x(t+\tau-v)\,dt\right\}du\,dv$$

$$=\int_{-\infty}^{+\infty}\int_{-\infty}^{+\infty} h(u)\cdot h(v)R_{XX}(\tau-v+u)\,du\,dv\,.$$

Mit der Substitution w = v - u lässt sich dies noch ein wenig vereinfachen

$$R_{YY}(\tau)=\int_{-\infty}^{+\infty}\int_{-\infty}^{+\infty} h(u)\cdot h(u+w)R_{XX}(\tau-w)\,du\,dw$$

$$=\int_{-\infty}^{+\infty} R_{XX}(\tau-w)\int_{-\infty}^{+\infty} h(u)\cdot h(u+w)\,du\,dw$$

Die Definition[17]

$$R_{hh}(w)=\int_{-\infty}^{+\infty} h(u)\cdot h(u+w)\,du$$

ergibt schliesslich

$$R_{YY}(\tau)=\int_{-\infty}^{+\infty} R_{XX}(\tau-w)R_{hh}(w)\,dw\,,$$

was wiederum als Faltungsintegral interpretiert werden kann:

$$R_{YY}(\tau)=\left[R_{hh}(.)*R_{XX}(.)\right](\tau)\,.$$

Die Fouriertransformation dieser Beziehung führt zur spektralen Leistungsdichte $\underline{S}_{YY}(f)$ des Ausgangssignals

---

[17] Beachten Sie, dass es sich bei h(t) um ein Energiesignal handelt, weshalb die Definition der Autokorrelationsfunktion leicht von derjenigen von Leistungssignalen abweicht.

$$\underline{S}_{YY}(f) = \underline{S}_{hh}(f) \cdot \underline{S}_{XX}(f).$$

Dabei bezeichnet $\underline{S}_{hh}(f)$ die Fouriertransformation von $R_{hh}(\tau)$, die sich wie folgt berechnen lässt

$$\begin{aligned}
S_{hh}(f) &= \int_{-\infty}^{+\infty} R_{hh}(\tau) \cdot e^{-j\cdot 2\cdot\pi\cdot f\cdot\tau}\, d\tau \\
&= \int_{-\infty}^{+\infty}\int_{-\infty}^{+\infty} h(u)\cdot h(u+\tau)\, du \cdot e^{-j\cdot 2\cdot\pi\cdot f\cdot\tau}\, d\tau \\
&= \int_{-\infty}^{+\infty} h(u) \cdot \underbrace{\int_{-\infty}^{+\infty} h(u+\tau)\cdot e^{-j\cdot 2\cdot\pi\cdot f\cdot\tau}\, d\tau}_{\underline{H}(f)\cdot e^{j\cdot 2\cdot\pi\cdot f\cdot u}}\, du \\
&= \int_{-\infty}^{+\infty} h(u)\cdot \underline{H}(f)\cdot e^{j\cdot 2\cdot\pi\cdot f\cdot u}\, du \\
&= \underline{H}(f)\cdot \underbrace{\int_{-\infty}^{+\infty} h(u)\cdot e^{j\cdot 2\cdot\pi\cdot f\cdot u}\, du}_{\underline{H}^*(f)} \\
&= \left|\underline{H}(f)\right|^2.
\end{aligned}$$

Abschliessend erhält man den folgenden Zusammenhang zwischen der spektralen Leistungsdichte $\underline{S}_{XX}(f)$ am Eingang und der spektralen Leistungsdichte $\underline{S}_{YY}(f)$ am Ausgang

$$\underline{S}_{YY}(f) = \underline{S}_{XX}(f) \cdot \left|\underline{H}(f)\right|^2.$$

12.6 Kreuzkorrelation

Eine statistische Beziehung zwischen zwei stochastischen Prozessen X(t) und Y(t) wir durch die Kreuzkorrelation

$$E\left[X(t_1)\cdot Y(t_2)\right]$$

definiert. Im stationären Fall ist diese nur von der Zeitdifferenz $\tau = t_2 - t_1$ abhängig

$$E\left[X(t_1)\cdot Y(t_2)\right] = R_{XY}(\tau)$$

und kann, falls es sich um ergodische Prozesse handelt, durch Mittelung über der Zeit berechnet werden

$$R_{XY}(\tau) = \lim_{T\to\infty} \frac{1}{T} \int_{-T/2}^{+T/2} x(t)\cdot y(t+\tau)\, dt.$$

Als Beispiel betrachten wir einen Kanal, der das Eingangssignal x(t) um Δt verzögert und mit dem Faktor α abschwächt. Für das Ausgangssignal y(t) gilt also

$$y(t) = \alpha \cdot x(t - \Delta t)\,.$$

Ist x(t) die Realisierungsfunktion eines ergodischen Zufallsprozesses, so erhält man für die Kreuzkorrelation

$$\begin{aligned}
R_{XY}(\tau) &= \lim_{T\to\infty} \frac{1}{T} \int_{-T/2}^{+T/2} x(t) \cdot y(t+\tau)\, dt \\
&= \lim_{T\to\infty} \frac{1}{T} \int_{-T/2}^{+T/2} x(t) \cdot \alpha \cdot x(t+\tau-\Delta t)\, dt \\
&= \alpha \cdot \lim_{T\to\infty} \frac{1}{T} \int_{-T/2}^{+T/2} x(t) \cdot x(t+\tau-\Delta t)\, dt \\
&= \alpha \cdot R_{XX}(\tau - \Delta t)\,.
\end{aligned}$$

Als weiteres Beispiel betrachten wir einen linearen, zeitinvarianten Kanal, bei dem sich das Ausgangssignal y(t) aus der Faltung des Eingangssignals x(t) mit der Impulsantwort h(t) des Kanals ergibt

$$y(t) = \int_{-\infty}^{+\infty} h(u) \cdot x(t-u)\, du\,.$$

Die Berechnung der Kreuzkorrelation liefert dann

$$\begin{aligned}
R_{XY}(\tau) &= \lim_{T\to\infty} \frac{1}{T} \int_{-T/2}^{+T/2} x(t) \cdot y(t+\tau)\, dt \\
&= \lim_{T\to\infty} \frac{1}{T} \int_{-T/2}^{+T/2} x(t) \cdot \left(\int_{-\infty}^{+\infty} h(u) \cdot x(t+\tau-u)\, du \right) dt \\
&= \int_{-\infty}^{+\infty} h(u) \cdot \lim_{T\to\infty} \frac{1}{T} \int_{-T/2}^{+T/2} x(t) \cdot x(t+\tau-u)\, dt\, du \\
&= \int_{-\infty}^{+\infty} h(u) \cdot R_{XX}(\tau-u)\, du.
\end{aligned}$$

Eine Analyse dieses Resultats zeigt, dass $R_{XY}(\tau)$ als Faltung von $R_{XX}(\tau)$ mit der Impulsantwort h(t) interpretiert werden kann. Besonders interessant ist diese Erkenntnis, wenn es sich beim Eingangssignal um weisses Rauschen mit $R_{XX}(\tau) = \eta/2 \cdot \delta(\tau)$ handelt. Die Kreuzkorrelationsfunktion $R_{XY}(\tau)$ ist in diesem Fall proportional zur Impulsantwort des Kanals

$$\begin{aligned}
R_{XY}(\tau) &= \frac{\eta}{2} \int_{-\infty}^{+\infty} h(u) \cdot \delta(\tau-u)\, du \\
&= \frac{\eta}{2} \cdot h(\tau).
\end{aligned}$$

13 Rauschen in technischen Systemen

13.1 Ursachen des Rauschens

In technischen Systemen wird das Rauschen vor allem durch drei Effekte hervorgerufen

- Thermisches Rauschen
- Schrotrauschen
- 1/f-Rauschen

Daneben können rauschartige Störungen auch noch andere Ursachen haben, wie beispielsweise Man-made-noise (Funkenstörungen u.ä.), kosmisches Rauschen, usw.

13.1.1 Thermisches Rauschen

Thermisches Rauschen wird durch die zufälligen Wärmebewegungen der freien Ladungsträger in einem Leiter verursacht.

Jeder Zweipol mit ohmschem Anteil enthält eine Anzahl freier Ladungsträger, die, der Temperatur des Zweipols entsprechend, zufällige Bewegungen vollführen. Aufgrund dieser Wärmebewegung beobachtet man an den Klemmen des Zweipols zufällige Spannungsschwankungen. Nyquist [14] war der erste, der dieses Phänomen theoretisch untersucht hat. Er hat gezeigt, dass der Effektivwert der Rauschspannung durch

$$U_{eff} = \sqrt{4 \cdot k \cdot T \cdot R \cdot B}$$

gegeben ist. Dabei bezeichnen $k = 1.38 \cdot 10^{-23}\ W \cdot s/K$ die Boltzmannkonstante, T die absolute Temperatur, B die Systembandbreite und R der ohmsche Widerstand des Zweipols.

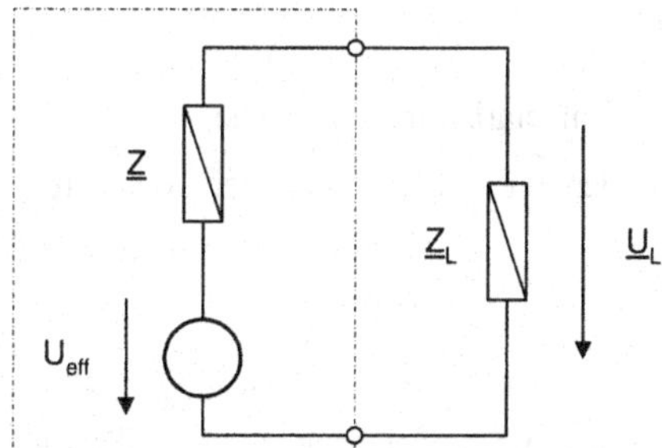

Figur 39: Modell eines rauschenden Zweipols, der mit der Impedanz $\underline{Z}_L$ belastet wird.

Rauschquellen werden oft durch die maximal verfügbare Rauschleistung P_n charakterisiert. Darunter versteht man die Rauschwirkleistung, die ein Zweipol bei optimaler Anpassung an eine Last abgeben kann. Bei einem Zweipol mit der Impedanz $\underline{Z} = R + j \cdot X$ muss dazu die Last konjugiert komplex gewählt werden, d.h. $\underline{Z}_L = \underline{Z}^*$. Die Wirkleistung errechnet sich unter dieser Bedingung wie folgt

$$P_n = \frac{U_{eff}^2}{4 \cdot R} = k \cdot T \cdot B$$

und ist vom Widerstandswert R unabhängig! Deshalb wird auch bei nicht-thermischen Rauschquellen die maximal verfügbare Rauschleistung P_n oft durch Angabe der so genannten äquivalenten Rauschtemperatur $T_{äq}$ spezifiziert. Der entsprechende Zusammenhang lautet

$$T_{äq} = \frac{P_n}{k \cdot B}.$$

Falls das Rauschen nicht thermischen Ursprungs ist, ist $T_{äq}$ nicht mit der Temperatur der Rauschquelle identisch!

Die Rauschleistungsdichte von thermischem Rauschen ist in guter Näherung frequenzunabhängig. Im zweiseitigen Spektrum beträgt die spektrale Leistungsdichte

$$S_n(f) = \frac{\eta}{2} = \frac{1}{2} \cdot k \cdot T.$$

Wird dieses weisse Rauschen durch ein lineares System mit der Übertragungsfunktion $\underline{H}(f)$ geschickt, so resultiert am Ausgang ein nicht-weisses Rauschen mit der Leistung

$$P = \frac{k \cdot T}{2} \cdot \int_{-\infty}^{+\infty} |H(f)|^2 \, df.$$

13.1.2 Schrotrauschen

Der elektrische Strom entsteht durch den Transport von diskreten Ladungsträgern. Ist die Ladungsträgerdichte (z. B. in einem Halbleiter) vergleichsweise gering, so können merkliche Schwankungen der Ladungsträgerzahl entstehen, die als Schrotrauschen in Erscheinung treten.

Die spektrale Leistungsdichte ist von der Laufzeit τ der Ladungsträger abhängig

$$S(f) = 2 \cdot e \cdot I \cdot \left(\frac{\sin(\pi \cdot f \cdot \tau)}{\pi \cdot f \cdot \tau} \right)^2,$$

wobei I den fliessenden Gleichstrom und $e = 1.6 \cdot 10^{-19}$ C die Elementarladung bezeichne.

Für $f \ll 1/\tau$ können die Laufzeiteffekte vernachlässigt werden und es kann mit der konstanten Rauschleistungsdichte

$$S(f) = 2 \cdot e \cdot I$$

gerechnet werden.

Bei pn-Übergängen in Halbleitern gilt die obige Formel nur dann hinreichend genau, falls die angelegte Spannung U viel grösser als die Temperaturspannung $U_T = k \cdot T/e$ ist.

In Bipolartransistoren tritt Schrotrauschen sowohl im Kollektor- als auch im Emitterzweig auf. Diese beiden Rauschquellen sind aber korreliert, denn der Stromfluss in der Kollektor-Basis-Strecke ist mit demjenigen der Basis-Emitter-Strecke verknüpft.

13.1.3 1/f-Rauschen

Fliesst in einem Halleiterbauelement ein Strom, so beobachtet man ein Stromrauschen, dessen spektrale Leistungsdichte mit 1/f ansteigt. Dieses so genannte 1/f-Rauschen ist stark von Aufbau und der Technologie des Halbleiters abhängig und ist aufgrund seiner spektralen Eigenschaften vor allem bei tiefen Frequenzen dominant. Es spielt jedoch auch in der Hochfrequenztechnik eine wichtige Rolle, da das niederfrequente Rauschverhalten von Halbleitern durch Mischprozesse auf höhere Frequenzen transformiert wird.

Bei bipolaren Halbleitern überwiegt das 1/f-Rauschen unterhalb von typischerweise 1 kHz. Bei MOS-Bauelementen kann diese Grenzfrequenz allerdings auch in der Grössenordnung von 100 kHz liegen.

13.2 Rauschzahl und Rauschtemperatur

Im einfachsten Fall wird ein Zweitor durch seine (unter Umständen frequenzabhängige) Verstärkung beschrieben. Bei einem rauschfreien Zweitor werden Nutz- und Rauschsignal in gleichem Masse verstärkt, das Signal-zu-Rauschverhältnis bleibt unverändert. In der rauschbehafteten Realität ist das Signal-zu-Rauschverhältnis am Ausgang jedoch schlechter als am Eingang. Diese Verschlechterung kann durch einen Faktor, die so genannte Rauschzahl

$$F = \frac{\text{Signal-zu-Rauschverhältnis am Eingang}}{\text{Signal-zu-Rauschverhältnis am Ausgang}}$$

beschrieben werden.

Die Rauschzahl wird oft in Dezibel angegeben

$$F_{dB} = 10 \cdot \log(F)$$

und wird dann als Rauschmass bezeichnet.

Um diesen Effekt in einem Modell nachzubilden, werden sämtliche internen Rauschquellen des Zweitors in einer Rauschquelle am Eingang des Zweitors zusammengefasst. Deren Rauschleistungsdichte wird durch die Angabe einer äquivalenten Rauschtemperatur $T_{äq}$ spezifiziert.

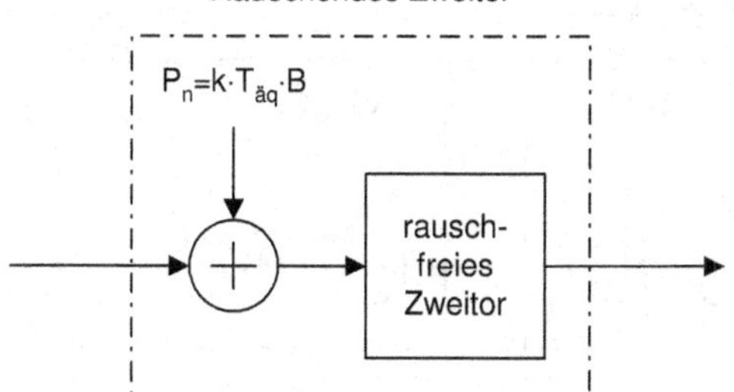

Figur 40: Rauschendes Zweitor modelliert als rauschfreies Zweitor mit Rauschquelle

Zur Bestimmung der Rauschzahl in Funktion der äquivalenten Rauschtemperatur, nehmen wir an, dass sich das Eingangsignal des Zweitors aus einem Nutzsignalanteil mit der Leistung P_i und einem Rauschsignalanteil zusammensetzt. Die spektrale Leistungsdichte des Letzteren sei durch die

Angabe der äquivalenten Quellenrauschtemperatur T_Q gegeben. Am Eingang ergibt sich somit ein Signal-zu-Rauschverhältnis von

$$SNR_i = \frac{P_i}{k \cdot T_Q \cdot B} .$$

Das Zweitor weise bei der betrachteten Frequenz die Leistungsverstärkung G auf. Folglich beträgt die Nutzsignalleistung am Ausgang

$$P_o = G \cdot P_i .$$

Das Rauschen am Ausgang wird einerseits durch den Rauschanteil des Eingangssignals und andererseits durch die internen Rauschquellen bewirkt. Für die Rauschleistung resultiert deshalb

$$N_o = G \cdot k \cdot B \cdot \left(T_Q + T_{äq} \right),$$

woraus für das Signal-zu-Rauschverhältnis am Ausgang folgt

$$SNR_o = \frac{G \cdot P_i}{G \cdot k \cdot B \cdot \left(T_Q + T_{äq} \right)} .$$

Dieses ist um den Faktor

$$F = \frac{T_Q + T_{äq}}{T_Q} = 1 + \frac{T_{äq}}{T_Q}$$

schlechter als am Eingang.

Die Quellenrausch- oder Bezugstemperatur T_Q ist in der Regel gleich der Raumtemperatur. Bei einigen Anwendungen, beispielsweise bei einer Antenne, die in den kalten Weltraum gerichtet ist, kann sie auch deutlich davon abweichen.

13.3 Kaskadierung von rauschenden Zweitoren

Wir betrachten eine Kettenschaltung von rauschenden Zweitoren. Das Rauschen der einzelnen Zweitore wird durch deren äquivalente Rauschtemperaturen $T_{äq}$ beschrieben. Die Leistungsverstärkungen der Zweitore sind mit G_1, G_2 und G_3 gegeben.

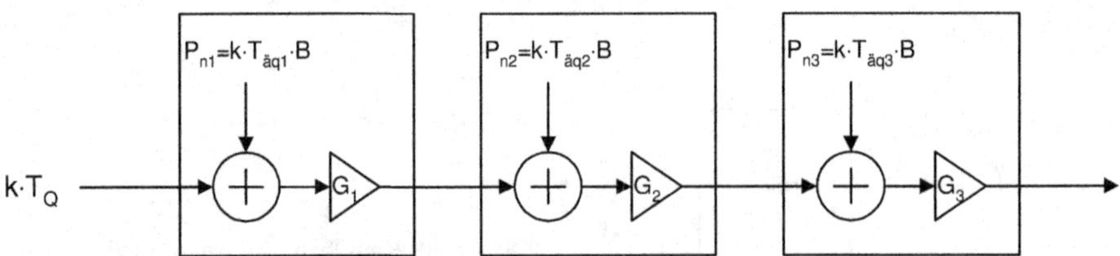

Figur 41: Kaskadierung von rauschenden Zweitoren

Wiederum nehmen wir eine Nutzsignalleistung am Eingang von P_i an. Die entsprechende Leistung am Ausgang beträgt

$$P_o = G_1 \cdot G_2 \cdot G_3 \cdot P_i .$$

Die spektrale Leistungsdichte des Eingangsrauschens sei $k \cdot T_Q$. Das Rauschen am Ausgang weist dementsprechend eine Leistung von

$$N_o = k \cdot B \cdot \left(G_3 \cdot T_{äq3} + G_2 \cdot G_3 \cdot T_{äq2} + G_1 \cdot G_2 \cdot G_3 \cdot \left(T_{äq1} + T_Q \right) \right)$$

auf. Die Rauschzahl des Gesamtsystems ist also gegeben durch

$$\begin{aligned} F = \frac{P_i}{N_i} \cdot \frac{N_o}{P_o} &= \frac{G_1 \cdot G_2 \cdot G_3 \cdot \left(T_Q + T_{äq1} \right) + G_2 \cdot G_3 \cdot T_{äq2} + G_3 \cdot T_{äq3}}{G_1 \cdot G_2 \cdot G_3 \cdot T_Q} \\ &= 1 + \frac{T_{äq1}}{T_Q} + \frac{T_{äq2}}{G_1 \cdot T_Q} + \frac{T_{äq3}}{G_1 \cdot G_2 \cdot T_Q} . \end{aligned}$$

Mit der Beziehung

$$F_i = 1 + \frac{T_{äq,i}}{T_Q}$$

lässt sich das Resultat auch wie folgt darstellen

$$F = F_1 + \frac{F_2 - 1}{G_1} + \frac{F_3 - 1}{G_1 \cdot G_2} .$$

Es ist zu beachten, dass dabei die Rauschzahlen und Verstärkungen linear und nicht etwa in Dezibel eingesetzt werden.

Die Verallgemeinerung auf n kaskadierte Zweitore sollte dem Leser keine Schwierigkeiten bieten.

Ist die Verstärkung G_1 der ersten Stufe um einiges grösser als 1 und ist die Rauschzahl F_2 der zweiten Stufe nicht viel grösser als diejenige der ersten Stufe, so ist die Rauschzahl der gesamten Schaltung im wesentlichen durch F_1 bestimmt. Rauschzahlen der nachfolgenden Stufen werden jeweils durch das Produkt der Verstärkungen dividiert, haben also bald keinen wesentlichen Einfluss mehr auf die totale Rauschzahl. Bei der Entwicklung eines Übertragungssystems ist deshalb darauf zu achten, dass die erste Stufe eine möglichst kleine Rauschzahl und eine möglichst grosse Verstärkung aufweist.

Sehr ungünstig wirkt sich jede Dämpfung vor der ersten Verstärkerstufe aus. Eine Dämpfung mit der „Verstärkung“ $G_1 = 1/L$ besitzt die Rauschzahl $F_1 = L$ und verschlechtert die Rauschzahl des Systems um den Faktor L

$$\begin{aligned} F_{tot} &= L + \frac{F_2 - 1}{\frac{1}{L}} + \frac{F_3 - 1}{\frac{1}{L} \cdot G_2} \\ &= L \cdot \underbrace{\left(F_2 + \frac{F_3 - 1}{G_2} \right)}_{\text{Rauschzahl ohne Dämpfung}} . \end{aligned}$$

Aus diesem Grund wird bei Empfangssystemen möglichst nahe bei der Antenne ein rauscharmer Vorverstärker eingefügt.

Beispiel

Vorverstärker an der Antenne | **Vorverstärker beim Empfänger**

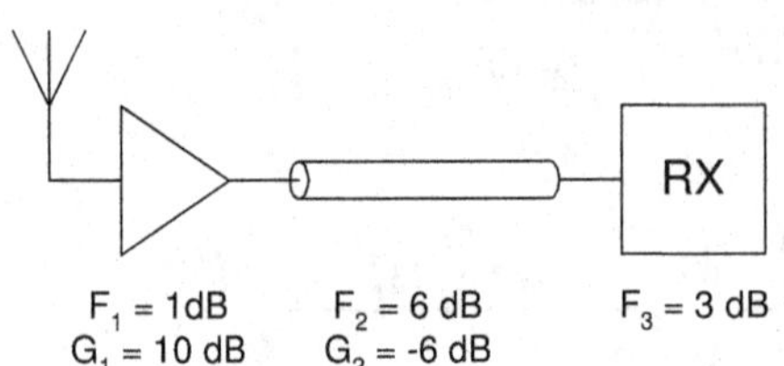

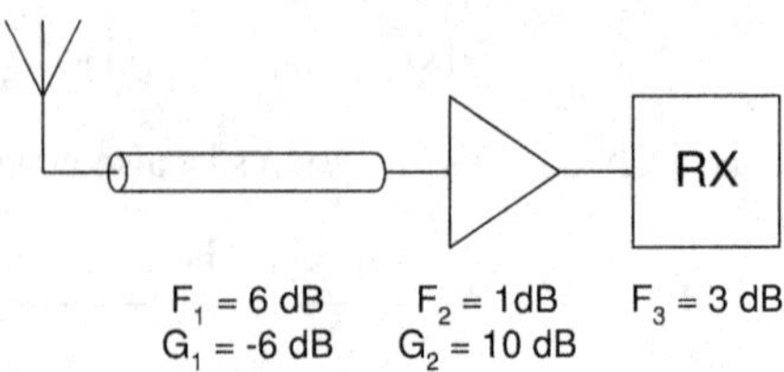

Umrechnen in lineare Werte

Vorverstärker an der Antenne	Vorverstärker beim Empfänger
$F_1 = 1.26$	$F_1 = 3.98$
$G_1 = 10$	$G_1 = 0.25$
$F_2 = 3.98$	$F_2 = 1.26$
$G_2 = 0.25$	$G_2 = 10$
$F_3 = 2.00$	$F_3 = 2.00$

Berechnen der totalen Rauschzahl

Vorverstärker an der Antenne:

$$\begin{aligned} F_{tot} &= F_1 + \frac{F_2 - 1}{G_1} + \frac{F_3 - 1}{G_1 \cdot G_2} \\ &= 1.26 + \frac{2.98}{10} + \frac{1}{2.5} \\ &= 1.96 \end{aligned}$$

Vorverstärker beim Empfänger:

$$\begin{aligned} F_{tot} &= F_1 + \frac{F_2 - 1}{G_1} + \frac{F_3 - 1}{G_1 \cdot G_2} \\ &= 3.98 + \frac{0.26}{0.25} + \frac{1}{2.5} \\ &= 5.42 \end{aligned}$$

Umrechnen in Dezibel

$$F_{tot} = \underline{\underline{2.92\text{dB}}}$$

$$F_{tot} = \underline{\underline{7.34\text{dB}}}$$

■

Digitale Modulationsverfahren

14 Grundlagen

Unter Modulation versteht man die Veränderung der Charakteristik eines Trägersignals in Abhängigkeit eines modulierenden Signals. Das Trägersignal ist dabei ein meist periodisches Hilfssignal, welches durch eine kleine Anzahl zeitinvarianter Parameter vollständig beschrieben werden kann. Der Informationsgehalt des Trägersignals ist deshalb gleich null. Demgegenüber wird das modulierende Signal in der Kommunikationstechnik als physikalische Darstellung einer Nachricht interpretiert und ist somit Träger von Information.

Bei der Modulation werden die Parameter des Trägersignals in Funktion des modulierenden Signals verändert. Es resultiert das modulierte Signal, welches zur Übertragung der Information eingesetzt werden kann. Zweck der Modulation ist es zumeist, das Spektrum des modulierenden Signals hinsichtlich Bandbreite und Mittenfrequenz dem zur Verfügung stehenden Kanal anzupassen.

In diesem Kapitel beschränken wir uns auf sinusförmige Trägersignale, bei denen grundsätzlich nur die Parameter Frequenz, Amplitude und Phasenwinkel modifiziert werden können.

Bei den digitalen Modulationsverfahren liegt die zu übertragende Information in Form von diskreten Symbolen u vor, die nur Werte aus einer endlichen Menge $\{u_0, u_1, ..., u_{M-1}\}$ annehmen können. In Abhängigkeit des zu übertragenden Symbolwerts u wählt der Modulator das Sendesignal s(t) jeweils aus einer Menge von M unterschiedlichen Sendesignalen aus:

$$s(t) = s_i(t) \quad \text{falls } u = u_i \qquad i = 0, 1, ... M - 1$$

Der Demodulator hat die Aufgabe, zu entscheiden, welches dieser Sendesignale gesendet wurde. Dazu steht ihm eine durch Rauschen und andere Einflüsse gestörte Kopie des Sendesignals zur Verfügung. Im Gegensatz zu den analogen Modulationsverfahren, bei denen der zeitliche Verlauf des modulierenden Signals geschätzt werden muss, erfordert die digitale Übertragung vom Demodulator lediglich einen Entscheid zwischen endlich vielen Möglichkeiten, nämlich welches der M möglichen Sendesignale am besten zum empfangenen Signal passt. Falls das Empfangsignal nicht allzu stark verfälscht ist, kann das gesendete Symbol im Empfänger perfekt rekonstruiert werden. Mit zunehmendem Störpegel wird der Entscheid jedoch unzuverlässig, es entstehen Symbolfehler. Der Übergang zwischen guter und unbrauchbarer Übertragungsqualität ist dabei meist ziemlich abrupt.

Oft werden wir uns im Folgenden auf binäre (zweiwertige) Symbole beschränken. Das Symbol kann dann nur zwei Werte (z. B. 0 und 1) annehmen und wird üblicherweise als Bit[18] bezeichnet.

14.1 Darstellung von Bandpass-Signalen

Zur Übertragung von Signalen steht in den meisten Fällen ein Kanal mit begrenzter Bandbreite zur Verfügung. Lediglich ein beschränkter Frequenzbereich um eine Mittenfrequenz herum darf oder

---

[18] Etwas ungenau unterscheiden wir hier nicht zwischen dem Informationsgehalt des Symbols und dem binären Symbol selber. Ein binäres Symbol (1 Bit) besitzt nur dann den Informationsgehalt 1 bit, falls beide Werte gleich wahrscheinlich sind.

kann benützt werden. Der Modulator hat unter anderem die Aufgabe, das informationstragende Signal so umzuwandeln, dass es in diesen Bandpass-Kanal hineinpasst. Das modulierte Signal muss bezüglich Bandbreite und Mittenfrequenz den Anforderungen des Kanals genügen.

Da das Verschieben des Signals in eine beliebige Frequenzlage technisch einfach zu lösen ist, kann man sich bei der Diskussion von Modulationsarten auf Signale mit Mittenfrequenz 0 Hz beschränken. Man bezeichnet diese als Basisbandsignale. Diese Wahl der Mittenfrequenz ist zwar sehr praktisch, hat aber den Nachteil, dass die Basisbandsignale komplex werden.

Ein reelles Signal s(t), dessen Spektrum sich auf einen begrenzten Bereich in der Umgebung der Frequenz f_c beschränkt, kann dargestellt werden durch

$$s(t) = a(t) \cdot \cos\left[2 \cdot \pi \cdot f_c \cdot t + \theta(t)\right],$$

wobei a(t) die Umhüllende (Momentanamplitude) und $\theta(t)$ die Momentanphase von s(t) beschreiben. Die Frequenz f_c wird üblicherweise als Trägerfrequenz bezeichnet. Ist das von s(t) belegte Frequenzband relativ schmal verglichen mit der Trägerfrequenz, so spricht man von Schmalband-Bandpass-Signalen oder, kürzer, von Bandpass-Signalen.

Mit Hilfe der Beziehung

$$\cos(\alpha + \beta) = \cos\alpha \cdot \cos\beta - \sin\alpha \cdot \sin\beta$$

findet man eine weitere Darstellung von s(t)

$$\begin{aligned} s(t) &= a(t) \cdot \cos\theta(t) \cdot \cos(2 \cdot \pi \cdot f_c \cdot t) - a(t) \cdot \sin\theta(t) \cdot \sin(2 \cdot \pi \cdot f_c \cdot t) \\ &= x(t) \cdot \cos(2 \cdot \pi \cdot f_c \cdot t) - y(t) \cdot \sin(2 \cdot \pi \cdot f_c \cdot t). \end{aligned}$$

Die Signale x(t) und y(t) werden als Quadraturkomponenten von s(t) bezeichnet und sind wie folgt definiert

$$x(t) = a(t) \cdot \cos\theta(t)$$

$$y(t) = a(t) \cdot \sin\theta(t)$$

Ist s(t) ein Bandpass-Signal, so sind x(t) und y(t) Tiefpass-Signale, deren Frequenzinhalte um $f = 0$ Hz konzentriert sind. Die beiden Quadraturkomponenten können zu einer komplexen Umhüllenden $\underline{u}(t)$ zusammengefasst werden

$$\underline{u}(t) = x(t) + j \cdot y(t),$$

woraus eine dritte Darstellung des Signals s(t) folgt

$$s(t) = \mathrm{Re}\left[\underline{u}(t) \cdot e^{j \cdot 2 \cdot \pi \cdot f_c \cdot t}\right],$$

wobei Re[ ] den Realteil einer komplexen Zahl bezeichnet.

Das Bandpass-Signal kann ohne grossen Aufwand aus den Quadratursignalen x(t) und y(t) erzeugt werden. Tatsächlich arbeiten die meisten modernen Modulatoren nach dem in Figur 42 links gezeigten Prinzip. Die Quadratursignale weisen Tiefpasscharakter auf und können mittels digitaler Signalprozessoren erzeugt werden.

Umgekehrt ist es genau so einfach, aus dem Bandpass-Signal wieder die Quadratursignale zu generieren. Digitale Demodulatoren sind denn auch oft nach dem in Figur 42 rechts gezeigten Prinzip aufgebaut. Die empfangenen Quadratursignale können anschliessend abgetastet und numerisch weiterverarbeitet werden. Um optimale Ergebnisse zu erhalten, ist es bei den meisten

Modulationsarten notwendig, die Trägerfrequenz des Demodulators durch einen Regelmechanismus an die Trägerfrequenz des Modulators anzugleichen. Man spricht in diesem Zusammenhang von Trägersynchronisation.

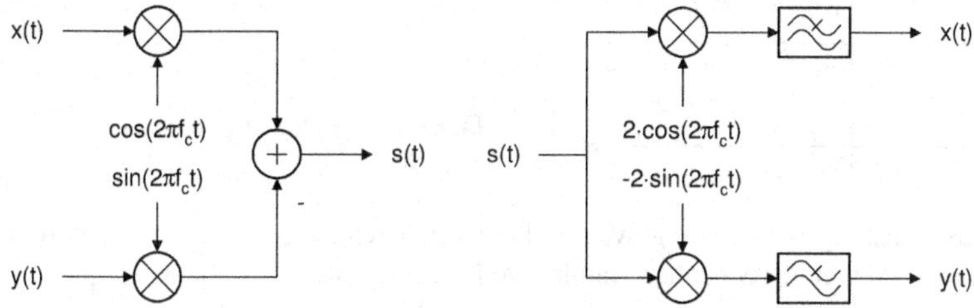

Figur 42: Erzeugung des Bandpass-Signals aus den Quadratursignalen und umgekehrt.

Die Verwendung von Quadratursignalen (resp. einer komplexen Umhüllenden) anstelle des Bandpass-Signals hat zwei Vorteile:

- Im Vergleich zum Bandpass-Signal sind die zeitlichen Änderungen der beiden Quadratursignale relativ langsam. Dies ist vor allem auch bei der Simulation von Bandpass-Systemen von Vorteil.
- Die Basisbanddarstellung ist unabhängig von der Trägerfrequenz. Tatsächlich kann in Figur 42 die Trägerfrequenz f_c geändert werden, ohne dass dies einen Einfluss auf die Quadratursignale x(t) und y(t) hätte.

14.2 Rauschen

In allen technischen Systemen wird das Nutzsignal in mehr oder weniger starkem Ausmass durch Rauschen gestört. Je stärker das Rauschen im Vergleich zum Nutzsignal ist, desto grösser ist die Wahrscheinlichkeit, dass bei der Decodierung der Daten Fehler auftreten. Um Übertragungssysteme untersuchen und simulieren zu können, müssen Annahmen in Bezug auf die Eigenschaften des Rauschens getroffen werden. Das gebräuchlichste Modell geht von einem weissen, gaussverteilten Rauschen aus. Einerseits lassen sich dadurch viele in der Natur vorkommende Rauschprozesse mit guter Genauigkeit nachbilden. Andererseits ist das Modell aber auch genügend einfach, so dass die mathematischen Ausdrücke beherrschbar bleiben.

14.2.1 Weisses Rauschen

Wie weisses Licht besitzt weisses Rauschen eine für alle Frequenzen konstante Leistungsdichte. Für die Rauschleistungsdichte gilt demnach

$$S(f) = \frac{\eta}{2},$$

wobei der anscheinend unmotivierte Faktor ½ daher stammt, dass man sich das Rauschen gleichmässig auf positive und negative Frequenzen verteilt vorstellt. Die Rauschleistungsdichte wird in Watt/Hertz angegeben.

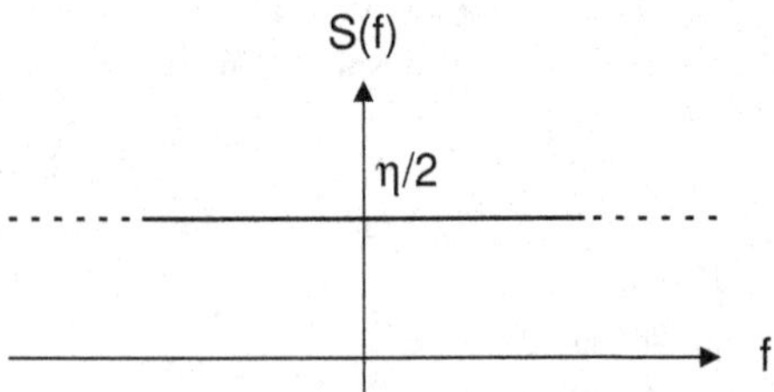

Figur 43: Spektrale Leistungsdichte von weissem Rauschen

Um die Rauschleistung in einem gewissen Frequenzbereich zu bestimmen, wird die Rauschleistungsdichte mit der entsprechenden Bandbreite B multipliziert

$$P_n = 2 \cdot B \cdot \frac{\eta}{2} = B \cdot \eta .$$

Weisses Rauschen besitzt die Eigenschaft, dass zwischen zwei Rauschwerten – ganz egal, wie nahe sie zusammen liegen – keine Abhängigkeit besteht. Die Kenntnis vergangener Werte vereinfacht die Vorhersage zukünftiger Werte nicht. Da das Rauschsignal beliebig hohe Frequenzanteile enthält, kann es beliebig schnell ändern.

Weisses Rauschen ist, gemäss Definition, kein Bandpass-Signal und kann deshalb auch nicht durch Quadraturkomponenten beschrieben werden. Bandpass-Signale, die durch weisses Rauschen gestört werden, können jedoch ohne Beeinträchtigung der Übertragungsqualität mit einem idealen Bandpass-Filter gefiltert werden. Am Ausgang des Filters beobachtet man dann Rauschen, dass im interessierenden Frequenzbereich eine konstante Leistungsdichte aufweist, ausserhalb des Durchlassbereichs ist die Leistungsdichte hingegen gleich null. Dieses bandbeschränkte Rauschen kann nun wiederum durch Quadraturkomponenten dargestellt werden. Ist das Bandpass-Rauschen gaussverteilt (s. unten) und besitzt es die in Figur 44 wiedergegebene Leistungsdichte, so sind die beiden Quadratursignale auch wieder gaussverteilt mit einer konstanten Leistungsdichte von η.

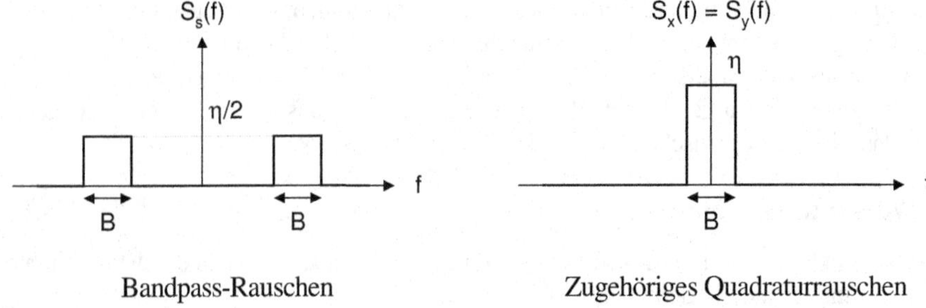

Figur 44: Leistungsdichte von Bandpass-Rauschen und den entsprechenden Quadratursignalen

14.2.2 Wahrscheinlichkeitsverteilung und -dichtefunktion

Bei einem analogen Rauschsignal ist die Wahrscheinlichkeit, dass es einen bestimmten Werte genau annimmt, gleich null. Hingegen kann man die Wahrscheinlichkeit angeben, dass das Signal einen gegebenen Wert x nicht überschreitet. Die entsprechende Funktion

$$F_X(x) = \underbrace{P(X \leq x)}_{\substack{\text{"Wahrscheinlichkeit, dass das Signal} \\ \text{kleiner oder gleich dem Wert x ist."}}}$$

wird Wahrscheinlichkeitsverteilung genannt. Der Index X bezeichnet die durch die Wahrscheinlichkeitsverteilung charakterisierte zufällige Grösse (Zufallsvariable). Er darf nur weggelassen werden, wenn bekannt ist, welche zufällige Grösse durch die Wahrscheinlichkeitsverteilung beschrieben wird.

Die Wahrscheinlichkeit, dass das Signal zwischen den Werten x und $x + \Delta x$ liegt, ist dann gegeben durch

$$P(x < X \leq x + \Delta x) = F_X(x + \Delta x) - F_X(x) .$$

Für sehr kleine Δx strebt dieser Ausdruck gegen null. Man definiert deshalb die Wahrscheinlichkeitsdichte

$$p_X(x) = \lim_{\Delta x \to 0} \frac{F_X(x + \Delta x) - F_X(x)}{\Delta x} = \frac{d}{dx} F_X(x) .$$

Die Wahrscheinlichkeitsdichte $p_X(x)$ gibt nicht die Wahrscheinlichkeit an, mit der ein gegebener Wert x angenommen wird (Diese Wahrscheinlichkeit ist bekanntlich gleich null)! Mit Hilfe der Wahrscheinlichkeitsdichte kann jedoch die Wahrscheinlichkeit ermittelt werden, dass das Signal zwischen zwei Grenzwerten x_1 und x_2 liegt:

$$\underbrace{P(x_1 < X \leq x_2)}_{\substack{\text{"Wahrscheinlichkeit, dass das Signal} \\ \text{zwischen den Werten } x_1 \text{ und } x_2 \text{ liegt"}}} = \int_{x_1}^{x_2} p_X(x)\,dx .$$

Da ein Signal mit der Wahrscheinlichkeit 1 zwischen $-\infty$ und $+\infty$ liegt, gilt für jede Wahrscheinlichkeitsdichtefunktion $p_X(x)$

$$\int_{-\infty}^{+\infty} p_X(x)\,dx = 1 .$$

14.2.3 Normal- oder Gaussverteilung

In vielen Fällen ist die Annahme zulässig, dass das Rauschsignal gaussverteilt ist, d.h. es besitzt die folgende Wahrscheinlichkeitsdichtefunktion.

WSK-Dichte eines gaussverteilten Signals

$$p_X(x) = \frac{1}{\sqrt{2 \cdot \pi \cdot \sigma^2}} \cdot e^{-\frac{(x-\overline{x})^2}{2 \cdot \sigma^2}}$$

Die Parameter σ (Standardabweichung) und $\overline{x}$ (Mittelwert) kennzeichnen die Breite, resp. die Lage der Wahrscheinlichkeitsdichte. Je grösser die Standardabweichung σ, desto mehr hat das Signal die Tendenz, vom Mittelwert $\overline{x}$ abzuweichen.

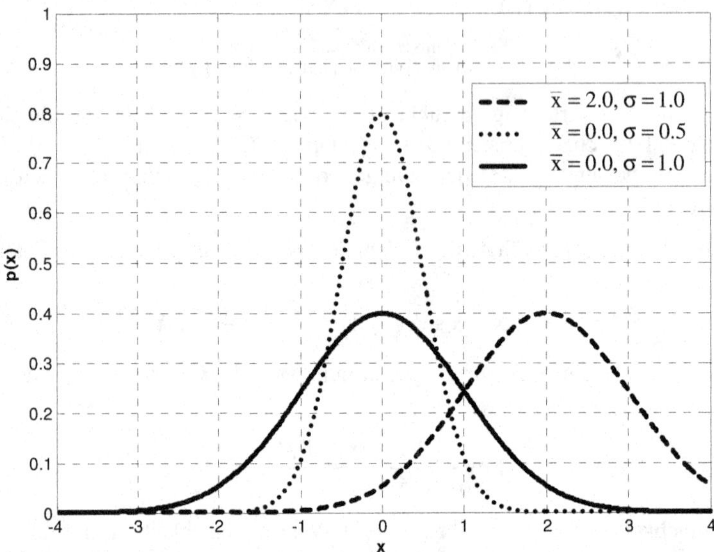

Figur 45: WSK-Dichtefunktion eines gaussverteilten Signals für verschiedene Parameter

Gaussverteiltes Rauschen ist für die Praxis vor allem deswegen interessant, weil der zentrale Grenzwertsatz gilt: „Werden viele, unabhängige Zufallsgrössen addiert, so ist die Summe gaussverteilt".

Soll die Wahrscheinlichkeit bestimmt werden, dass ein gaussverteiltes Signal einen Wert x nicht überschreitet, so kann dies mittels der Wahrscheinlichkeitsverteilung

$$F_X(x) = \int_{-\infty}^{x} p_X(u) \cdot du = \frac{1}{\sqrt{2 \cdot \pi \cdot \sigma^2}} \int_{-\infty}^{x} e^{-\frac{(u-\overline{x})^2}{2 \cdot \sigma^2}} du$$

geschehen. Dieses Integral lässt sich jedoch nicht geschlossen lösen. Für $\sigma = 1$ und $\overline{x} = 0$ können die Werte des Integrals

$$\Phi(x) = \frac{1}{\sqrt{2 \cdot \pi}} \cdot \int_{-\infty}^{x} e^{-\frac{u^2}{2}} du$$

in Tabellen nachgeschlagen werden. Die Funktion $\Phi(x)$ ist die Wahrscheinlichkeitsverteilung der Standardnormalverteilung.

Tabelle 14: Werte der Funktion Φ(x)

x	Φ(x)	x	Φ(x)	x	Φ(x)
-3.0	0.001	-1.0	0.159	1.0	0.841
-2.9	0.002	-0.9	0.184	1.1	0.864
-2.8	0.003	-0.8	0.212	1.2	0.885
-2.7	0.003	-0.7	0.242	1.3	0.903
-2.6	0.005	-0.6	0.274	1.4	0.919
-2.5	0.006	-0.5	0.309	1.5	0.933
-2.4	0.008	-0.4	0.345	1.6	0.945
-2.3	0.011	-0.3	0.382	1.7	0.955
-2.2	0.014	-0.2	0.421	1.8	0.964
-2.1	0.018	-0.1	0.460	1.9	0.971
-2.0	0.023	0.0	0.500	2.0	0.977
-1.9	0.029	0.1	0.540	2.1	0.982
-1.8	0.036	0.2	0.579	2.2	0.986
-1.7	0.045	0.3	0.618	2.3	0.989
-1.6	0.055	0.4	0.655	2.4	0.992
-1.5	0.067	0.5	0.691	2.5	0.994
-1.4	0.081	0.6	0.726	2.6	0.995
-1.3	0.097	0.7	0.758	2.7	0.997
-1.2	0.115	0.8	0.788	2.8	0.997
-1.1	0.136	0.9	0.816	2.9	0.998

Für allgemeine Werte von σ und $\overline{x}$ ergibt sich die Wahrscheinlichkeit, dass das Signal den Wert x nicht überschreitet, aus der Beziehung

$$F_X(x) = \frac{1}{\sqrt{2\cdot\pi}\cdot\sigma}\cdot\int_{-\infty}^{x} e^{-\frac{(u-\overline{x})^2}{2\cdot\sigma^2}}\,du$$

$$= \frac{\sigma}{\sqrt{2\cdot\pi}\cdot\sigma}\cdot\int_{-\infty}^{\frac{x-\overline{x}}{\sigma}} e^{-\frac{u'^2}{2}}\,du'$$

$$= \Phi\left(\frac{x-\overline{x}}{\sigma}\right).$$

Beispiel

Ein mittelwertfreies Rauschen sei gaussverteilt mit der Standardabweichung $\sigma = 0.5$. Wie gross ist die Wahrscheinlichkeit, dass der Betrag des Rauschsignals den Wert $x = 0.9$ überschreitet?

Die Wahrscheinlichkeit, dass das Signal zwischen -∞ und -0.9 liegt, ist gegeben durch

$$F_X(-0.9) = \frac{1}{\sqrt{2 \cdot \pi \cdot \sigma^2}} \int_{-\infty}^{-0.9} e^{-\frac{(x-\bar{x})^2}{2 \cdot \sigma^2}} dx .$$

Dieses Integral lässt sich nicht direkt lösen. Hingegen gilt

$$F_X(-0.9) = \Phi\left(\frac{-0.9 - \bar{x}}{\sigma}\right) = \Phi(-1.8) = 0.036 ,$$

wobei der Wert 0.036 aus der Tabelle 14 abgelesen wurde. Aus Symmetriegründen ist die Wahrscheinlichkeit, dass das Signal zwischen +0.9 und +∞ liegt ebenfalls 0.036. Gesamthaft erhält man eine Wahrscheinlichkeit von $2 \cdot 0.036 = 0.072$ dafür, dass der Betrag des Signals den Wert 0.9 überschreitet.

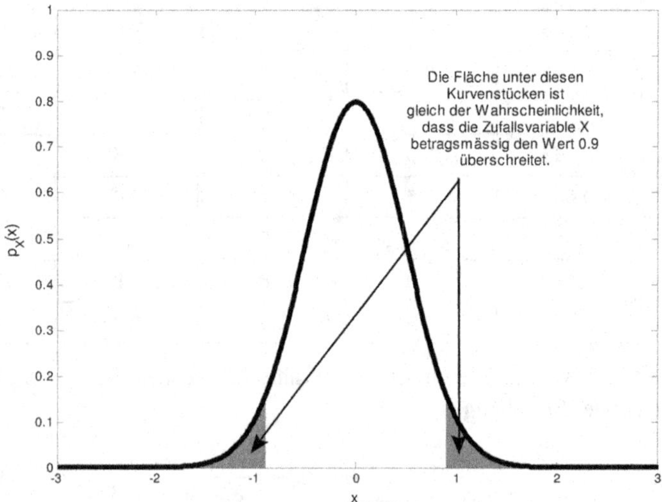

■

14.3 Berechnung der Bitfehlerwahrscheinlichkeit

Bei der Übertragung von analogen Signalen ist der Signal-Rauschabstand am Ausgang des Demodulators ein Mass für die Übertragungsqualität. Bei der Übertragung von digitalen Signalen ist es jedoch wichtiger zu wissen, mit welcher Wahrscheinlichkeit ein Bit fehlerhaft detektiert wird. Als Gütekriterium wird deshalb die Bitfehlerwahrscheinlichkeit der Übertragung definiert. Diese Wahrscheinlichkeit ist vom Verhältnis zwischen der pro Bit aufgewendeten Sendeenergie E_b und der spektralen Leistungsdichte $\eta/2$ des Rauschens abhängig.

Beispiel

Zur Übertragung eines Bits wird während der Zeitdauer T_b entweder +A oder -A gesendet. Dieses Signal wird von gaussverteiltem Rauschen mit der Leistungsdichte $\eta/2$ gestört. Wie gross ist die Wahrscheinlichkeit, dass der Empfänger ein Bit falsch detektiert?

Das Sendesignal s(t) weist, abhängig vom übertragenen Bit b, die folgende Form auf

$$s(t) = \begin{cases} +A & \text{falls } b = 0 \\ -A & \text{falls } b = 1 \end{cases}.$$

In einem späteren Kapitel wird gezeigt werden, dass der optimale Empfänger das Empfangssignal während der Dauer T_b integrieren muss. Ist das Resultat grösser null, so entscheidet der Empfänger, dass +A gesendet wurde, im umgekehrten Fall wird angenommen, -A sei gesendet worden.

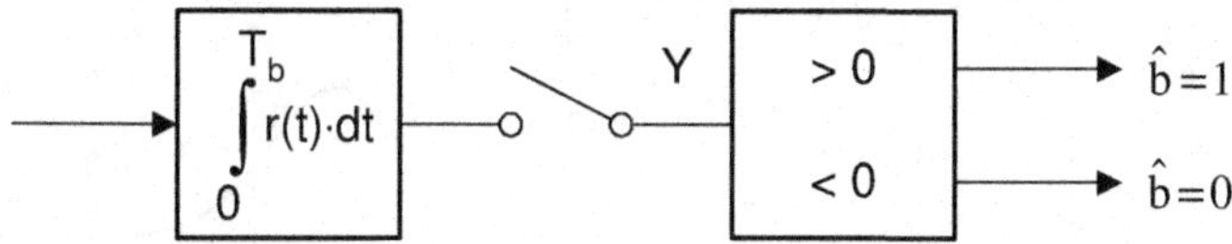

Figur 46: Aufbau des optimalen Empfängers

Da sich das Empfangssignal aus Sende- und Rauschsignal zusammensetzt und da Integrieren eine lineare Operation ist, gilt für die Entscheidungsvariable

$$Y = Y_s + Y_n,$$

wobei Y_s nur vom Sendesignal und damit vom gesendeten Bit abhängig ist und Y_n ein gaussverteilter Zufallswert ist, der vom Rauschen verursacht wird.

Um Y_s zu bestimmen, lassen wir das Rauschen vorläufig ausser Betracht. Der Wert am Ausgang des Integrators nach der Zeit T_b ist dann entweder $+A\cdot T_b$, wenn +A gesendet wurde oder $-A\cdot T_b$, wenn -A gesendet wurde. Es gilt demzufolge

$$Y_S = \begin{cases} +A \cdot T_b & \text{falls } b = 0 \\ -A \cdot T_b & \text{falls } b = 1 \end{cases}.$$

Aufgrund des Rauschens wird dieser Wert von einer gaussverteilten, mittelwertfreien Zufallsgrösse Y_n überlagert. Deren Standardabweichung ist von der Rauschleistungsdichte abhängig und beträgt $\sigma = \sqrt{T_b \cdot \eta / 2}$.

Die Entscheidungsvariable Y ist die Summe einer vom gesendeten Bit abhängigen Konstanten Y_S und einer gaussverteilten Störgrösse Y_n. Sie ist aus diesem Grunde wiederum gaussverteilt, der Mittelwert hängt jedoch vom gesendeten Bit ab.

Tabelle 15: WSK-Dichtefunktionen des empfangenen Signals im Beispiel

Gesendet	Empfangen		
	Mittelwert	Standard-abweichung	WSK-Dichte
+A	$+A \cdot T_b$	$\sqrt{T_b \cdot \eta / 2}$	$p_{Y\|b=0}(y)$, $+A \cdot T_b$, y
-A	$-A \cdot T_b$	$\sqrt{T_b \cdot \eta / 2}$	$p_{Y\|b=1}(y)$, $-A \cdot T_b$, y

Ein Bitfehler tritt beispielsweise auf, falls $b = 0$ gesendet wurde, die Entscheidungsvariable Y jedoch kleiner null ist und sich der Empfänger dementsprechend für $\hat{b} = 1$ entscheidet. Unter der Voraussetzung $b = 0$ ist die Entscheidungsvariable Y eine gaussverteilte Zufallsgrösse mit Mittelwert $+A \cdot T_b$ und Standardabweichung $\sigma = \sqrt{T_b \cdot \eta / 2}$. Die Wahrscheinlichkeit dafür, dass diese Grösse negativ ist, errechnet sich wie folgt

$$P\left(Y < 0 | b = 0\right) = F_{Y|b=0}(0) = \Phi\left(\frac{-A \cdot T_b}{\sqrt{T_b \cdot \eta / 2}}\right) = \Phi\left(-\sqrt{2 \cdot \frac{A^2 \cdot T_b}{\eta}}\right)$$

und entspricht der in Figur 47 eingezeichneten Fläche.

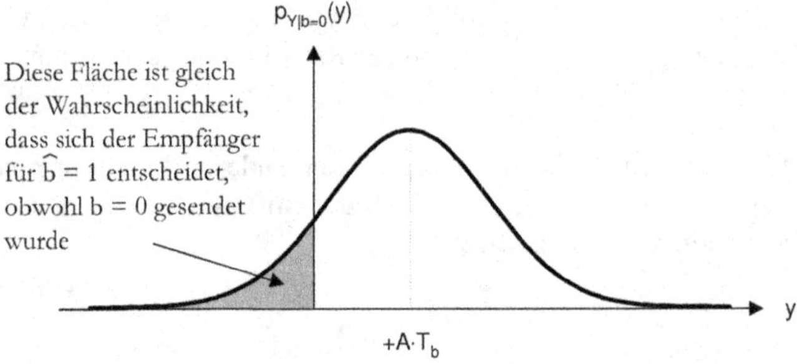

Figur 47: Die Fläche unter der WSK-Dichtefunktion entspricht der Wahrscheinlichkeit, dass die Zufallsvariable Y negativ ist.

Da der Ausdruck $A^2 \cdot T$ gerade gleich der Energie E_b des gesendeten Pulses ist, lässt sich die Wahrscheinlichkeit für einen Bitfehler auch wie folgt ausdrücken:

$$P\left(\hat{b}=1\,|\,b=0\right)=\Phi\left(-\sqrt{2\cdot\frac{E_b}{\eta}}\right).$$

Wird nun umgekehrt b = 1 gesendet, so ist die Entscheidungsvariable Y nach wie vor gaussverteilt mit der Standardabweichung $\sigma=\sqrt{T_b\cdot\eta/2}$. Hingegen weist sie nun einen Mittelwert von $-A\cdot T_b$ auf. Der Empfänger entscheidet sich fälschlicherweise für $\hat{b}=0$, falls Y positiv ist, wofür sich eine Wahrscheinlichkeit von

$$P\left(Y>0|b=1\right)=1-F_{Y|b=1}(0)=1-\Phi\left(\frac{A\cdot T_b}{\sqrt{T_b\cdot\eta/2}}\right)=1-\Phi\left(\sqrt{2\cdot\frac{E_b}{\eta}}\right)$$

ergibt. Mit Hilfe der Symmetriebeziehung $1-\Phi(x)=\Phi(-x)$ resultiert schliesslich

$$P\left(\hat{b}=0|b=1\right)=\Phi\left(-\sqrt{2\cdot\frac{E_b}{\eta}}\right).$$

Wie aus Symmetriegründen zu erwarten war, ist die Wahrscheinlichkeit für einen Bitfehler unabhängig vom gesendeten Bit. Die Bitfehlerwahrscheinlichkeit hängt damit auch nicht von den a priori Wahrscheinlichkeiten P(b = 0) und P(b = 1) ab und beträgt

$$P_b=\Phi\left(-\sqrt{2\cdot\frac{E_b}{\eta}}\right).$$

Der Term E_b/η wird als Signal-zu-Rauschverhältnis pro Bit bezeichnet. In der Regel wird die Bitfehlerwahrscheinlichkeit in Funktion dieses Verhältnisses in doppelt logarithmischer Darstellung wie in Figur 48 aufgezeichnet.

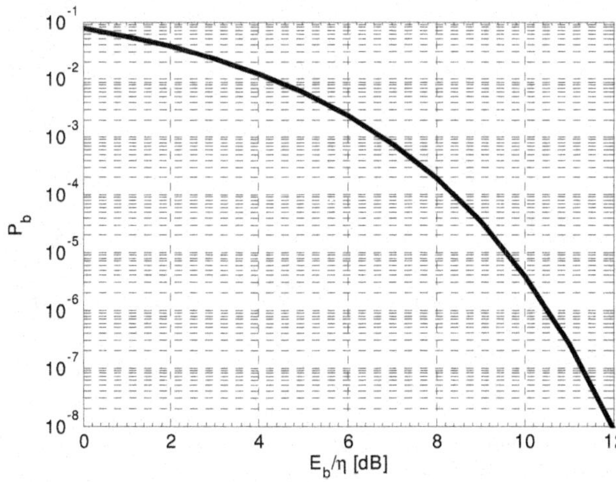

Figur 48: Bitfehlerwahrscheinlichkeit für das Beispiel

■

15 Beispiele von Modulationsarten

15.1 Binäre Amplitudenumtastung

Bei der binären Amplitudenumtastung (binary amplitude shift keying – BASK) wird der Wert des binären Symbols b durch zwei unterschiedliche Amplitudenwerte A_0 und A_1 eines sinusförmigen Signals dargestellt

$$s(t) = \begin{cases} A_0 \cdot \cos\left(\omega_c \cdot t\right) & \text{falls } b = 0 \\ A_1 \cdot \cos\left(\omega_c \cdot t\right) & \text{falls } b = 1 \end{cases}.$$

Dieses Signal wird jeweils während der Symboldauer T_S ausgestrahlt.

Für gewöhnlich wird eine der beiden Amplituden gleich null gewählt. Der Träger wird in diesem Fall durch die Modulation ein- oder ausgeschaltet, wofür die Bezeichnung On-Off Keying (OOK) gebräuchlich ist.

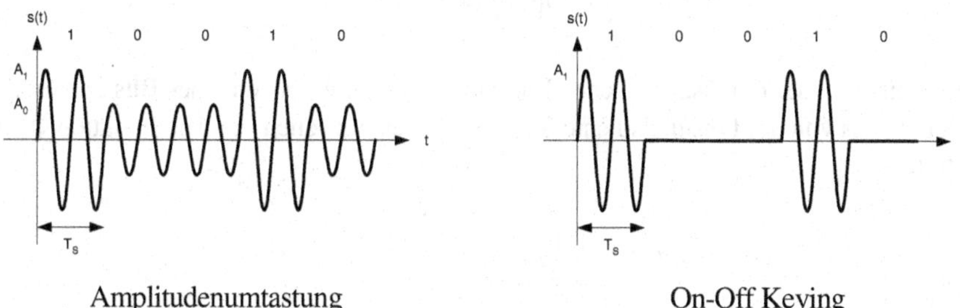

Figur 49: BASK und OOK

Ähnlich wie bei der analogen Amplitudenmodulation setzt sich das Leistungsdichtespektrum eines ASK-Signals aus einem Träger und zwei Seitenbändern zusammen. Die Bandbreite hängt grundsätzlich von der Symbolrate $R_S = 1/T_S$ ab. Falls die Amplitudenänderungen abrupt erfolgen, sind die Seitenbänder theoretisch unendlich breit. Die benötigte Bandbreite kann verringert werden, wenn der Übergang zwischen den Amplitudenwerten nicht sprunghaft, sondern gemächlich erfolgt.

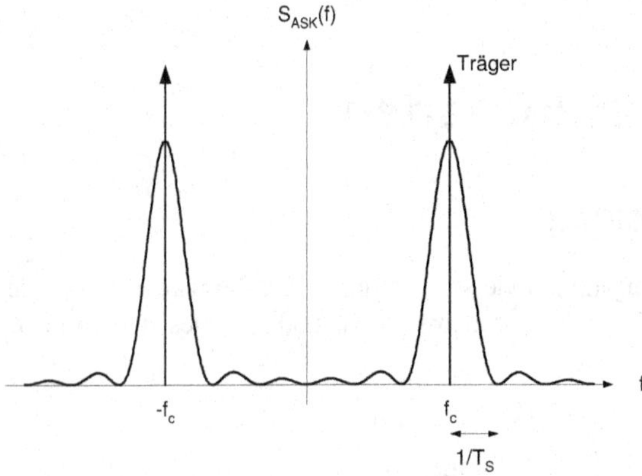

Figur 50: Leistungsdichtespektrum von ASK

Für eine optimale Demodulation des OOK-Signals muss das Trägersignal im Empfänger phasenrichtig nachgebildet werden, was als kohärente Demodulation bezeichnet wird. Die Wahrscheinlichkeit für einen Symbolfehler[19] ergibt sich in diesem Fall durch

$$P_e = \Phi\left(-\sqrt{\frac{E_b}{\eta}}\right).$$

Sie hängt einerseits von der durchschnittlichen Energie E_b, die zum Senden eines Bits aufgewendet wird, und andererseits von der Leistungsdichte $S_{nn}(f) = \eta/2$ des Rauschens ab. Die Funktion $\Phi(x)$ ist wie folgt definiert:

$$\Phi(x) = \frac{1}{\sqrt{2 \cdot \pi}} \cdot \int_{-\infty}^{x} e^{-\frac{u^2}{2}} du .$$

Da sich das Integral nicht geschlossen lösen lässt, müssen die Werte von $\Phi(x)$ aus Tabellen entnommen oder numerisch berechnet werden.

Ein Vorteil der Amplitudenumtastung besteht darin, dass die Demodulation nicht zwingend kohärent, also mit Trägersynchronisation, erfolgen muss. Das gesendete Symbol kann beispielsweise auch mit einem einfachen Hüllkurvendetektor ermittelt werden. Die nichtkohärenten Empfänger zeichnen sich durch einen geringen Realisierungsaufwand aus. Allerdings ist im Vergleich zum optimalen (kohärenten) Demodulator mit einer Verschlechterung der Bitfehlerwahrscheinlichkeit zu rechnen. Der Unterschied im erforderlichen Signal-zu-Rauschverhältnis beträgt typischerweise etwa 1 dB.

15.2 Binäre Phasenumtastung

Bei der binären Phasenumtastung (binary phase shift keying – BPSK) werden die beiden Werte des Symbols b durch unterschiedliche Phasenwinkel des sinusförmigen Trägers dargestellt

---

[19] Da hier von binären Symbolen die Rede ist, ist die Symbolfehlerwahrscheinlichkeit gleich der Bitfehlerwahrscheinlichkeit.

$$s(t) = \begin{cases} A \cdot \cos(\omega_c \cdot t) & \text{falls } b = 0 \\ A \cdot \cos(\omega_c \cdot t + \varphi) & \text{falls } b = 1 \end{cases}.$$

In der Praxis wird der Phasenunterschied φ immer gleich π Radiant (180°) gewählt. Die beiden Signale unterscheiden sich dann lediglich im Vorzeichen, weshalb man auch von Vorzeichenumtastung (phase reversal keying – PRK) spricht. Das Signal wird jeweils während einer Symbolperiode T_S ausgesendet.

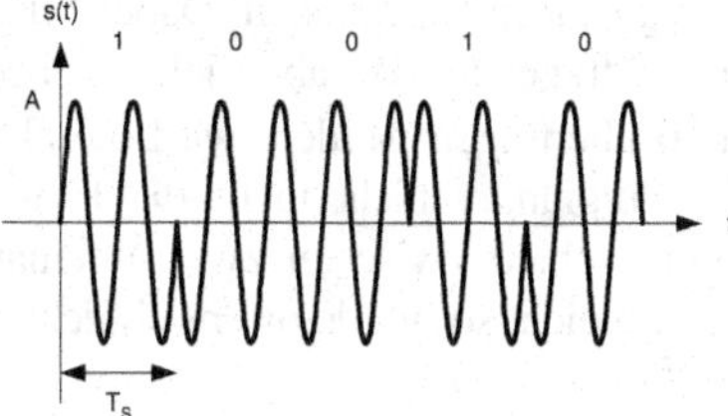

Figur 51: Binäre Phasenumtastung

Während bei der Amplitudenumtastung das sinusförmige Trägersignal mit 0 oder A multipliziert wird, kann die Phasenumtastung als Multiplikation mit +A oder -A interpretiert werden. Im Spektrum zeigt sich dieser Unterschied darin, dass das BPSK-Signal keine Trägerkomponente aufweist.

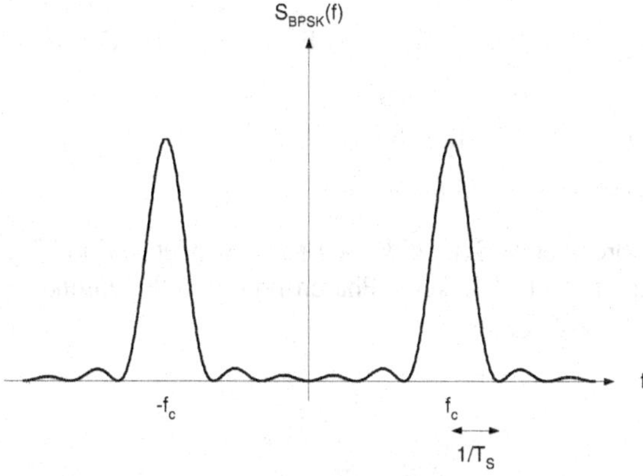

Figur 52: Leistungsdichtespektrum von BPSK

Da die Information über das gesendete Symbol in der Phasenlage des empfangenen Signals enthalten ist, kann BPSK nur kohärent, d.h. mit Synchronisation des Trägers, demoduliert werden. Für den optimalen Demodulator errechnet sich eine Symbolfehlerwahrscheinlichkeit von

$$P_e = \Phi\left(-\sqrt{2 \cdot \frac{E_b}{\eta}}\right).$$

Der Vergleich mit dem entsprechenden Ausdruck für die Amplitudenumtastung zeigt, dass bei der Phasenumtastung für die gleiche Fehlerwahrscheinlichkeit im Schnitt nur halb soviel Signalenergie notwendig ist.

Die Trägerrückgewinnung im Empfänger ist relativ aufwendig, besonders weil das Spektrum des BPSK-Signals keine Trägerkomponente aufweist. Ein BPSK-Empfänger ist deshalb um einiges komplizierter als beispielsweise ein OOK-Empfänger. Dieser erhöhte Aufwand wird jedoch auch mit besseren Leistungsdaten belohnt.

15.2.1 Differentielle Phasenumtastung (DPSK)

Ein wesentlicher Nachteil von BPSK ist die Erfordernis der Trägersynchronisation. Diese ist einerseits aufwendig zu realisieren, andererseits führt beispielsweise ein Phasenfehler von $\pi/4$ zu einer Verschlechterung um etwa 1.5 dB.

Dieses Problem wird bei der differentiellen Phasenumtastung (DPSK) vermieden. Dabei hängt die Phase des gesendeten Signals nicht mehr direkt vom zu übertragenden Bit ab. Vielmehr bewirkt eine 1 eine Phasenänderung um den Winkel π. Soll eine 0 übertragen werden, wird die aktuelle Phase beibehalten. Bei der Demodulation muss nun im Empfänger nicht mehr die Phase des Sendeträgers geschätzt werden. Es genügt, den Phasenunterschied zwischen zwei aufeinanderfolgenden Bitperioden zu untersuchen. Sind die Phasenlagen gleich, so wurde offensichtlich eine 0 gesendet. Hat die Phase um π geändert, so wurde eine 1 übertragen.

Die Bitfehlerrate von binärer DPSK ist ein wenig höher als diejenige von BPSK. Der Unterschied im Signal-zu-Rauschverhältnis für eine Bitfehlerwahrscheinlichkeit von $P_b = 10^{-5}$ beträgt jedoch weniger als 1 dB.

15.3 Binäre Frequenzumtastung

Als letzter Parameter kann zur Übertragung eines binären Symbols b die Frequenz des sinusförmigen Trägers umgetastet werden:

$$s(t) = \begin{cases} A \cdot \cos(2 \cdot \pi \cdot f_0 \cdot t) & \text{falls } b = 0 \\ A \cdot \cos(2 \cdot \pi \cdot f_1 \cdot t) & \text{falls } b = 1 \end{cases}$$

Das entsprechende Signal wird wiederum während einer Symboldauer T_S ausgesendet. Das in Figur 53 dargestellte Beispiel ist insofern ein Spezialfall, als dass keine Phasensprünge auftreten und die Symboldauer T_S ein Vielfaches der Perioden beider Signale ist.

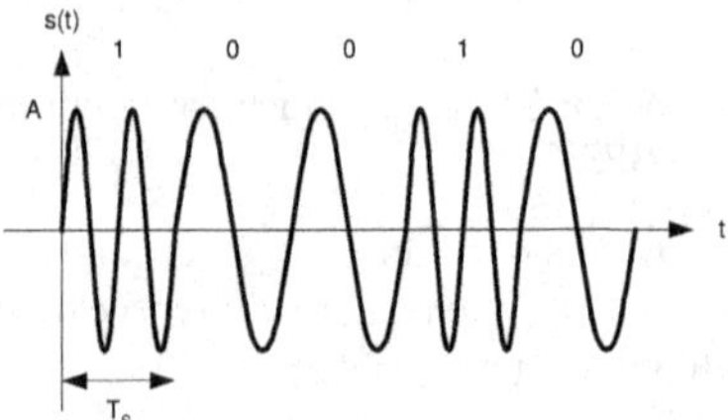

Figur 53: Binäre Frequenzumtastung

Entscheidend für die Leistungsfähigkeit des Modulationsverfahrens ist die Differenz zwischen den beiden Frequenzen im Vergleich zum Kehrwert der Symboldauer, also das Produkt

$$(f_1 - f_0) \cdot T_S .$$

Von dieser Grösse hängt der normalisierte Korrelationskoeffizient ρ ab, der wie folgt definiert ist:

$$\rho = \frac{1}{\sqrt{E_0 \cdot E_1}} \cdot \int_0^{T_S} s_0(t) \cdot s_1(t)\, dt\,.$$

Unter der Bedingung $(f_0 + f_1) \cdot T_S >> 1$ gilt bei der binären Frequenzumtastung

$$\rho \approx \frac{\sin\left(2 \cdot \pi \cdot (f_1 - f_0) \cdot T_S\right)}{2 \cdot \pi \cdot (f_1 - f_0) \cdot T_S}\,.$$

Wird die Frequenzdifferenz gemäss der Regel

$$f_1 - f_0 = \frac{k}{2 \cdot T_S} \qquad k \in \mathbb{Z} - \{0\}$$

gewählt, so verschwindet ρ und man bezeichnet die beiden Signale als orthogonal. Unter dieser Voraussetzung und bei Verwendung des optimalen, kohärenten Empfängers resultiert für die Bitfehlerwahrscheinlichkeit

$$P_e = \Phi\left(-\sqrt{\frac{E}{\eta}}\right).$$

Ein wesentlicher Vorteil von FSK ist die Möglichkeit der inkohärenten Demodulation, das heisst ohne Trägersynchronisation. Da in diesem Fall die Phasenbeziehungen nicht mehr berücksichtigt werden können, muss der Frequenzabstand grösser gewählt werden. Die entsprechende Regel für orthogonale Signale bei inkohärenter Demodulation lautet

$$f_1 - f_0 = \frac{k}{T_S}, \qquad k \in \mathbb{Z} - \{0\}$$

woraus sich minimal ein doppelt so grosser Abstand wie im kohärenten Fall ergibt. Für die Bitfehlerwahrscheinlichkeit erhält man

$$P_b = \frac{1}{2} \cdot e^{-\frac{E_b}{2 \cdot \eta}}\,.$$

Für $P_b < 10^{-4}$ beträgt der Unterschied zwischen aufwendiger, kohärenter und einfacher, inkohärenter Demodulation weniger als 1 dB.

Die binäre Frequenzumtastung kann als Summe zweier OOK-Signale mit unterschiedlicher Trägerfrequenz interpretiert werden (Figur 54).

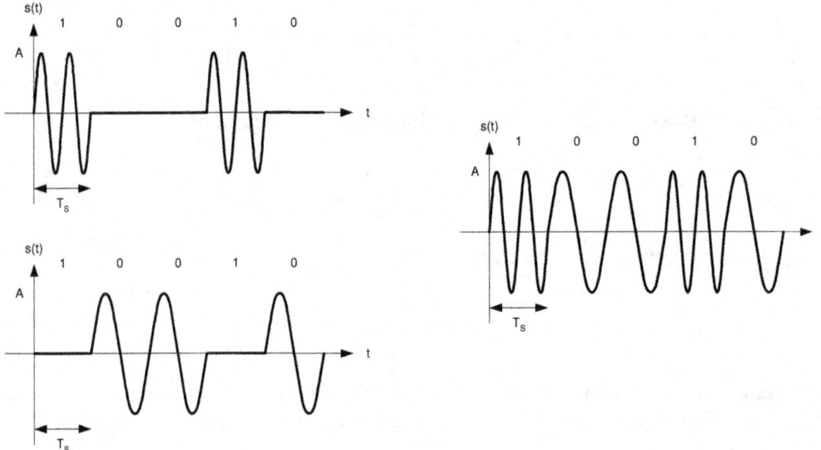

Figur 54: BFSK als Summe zweier OOK-Signale

Mit Hilfe dieser Überlegung lässt sich auch der Verlauf des Spektrums abschätzen, allerdings nur für $(f_1 - f_0) \cdot T_S >> 1$. Für kleine Frequenzabstände müssen die Phasenbeziehungen zwischen den Signalen berücksichtigt werden. Wie die Figur 55 für den Fall $(f_1 - f_0) \cdot T_S = 1$ zeigt, resultiert aus der Überlagerung der beiden OOK-Signale ein Spektrum, dass mit $1/\Delta f^4$ abnimmt und in etwa eine Bandbreite von $B \approx f_1 - f_0$ aufweist.

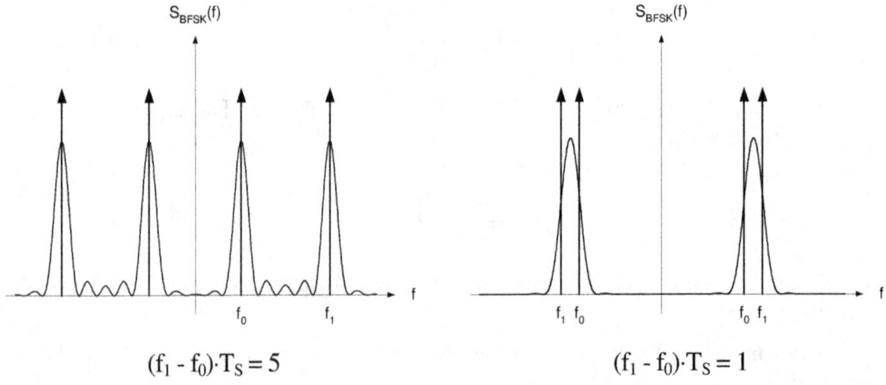

Figur 55: Spektren von BFSK

Im Allgemeinen führt die exakte Berechnung des Spektrums auf aufwendige Formeln. Bemerkenswert ist dabei die Tatsache, dass die diskreten Anteile (Dirac-Pulse) für $(f_1 - f_0) \cdot T_S \neq k/2$ verschwinden und das Spektrum kontinuierlich wird. Als Beispiel dafür sind in Figur 56 die Spektren eines Bell 103-Modems mit einer Bitrate von R = 300 Bit/s gezeigt. Für die beiden Übertragungsrichtungen wird jeweils ein Frequenzpaar mit einem Abstand von 200 Hz eingesetzt, woraus sich $(f_1 - f_0) \cdot T_S = 2/3$ ergibt.

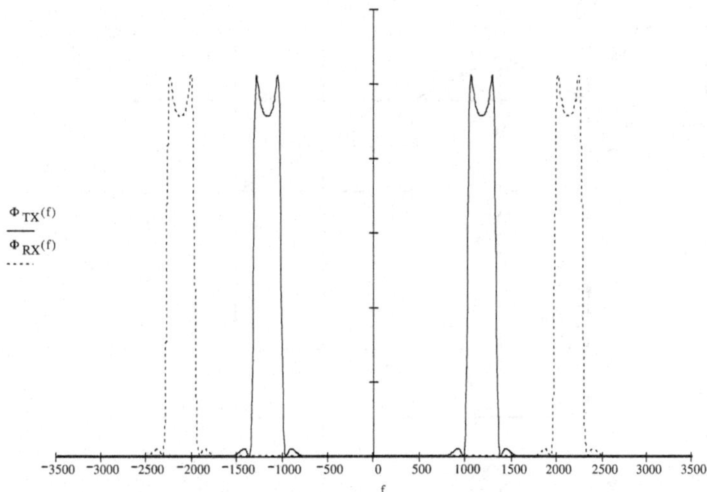

Figur 56: Spektrum eines BFSK-Modem gemäss Bell 103

15.3.1 Continuous Phase FSK, Minimum-Shift Keying (MSK)

Bei der Realisierung von BFSK wird in der Regel darauf geachtet, dass beim Umschalten zwischen den beiden Frequenzen keine Phasensprünge auftreten. Dies kann auch als Phasenmodulation

$$s(t) = A \cdot \cos\left(\omega_c \cdot t + \theta(t)\right)$$

interpretiert werden, bei welcher der Phasenverlauf $\theta(t)$ pro Bitperiode jeweils linear zu- oder abnimmt, an den Bitübergängen jedoch keine Sprünge aufweist. Beträgt die dadurch erzielte Phasenänderung pro Bitperiode T_b gerade $+\pi/2$ oder $-\pi/2$, so gilt für die Frequenzdifferenz

$$f_1 - f_0 = \frac{1}{2 \cdot T_b},$$

die beiden Signale sind also orthogonal. In diesem Fall bezeichnet man die Modulation als Minimum-Shift Keying (MSK).

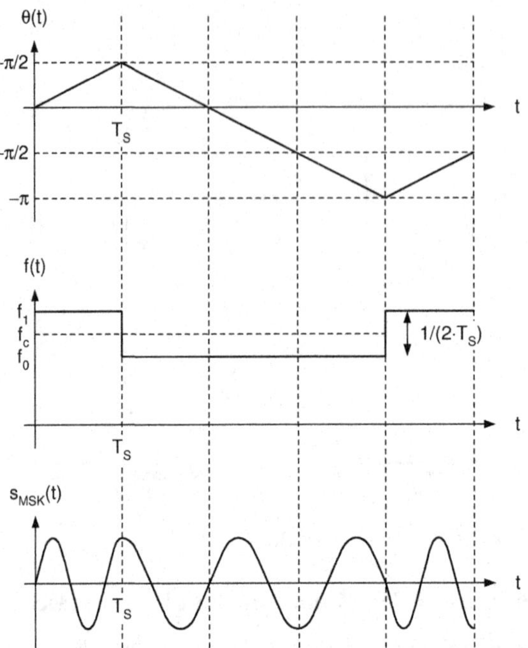

Figur 57: Zeitlicher Verlauf der Phase, der Frequenz und des modulierten Signals bei MSK.

Minimum Shift Keying kann sowohl als Frequenz- als auch als Phasenumtastung interpretiert werden. Im ersten Fall wird die Momentanfrequenz des Sendesignals zwischen $f_1 = f_c + 1/(4 \cdot T_b)$ oder $f_0 = f_c - 1/(4 \cdot T_b)$ umgeschaltet. Die Amplitude des Sendesignals bleibt dabei konstant.

Genau das gleiche Sendesignal kann jedoch auch durch Offset-QPSK (siehe Seite 147) mit sinusförmiger Pulsformung erzeugt werden. Zwei aufeinanderfolgende Bits modulieren während jeweils zweier Bitperioden einen Cosinus- respektive einen Sinusträger, wobei das eine Bit um eine Bitperiode verzögert wird. Zudem werden die Trägersignale nicht rechteckförmig, sondern mit einer sinusförmigen Pulsform getastet.

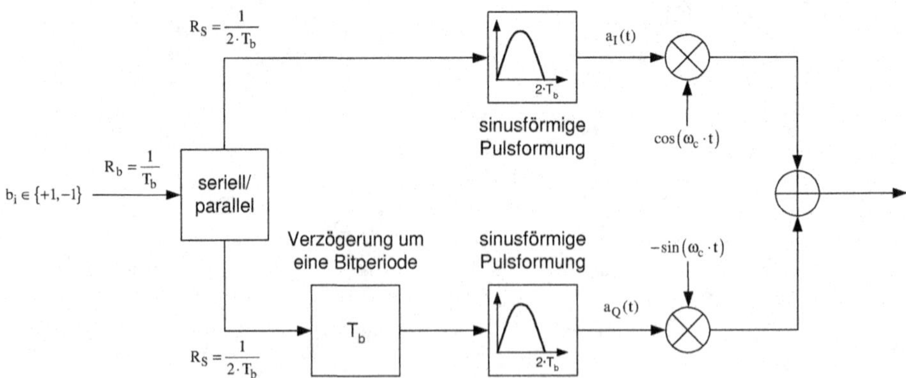

Figur 58: Sender für MSK

Wie Figur 59 zeigt, entsteht dadurch ebenfalls ein FSK-Signal ohne Phasensprünge und mit einem Frequenzhub von $1/(4 \cdot T_b)$.

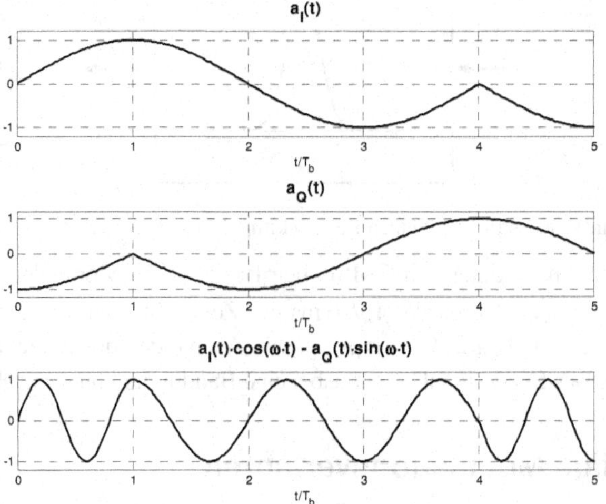

Figur 59: Erzeugung von MSK durch zwei zeitlich verzögerte PSK-Signale mit sinusförmiger Impulsformung.

15.3.2 Gaussian Minimum Shift Keying (GMSK)

Bei MSK ist der Phasenverlauf zwar stetig, die erste Ableitung der Phase und damit die Frequenz weist aber Sprünge auf, was zu einem relativ hohen Bandbreitenbedarf führt.

Bei GMSK durchläuft das zur Frequenzumtastung dienende Signal einen Tiefpass mit der gaussförmigen Übertragungsfunktion

$$H(f) = e^{-\left(\frac{f}{B}\right)^2 \cdot \frac{\ln(2)}{2}}$$

respektive der Impulsantwort

$$h(t) = B \cdot \sqrt{\frac{2\pi}{\ln(2)}} \cdot e^{-\frac{2}{\ln(2)} \cdot (\pi B t)^2} .$$

Der Parameter B bezeichnet dabei die 3dB-Grenzfrequenz des Tiefpasses.

Wie die Figur 60 zeigt, wird durch den Faltungsprozess im Tiefpassfilter das Eingangssignal verschmiert. Ein rechteckförmiger Datenpuls der Breite T beeinflusst den Ausgang während längerer Zeit, was dazu führt, dass sich die Signale der einzelnen Sendesymbole überlappen und sich gegenseitig stören. Es entsteht Intersymbolinterferenz, welche aber aufgrund der bekannten Impulsantwort des Filters berechenbar ist. Der Empfänger kann diese Information mit Hilfe geeigneter Algorithmen (Viterbi-Algorithmus) ausnützen und so eine Schätzung der gesendeten Symbolsequenz bestimmen.

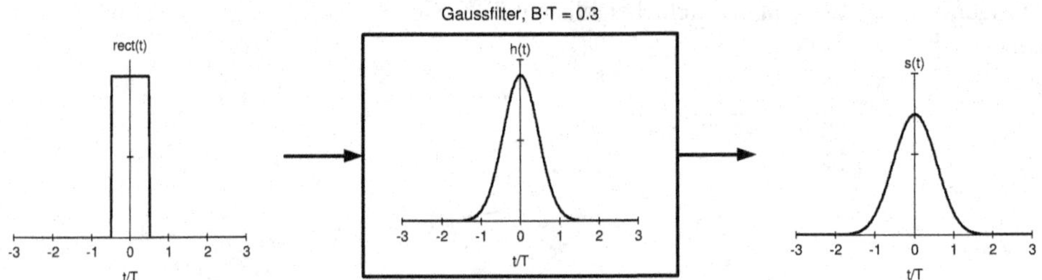

Figur 60: Antwort eines Gaussfilters auf einen Rechteckimpuls der Breite T.

Die wohl bekannteste Anwendung von GMSK betrifft die GSM-Mobiltelephonie. Bei der Übertragung von Sprachdaten wird dort alle 15/26 ms ein Zeitschlitz mit 156.25 Bit[20] gesendet, was einer Übertragungsrate von etwa 271 kbit/s entspricht. Als Modulationsverfahren wird GMSK mit B·T = 0.3 verwendet. Das Sendesignal belegt dabei eine Bandbreite von ungefähr 200 kHz.

15.4 Mehrstufige Modulationsverfahren

15.4.1 Vierstufige Phasenumtastung – QPSK

Bei der vierstufigen Phasenmodulation ist das Sendesymbol nicht mehr binär, sondern kann einen von vier Werte annehmen. Entsprechend werden vier unterschiedliche Sendesignale verwendet, die sich jeweils um $\pi/2$ in der Phase unterscheiden. Im Konstellationsdiagramm (Figur 61) werden diese vier Signale durch vier Punkte dargestellt, welche äquidistant auf einem Kreis verteilt sind.

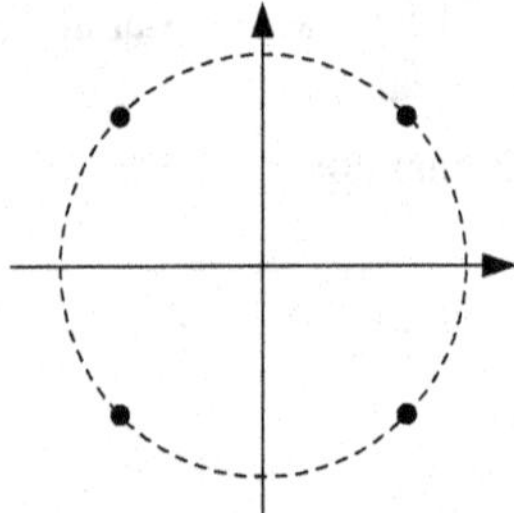

Figur 61: Konstellationsdiagramm für QPSK

Wie die Figur 62 zeigt, kann QPSK auch als Überlagerung von zwei BPSK-Signalen mit zwei um $\pi/2$ verschobenen Trägersignalen interpretiert werden. Da die beiden Trägersignale orthogonal zueinander stehen, können die beiden BPSK-Signale im Empfänger wieder perfekt getrennt werden. Als Folge davon, ist die Bitfehlerwahrscheinlichkeit von QPSK gleich wie bei BPSK, nämlich

$$P_e = \Phi\left(-\sqrt{2 \cdot \frac{E_b}{\eta}}\right).$$

---

[20] Dies beinhaltet eine Schutzzeit (Guard Period) von 8.25 Bitperioden, in denen nichts gesendet wird.

Dies gilt unter der Voraussetzung, dass bei beiden Modulationsarten die gleiche Energie zum Senden eines Bits aufwendet wird. Da mit dem QPSK-Signal während einer Symboldauer zwei Bits übertragen werden, darf die doppelte Leistung ausgestrahlt werden. Die Amplitude des QPSK-Signals ist also um den Faktor $\sqrt{2}$ grösser.

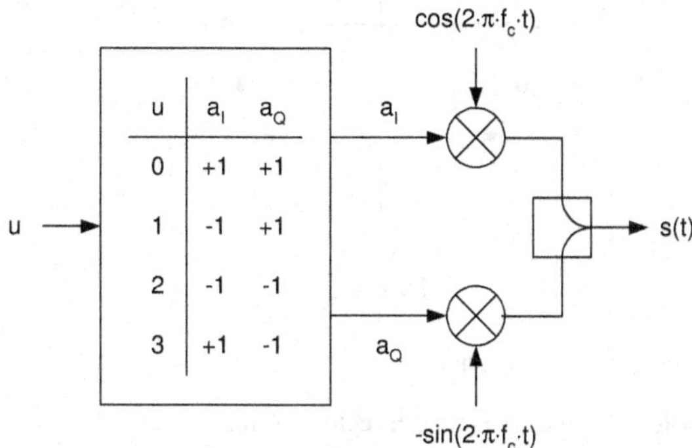

Figur 62: QPSK-Modulator

Bezüglich Bandbreitenbedarf sind BPSK und QPSK bei gleicher Symboldauer identisch. Mit QPSK kann also bei gleicher Bitfehlerwahrscheinlichkeit und gleicher Bandbreite eine doppelt so hohe Bitrate erzielt werden!

15.4.2 Offset QPSK (OQPSK)

Findet beim Modulator in Figur 62 ein Übergang vom Symbol u = 0 aufs Symbol u = 2 statt, so wechselt die Phase des Sendesignals s(t) von $+\pi/4$ auf $-3\pi/4$. Bei diesem Wechsel durchläuft der Signalpunkt im Konstellationsdiagramm den Nullpunkt, die Amplitude bricht kurzfristig ein und die Umhüllende des Signals ist nicht mehr konstant. Solche Phasenwechsel um $\pm\pi$ können verhindert werden, wenn die Signale a_I und a_Q nicht gleichzeitig ändern. Deswegen wird bei Offset QPSK eines der beiden Signale um eine halbe Symboldauer, $T_S/2$, verzögert. Die Tastung der beiden orthogonalen Träger erfolgt also nicht mehr zeitgleich und die Phasenänderungen betragen maximal $\pm\pi/2$. Obwohl das Ausgangssignal dabei doppelt so oft ändert, bleibt der Bandbreitenbedarf gleichwohl unverändert.

15.4.3 Mehrstufige Phasenumtastung

Mit der Phasenumtastung können im Allgemeinen M-wertige Symbole übertragen werden, wobei für M meist eine Zweierpotenz gewählt wird, also $M = 2^k$. Die zur Darstellung der Symbole verwendeten Sendesignale besitzen alle die gleiche Amplitude und unterscheiden sich in der Phase um ganzzahlige Vielfache von $2\cdot\pi/M$. Entsprechend ergeben sich für die Signale die in Figur 63 wiedergegebenen Konstellationen.

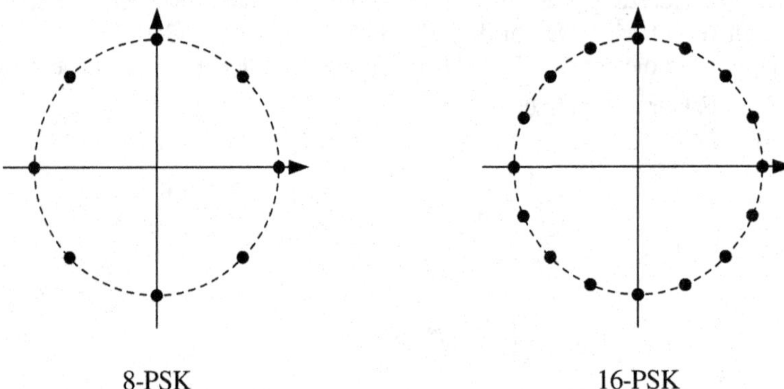

Figur 63: Konstellationsdiagramm für mehrstufige Phasenumtastung.

Mit dem Übergang zu höherwertigen Symbolen verändert sich der Bandbreitenbedarf des Sendesignals nicht. Da pro Symbol jeweils mehr Bits übertragen werden, verbessert sich daher die Bandbreiteneffizienz. Hingegen wird es für den Empfänger zunehmend schwieriger, die Symbole auseinander zu halten, die Fehlerwahrscheinlichkeit nimmt zu (Figur 64).

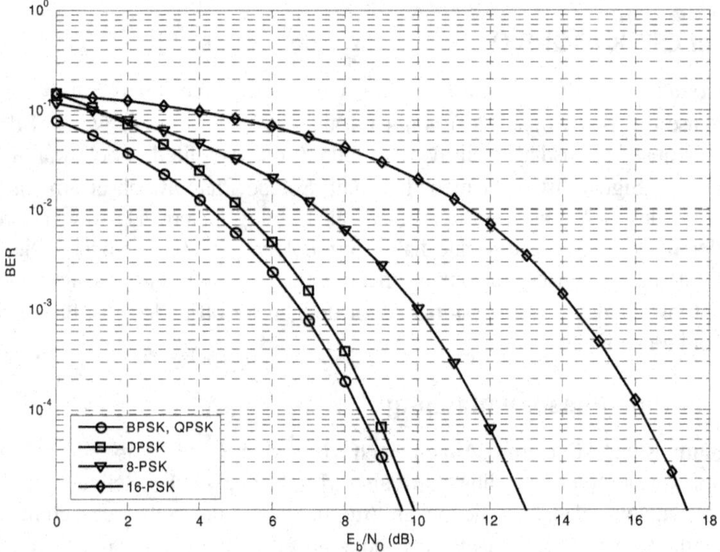

Figur 64: Bitfehlerwahrscheinlichkeit für verschiedene Phasenumtastverfahren

Die Mobilfunktechnologie EDGE (Enhanced Data Rates for GSM Evolution) basiert auf dem vorhandenen GSM-Netz. Die verfügbare Datenrate wird aber durch Verwendung von achtstufiger Phasenumtastung (8-PSK) auf 384 kbit/s erhöht.

15.4.4 Quadrature Amplitude Modulation – QAM

Wie das Beispiel von QPSK zeigt, zahlt es sich aus, zwei orthogonale Trägersignale zu verwenden. Werden die Amplituden der beiden Trägersignale unabhängig voneinander getastet, so resultieren QAM-Signale mit den in Figur 65 gezeigten Konstellationen.

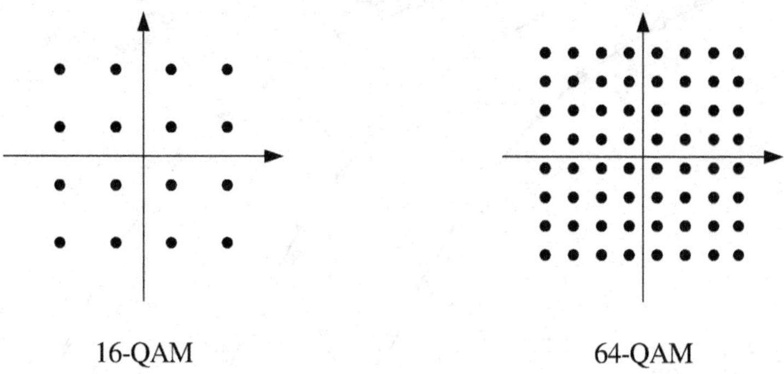

Figur 65: Signalkonstellationen für QAM

Das Sendesignal ist durch die Beziehung

$$s(t) = a_I \cdot \cos(\omega \cdot t) - a_Q \cdot \sin(\omega \cdot t)$$

gegeben, wobei a_I und a_Q diskrete Symbole sind. Für 16-QAM stammen a_I und a_Q beispielsweise aus der Menge {-3, -1, +1, 3}.

Da die Bandbreite bei zunehmender Anzahl Signalpunkt nicht ändert, resultiert ein sehr bandbreiteneffizientes Verfahren. Bei gleicher mittlerer Signalleistung rücken die Punkte hingegen immer näher aneinander und können deshalb schlechter unterschieden werden (Figur 66).

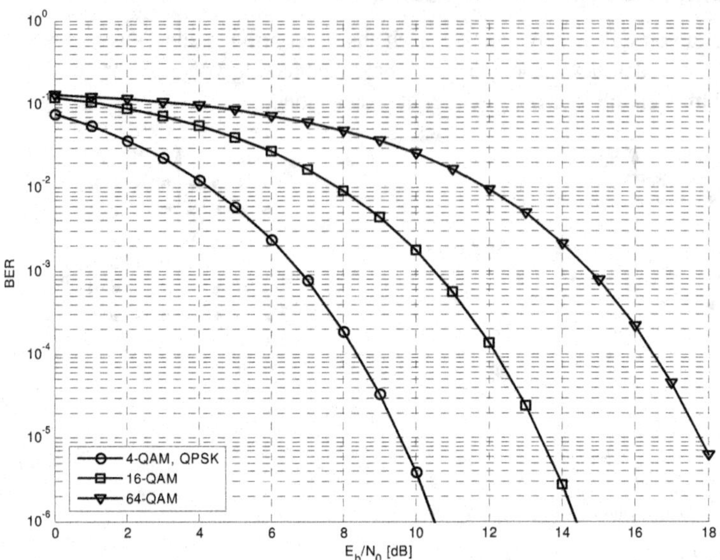

Figur 66: Bitfehlerwahrscheinlichkeit für QAM

Im Standard IEEE 802.11 für drahtlose Datennetze werden als Modulationsverfahren unter anderem QPSK, 16-QAM und 64-QAM vorgeschlagen.

15.5 Orthogonal Frequency Division Multiplexing – OFDM

Bei OFDM wird die Information mittels vieler, zueinander orthogonal stehender Trägersignale übertragen. Jeder einzelne Unterträger wird mittels Phasenumtastung oder QAM moduliert und dient zur Übertragung von einem oder mehreren Bits. Da über die zahlreichen Träger gleichzeitig viele Bits übertragen werden, kann die Symboldauer vergleichsweise lange gewählt werden. Die Symboldauer ist typischerweise wesentlich grösser als die Dauer der Kanalimpulsantwort. Dadurch wird das durch die Mehrwegeausbreitung bedingte Problem der Intersymbolinterferenz entschärft. In der Praxis werden die einzelnen OFDM-Symbole durch ein Schutzintervall getrennt, in welchem das Signal zyklisch wiederholt wird.

Obwohl sich die Spektren der einzelnen, modulierten Unterkanäle überlappen, kommt es aufgrund der Orthogonalität nicht zu einer gegenseitigen Störung. Damit die Orthogonalitätsbedingung erfüllt ist, muss zwischen der Symboldauer T_S und dem Frequenzabstand Δf zwischen den Unterkanälen die Beziehung

$$\Delta f = \frac{1}{T_S}$$

gelten.

Um ein OFDM-Signal zu erzeugen, müssen die Beziehungen zwischen den einzelnen Trägerfrequenzen genau eingehalten werden, damit die Orthogonalität erhalten bleibt. In den meisten

Realisierungen wird dazu die inverse diskrete Fouriertransformation (IDFT) eingesetzt, da sie einerseits sehr effizient implementiert werden kann und andererseits die Orthogonalität der Trägerfrequenzen automatisch gegeben ist. Die Figur 67 zeigt den grundsätzlichen Aufbau eines OFDM-Modulators.

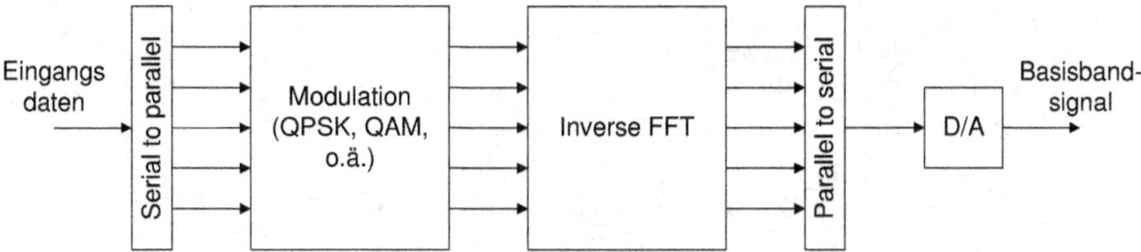

Figur 67: OFDM-Modulator

Für jedes OFDM-Symbol werden gesamthaft N Bits auf die K Kanäle aufgeteilt. Dabei ist es nicht zwingend, dass jeder Kanal mit der gleichen Anzahl Bits moduliert wird. Grundsätzlich können über einen Unterkanal mit hohem Signal-zu-Rauschverhältnis mehr Bits übertragen werden als über einen stark gestörten Unterkanal. Für die Übertragung von n_k Bits über den k-ten Kanal wird ein Signal aus einer Menge von $M = 2^{n_k}$ Signalpunkten gewählt. Dessen Amplitude und Phase wird durch einen komplexen Zeiger $\underline{X}_k$ dargestellt. Das Signal des k-ten Kanals ist folglich gegeben durch

$$s_k(t) = \mathrm{Re}[\underline{X}_k] \cdot \cos\left(2 \cdot \pi \cdot k \cdot \frac{t}{T_S}\right) - \mathrm{Im}[\underline{X}_k] \cdot \sin\left(2 \cdot \pi \cdot k \cdot \frac{t}{T_S}\right).$$

Zur Erzeugung des OFDM-Signals müssen die Signale der einzelnen Kanäle summiert werden[21]:

$$\begin{aligned} s(t) &= \sum_{k=1}^{K-1} s_k(t) \\ &= \sum_{k=1}^{K-1} \left(\mathrm{Re}[\underline{X}_k] \cdot \cos\left(2 \cdot \pi \cdot k \cdot \frac{t}{T_S}\right) - \mathrm{Im}[\underline{X}_k] \cdot \sin\left(2 \cdot \pi \cdot k \cdot \frac{t}{T_S}\right) \right). \\ &= \sum_{k=1}^{K-1} \mathrm{Re}\left[\underline{X}_k \cdot e^{j \cdot 2 \cdot \pi \cdot k \cdot \frac{t}{T_S}} \right]. \end{aligned}$$

Die zu den Zeitpunkten

$$t = i \cdot \frac{T_S}{2 \cdot K}$$

abgetasteten Werte von s(t) können durch inverse diskrete Fouriertransformation berechnet werden. Um dies zu zeigen, wird zunächst die Menge der Informationssymbole mit den Definitionen

[21] Der Einfachheit halber wählen wir $\underline{X}_0 = 0$, da für den Kanal mit der Frequenz $f_0 = 0$ ein komplexer Zeiger keinen Sinn macht.

$$\underline{X}_{2\cdot K-k} = \underline{X}_k^* \quad k = 1, 2, \cdots K-1$$
$$\underline{X}_K = 0$$

erweitert. Die inverse diskrete Fouriertransformation der nunmehr 2·K Symbole ist gegeben durch

$$\begin{aligned}
s[i] &= \sum_{k=0}^{2K-1} \underline{X}_k \cdot e^{j\cdot 2\cdot\pi\cdot\frac{k\cdot i}{2\cdot K}} \\
&= \underbrace{\underline{X}_0}_{=0} + \sum_{k=1}^{K-1} \underline{X}_k \cdot e^{j\cdot\pi\cdot\frac{k\cdot i}{K}} + \underbrace{\underline{X}_K}_{=0} \cdot e^{j\cdot\pi\cdot\frac{K\cdot i}{K}} + \sum_{k'=K+1}^{2\cdot K-1} \underline{X}_{k'} \cdot e^{j\cdot\pi\cdot\frac{k'\cdot i}{K}} \\
&= \sum_{k=1}^{K-1} \underline{X}_k \cdot e^{j\cdot\pi\cdot\frac{k\cdot i}{K}} + \sum_{k=1}^{K-1} \underline{X}_{2\cdot K-k} \cdot e^{-j\cdot\pi\cdot\frac{k\cdot i}{K}} \cdot \underbrace{e^{j\cdot\pi\cdot\frac{2\cdot K\cdot i}{K}}}_{=1} \\
&= \sum_{k=1}^{K-1} \left(\underline{X}_k \cdot e^{j\cdot\pi\cdot\frac{k\cdot i}{K}} + \underline{X}_{2\cdot K-k} \cdot e^{-j\cdot\pi\cdot\frac{k\cdot i}{K}} \right) \\
&= \sum_{k=1}^{K-1} \left(\underline{X}_k \cdot e^{j\cdot\pi\cdot\frac{k\cdot i}{K}} + \underline{X}_k^* \cdot e^{-j\cdot\pi\cdot\frac{k\cdot i}{K}} \right) \\
&= 2 \cdot \sum_{k=1}^{K-1} \mathrm{Re}\left[\underline{X}_k \cdot e^{j\cdot\pi\cdot\frac{k\cdot i}{K}} \right] \\
&= 2 \cdot s\left(i \cdot \frac{T_s}{2\cdot K} \right)
\end{aligned}$$

und entspricht damit, bis auf den Faktor 2, den Abtastwerten von s(t).

Umgekehrt können durch diskrete Fouriertransformation aus den Abtastwerten des empfangenen Signals die (verrauschten) Informationssymbole $\underline{X}_k$ berechnet werden.

Die diskrete Fouriertransformation und deren Inverse lassen sich mit Hilfe der Fast Fourier Transform (FFT) sehr effizient berechnen.

15.6 Trelliscodierte Modulation – TCM

Bei Phasen- und/oder Amplitudenmodulation wächst die Anzahl übertragbarer Bits pro Bandbreite logarithmisch mit der Anzahl Signalpunkte. Es ist deshalb naheliegend, zur Verbesserung der spektralen Effizienz vielstufige Modulationsverfahren, beispielsweise 8-PSK oder 64-QAM, einzusetzen. Dies lässt sich jedoch nicht beliebig fortsetzen, da bei gleicher mittlerer Ausgangsleistung auch die Empfindlichkeit in Bezug auf thermisches Rauschen und Verzerrungen zunimmt. Durch Einsatz von fehlerkorrigierenden Verfahren kann diese erhöhte Anfälligkeit weitgehend wettgemacht werden, wobei durch die zugefügte Redundanz jedoch auch wieder die notwendige Bandbreite zunimmt.

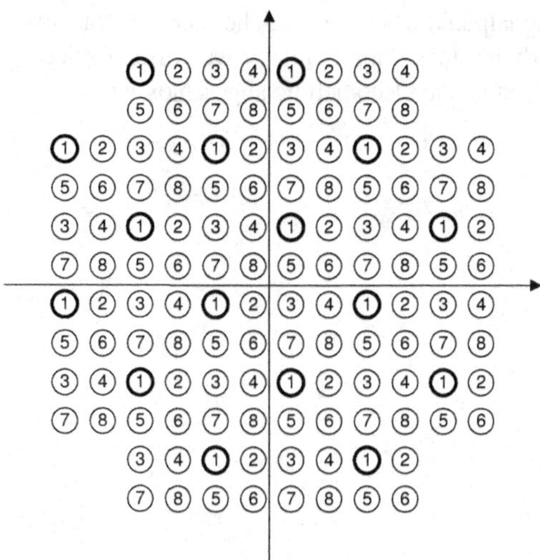

Figur 68: In acht Subsets aufgeteilte 128 QAM-Signalkonstellation. Die Distanzen der Signalpunkte innerhalb eines Subsets sind um den Faktor $\sqrt{8}$ grösser, verglichen mit der ursprünglichen Signalkonstellation

Trelliscodierte Modulation (TCM) ist ein Verfahren, bei welchem Modulation und Kanalcodierung eine Einheit bilden, wodurch ein beachtlicher Codierungsgewinn ohne Erhöhung der Bandbreite erzielt werden kann. Bei TCM wird die Gesamtmenge der Signalpunkte derart in Untermengen (Subsets) aufgeteilt, dass die Signalpunkte innerhalb eines Subsets möglichst weit auseinander liegen (vgl. Figur 68). Die Modulation erfolgt in zwei Schritten (vgl. Figur 69): Mit einem Teil der zu übertragenden Datenbits (b_4, b_5) wird zunächst eines der Subsets ausgewählt. Die Information über das gewählte Subset wird dabei mittels eines Faltungscodes, welcher Redundanz in Form eines dritten Bits beifügt, zusätzlich geschützt. Die restlichen Datenbits (b_0 bis b_3) dienen schliesslich zur Auswahl des zu sendenden Signalpunkts aus dem gewählten Subset.

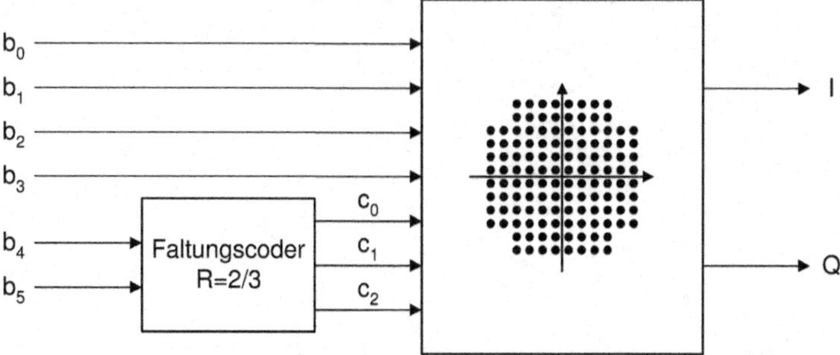

Figur 69: Struktur eines TCM-Modulators. b_i: Nutzdatenbits, c_j: codierte Bits zur Auswahl des Subsets.

Der Einsatz eines Faltungscodes bewirkt, dass die Reihenfolge der Subsets nicht mehr beliebig ist. Im Empfänger wird aus den erlaubten Subsetfolgen diejenige identifiziert, welche die beste Übereinstimmung mit dem empfangenen Signal aufweist. Realisiert wird dieser Maximum-Likelihood Sequence Estimator (MLSE) als Viterbi Algorithmus. Ist die Folge der Subsets gefunden, wird in jedem Subset derjenige Signalpunkt bestimmt, welcher dem empfangenen Punkt am nächsten liegt. Da die Signalpunkte innerhalb eines Subsets relativ weit auseinanderliegen, bereitet dieser Schritt kaum Schwierigkeiten. Damit ist die Decodierung abgeschlossen.

16 Vergleich der Modulationsverfahren

Beim Vergleich der digitalen Modulationsverfahren sind vor allem zwei Kriterien von Interesse.

1. Wie gross muss das Signal-zu-Rauschverhältnis sein, damit eine gewisse Bitfehlerwahrscheinlichkeit nicht überschritten wird?
2. Welche Bandbreite wird zur Übertragung einer gewissen Anzahl Bits pro Sekunde benötigt? Das Verhältnis Datenrate zu Bandbreite wird als Bandbreiteneffizienz bezeichnet. Es hat die Dimension Bits/(s·Hz).

In Tabelle 16 sind diese Kennwerte für verschiedene Modulationsverfahren zusammengestellt. Man erkennt, dass bei der Phasenumtastung die Bandbreiteneffizienz mit steigender Anzahl Signalpunkte zunimmt. Hingegen verschlechtert sich zugleich das Verhalten hinsichtlich des Rauschens. Bei der Frequenzumtastung beobachtet man den umgekehrten Effekt. Während die Bandbreiteneffizienz abnimmt je mehr Frequenzen verwendet werden, verbessert sich das Rauschverhalten.

Tabelle 16: Vergleich verschiedener digitaler Modulationsverfahren

Modulationsverfahren	Bandbreiteneffizienz [Bit/(s·Hz)]	E_b/η für $P_b = 10^{-5}$ [dB]
BPSK	1	9.6
QPSK	2	9.6
8-PSK	3	≈ 13.0
16-PSK	4	≈ 17.4
DPSK	1	10.3
BFSK, nicht kohärent	0.5	13.4
BFSK, kohärent	1	12.6
8-FSK	0.75	≈ 8.6
16-FSK	0.5	≈ 7.6

Abschliessend stellt sich die Frage, wie gut die vorgestellten Modulationsverfahren im Vergleich zum Machbaren sind. Die theoretische Grenze ist gegeben durch die Kanalkapazität des bandbegrenzten AWGN-Kanals[22]

$$C = B \cdot \log_2\left(1 + \frac{P_{\text{Signal}}}{P_{\text{Rauschen}}}\right).$$

Nehmen wir an, die Bits werden mit der Rate $R = 1/T_b$ übertragen, so ist die Signalleistung

$$P_{\text{Signal}} = E_b \cdot R\ .$$

[22] AWGN – Additive White Gaussian Noise

Für die Rauschleistung benutzt man die Beziehung

$$P_{Rauschen} = B \cdot \eta \, .$$

Wird die Kapazität des Kanals voll ausgenützt, so gilt R = C und wir erhalten schliesslich

$$R = B \cdot \log_2\left(1 + \frac{E_b}{\eta} \cdot \frac{R}{B}\right)$$

oder, aufgelöst nach dem erforderlichen Signal-zu-Rauschverhältnis,

$$\frac{E_b}{\eta} = \frac{2^{R/B} - 1}{R/B} \, .$$

Will man also eine fehlerfreie Übertragung mit einer gewissen Bandbreiteneffizienz R/B realisieren, so ist dazu ein minimales Signal-zu-Rauschverhältnis gemäss der obigen Beziehung notwendig.

Diese Grenze ist in Figur 70 als durchgezogene Kurve aufgetragen. Im Vergleich dazu sind einige digitale Modulationsverfahren eingezeichnet. Der Abstand zwischen der durch die Kanalkapazität gegebenen Grenze und den besprochenen Verfahren beträgt minimal etwa 8 dB, was natürlich unbefriedigend ist.

Mit moderneren Verfahren, die Modulation und Kanalcodierung vereinen, werden deutlich bessere Werte erzielt. Ein Beispiel dafür ist die trelliscodierte Modulation (TCM). Durch den Einsatz von so genannten Turbo-Codes (vgl. Seite 95) konnten vor einigen Jahren Übertragungssysteme entworfen werden, die sehr nahe (< 0.5 dB) an der theoretischen Grenze arbeiten.

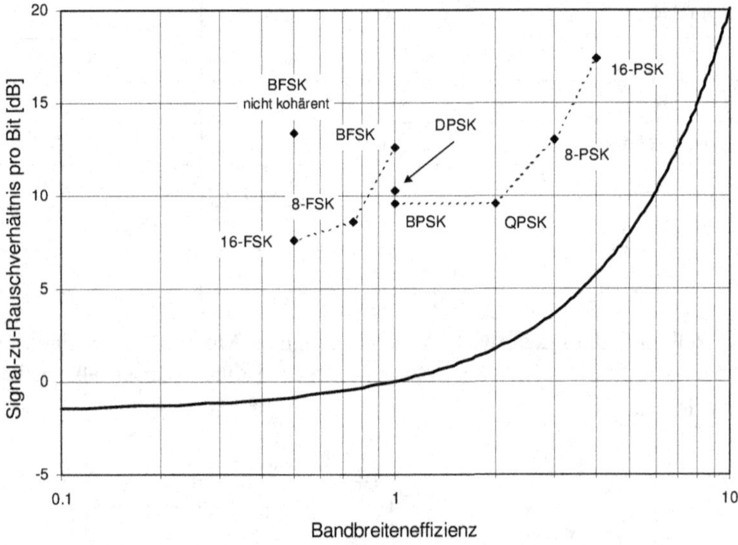

Figur 70: Vergleich einiger digitaler Modulationsverfahren

17 Matched Filter

17.1 Aufgabenstellung

Wir betrachten das in Figur 71 dargestellte Modell eines Übertragungssystems.

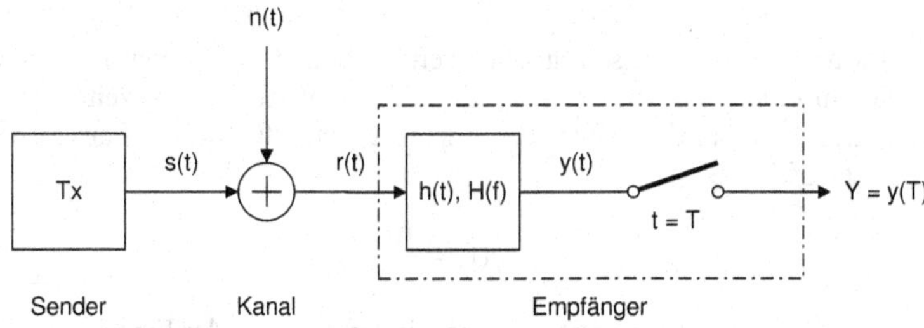

Figur 71: Modell zur Herleitung des Matched Filters

Der Sender (Transmitter – Tx) erzeugt ein impulsförmiges Signal mit bekannter Form s(t), welches im Kanal durch additives weisses Rauschen n(t) gestört wird. Für das Empfangssignal r(t) gilt demnach

$$r(t) = s(t) + n(t) \, .$$

Der Empfänger besteht aus einem linearen, zeitinvarianten Filter mit der Impulsantwort h(t) resp. der Übertragungsfunktion $\underline{H}(f)$ und einem Abtaster, welcher das Signal y(t) am Ausgang des Filters zum gegebenen Zeitpunkt t = T abtastet und so die Entscheidungsvariable Y = y(T) liefert.

Der Wert der Entscheidungsvariablen Y hängt einerseits vom Nutzsignal, also dem gesendeten Puls s(t) und andererseits vom Rauschsignal n(t) ab. Der erstgenannte Anteil ist deterministisch und kann exakt berechnet werden. Der Anteil des Rauschens ist dagegen eine zufällige Grösse, von der lediglich statistische Eigenschaften bestimmt werden können.

Die Impulsantwort h(t) des Filters soll so gewählt werden, dass die normierte Leistung des Nutzsignalanteils zum Abtastzeitpunkt möglichst gross ist im Vergleich zur mittleren Leistung des Rauschanteils.

17.2 Berechnung der Entscheidungsvariablen

Das Signal y(t) ergibt sich aus der Faltung des Empfangssignals r(t) mit der Impulsantwort des Filters h(t):

$$\begin{aligned} y(t) &= \left[r(.) * h(.) \right](t) \\ &= \left[\left(s(.) + n(.) \right) * h(.) \right](t) \\ &= \underbrace{\left[s(.) * h(.) \right](t)}_{g(t)} + \underbrace{\left[n(.) * h(.) \right](t)}_{N(t)} \, . \end{aligned}$$

Die letzte Beziehung ergibt sich aus der Linearität der Faltungsoperation. Der Abtastwert y(T) besteht also aus zwei Anteilen

$$y(T) = g(T) + N(T)\,,$$

wobei g(T) einzig vom Nutzsignal abhängt und deshalb ein deterministisches Signal ist. Folglich kann dessen normierte Leistung zur Abtastzeit einfach bestimmt werden

$$p_g(T) = g^2(T) = \left([s(.) * h(.)](T)\right)^2 = \left(\int_{-\infty}^{+\infty} s(\tau)\cdot h(T-\tau)\,d\tau\right)^2 .$$

Der Anteil N(T) wird durch das weisse Rauschen verursacht und ist dementsprechend eine Zufallsvariable. Aus diesem Grund kann für die normierte Leistung zum Abtastzeitpunkt lediglich ein Erwartungswert angegeben werden. Unter der Annahme, dass das weisse Rauschen am Eingang des Filters die Leistungsdichte

$$S_{nn}(f) = \frac{\eta}{2}$$

aufweist, erhält man für die Leistungsdichte des Signals am Ausgang des Filters

$$S_{NN}(f) = \frac{\eta}{2}\cdot\left|\underline{H}(f)\right|^2 .$$

Die mittlere Leistung der Zufallsvariablen N(t) ergibt sich dann aus der Integration der Leistungsdichte über alle Frequenzen

$$\overline{N^2(t)} = P_N = \int_{-\infty}^{+\infty} S_{NN}(f)\,df = \frac{\eta}{2}\cdot\int_{-\infty}^{+\infty}\left|\underline{H}(f)\right|^2 df$$

und ist nicht von der Zeit t abhängig[23]. Das Theorem von Parseval sagt aus, dass diese Leistung auch im Zeitbereich bestimmt werden kann:

$$P_N = \frac{\eta}{2}\cdot\int_{-\infty}^{+\infty}\left|\underline{H}(f)\right|^2 df = \frac{\eta}{2}\cdot\int_{-\infty}^{+\infty} h^2(t)\,dt .$$

17.3 Optimierungskriterium

Als Kriterium für das optimale Filter verlangen wir, dass das Signal-zu-Rauschverhältnis am Ausgang des Filters zum Abtastzeitpunkt

$$\left.\frac{S}{N}\right|_{t=T} = \frac{p_g(T)}{\overline{N^2(t)}} = \frac{g^2(T)}{P_N}$$

möglichst gross sein soll. Mit den soeben hergeleiteten Resultaten erhält man den Ausdruck

---

[23] Wir haben stillschweigend angenommen, dass die statistischen Eigenschaften des Rauschens nicht von der Zeit abhängen, der Zufallsprozess also stationär ist.

$$\left.\frac{S}{N}\right|_{t=T} = \frac{\left[\int_{-\infty}^{+\infty} h(\tau)\cdot s(T-\tau)\,d\tau\right]^2}{\frac{\eta}{2}\cdot\int_{-\infty}^{+\infty} h^2(t)\,dt},$$

welchen es zu optimieren gilt. Wir erweitern mit der Energie

$$E = \int_{-\infty}^{+\infty} s^2(t)\,dt$$

des Sendepulses und erhalten

$$\left.\frac{S}{N}\right|_{t=T} = \frac{E}{\frac{\eta}{2}}\cdot\frac{\left[\int_{-\infty}^{+\infty} h(\tau)\cdot s(T-\tau)\,d\tau\right]^2}{\int_{-\infty}^{+\infty} h^2(t)\,dt\cdot\int_{-\infty}^{+\infty} s^2(t)\,dt}.$$

Der erste Faktor, $E/(\eta/2)$, hängt nur vom Sendepuls und vom Rauschen ab und hat deshalb keinen Einfluss auf das Optimierungsproblem. Mit der Cauchy-Schwarz-Ungleichung (vgl. Anhang A)

$$\left[\int_{-\infty}^{+\infty} h(\tau)\cdot s(T-\tau)\,d\tau\right]^2 \le \int_{-\infty}^{+\infty} h^2(t)\,dt\cdot\int_{-\infty}^{+\infty} s^2(t)\,dt$$

folgt, dass der zweite Faktor immer kleiner gleich eins ist. Er wird maximal für

$$h(\tau) = k\cdot s(T-\tau),$$

wobei k eine beliebige reelle Konstante ist.

Matched Filter

Das Signal-zu-Rauschverhältnis am Ausgang des Filters zum Abtastzeitpunkt $t = T$ wird maximal, falls

$$h(\tau) = k\cdot s(T-\tau)$$

gilt. Ein Filter, dessen Impulsantwort diese Bedingung erfüllt, wird als „matched Filter“ (signalangepasstes Filter) bezeichnet.

Die Impulsantwort des matched Filters ist also eine zeitlich gespiegelte und um T verschobene Version des Sendepulses s(t).

Beispiel

Der Sendepuls sei ein rechteckförmiger Puls der Breite T_0.

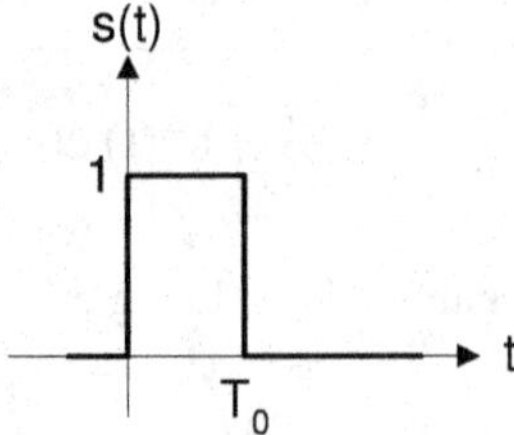

Die Spiegelung an der Ordinate und die Verschiebung um T ergeben die Impulsantwort des dazugehörigen matched Filters

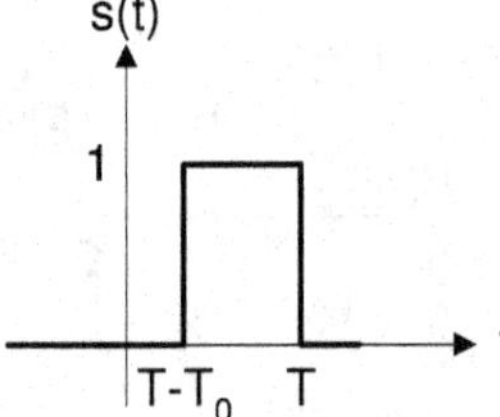

Man erkennt, dass das Filter nur kausal ist, falls $T \geq T_0$ gilt. Das Ausgangssignal des Filters zum Abtastzeitpunkt berechnet sich wie folgt

$$y(T) = \int_{-\infty}^{+\infty} r(\tau) \cdot h(T - \tau)\, d\tau .$$

Für den einfachen Fall $T = T_0$ gilt

$$h(\tau) = \begin{cases} 1 & 0 \leq \tau \leq T \\ 0 & \text{sonst} \end{cases}$$

und somit

$$h(T - \tau) = \begin{cases} 1 & 0 \leq \tau \leq T \\ 0 & \text{sonst} \end{cases} .$$

Damit resultiert für das Faltungsintegral

$$y(T) = \int_{0}^{T} r(\tau) \cdot 1\, d\tau .$$

Das matched Filter ist in diesem Fall ein Integrator, welcher das Eingangssignal r(t) während der Dauer T integriert. ■

17.4 Interpretation des matched Filters im Frequenzbereich

Die Fouriertransformation der Impulsantwort des matched Filters

$$h(\tau) = k \cdot s(T - \tau)$$

liefert dessen Übertragungsfunktion

$$\underline{H}(f) = k \cdot \underline{S}^*(f) \cdot e^{-j \cdot \omega \cdot T}.$$

Der Amplitudengang $|\underline{H}(f)|$ des matched Filters ist demzufolge proportional zum Betragsspektrum des Sendepulses

$$|\underline{H}(f)| = k \cdot |\underline{S}(f)|,$$

was bedeutet, dass das matched Filter diejenigen Anteile betont, in denen das Nutzsignal eine hohe Leistungsdichte aufweist. Andererseits dämpft es diejenigen Frequenzanteile, die sowieso praktisch nur Rauschen enthalten.

Die Erzeugung des Sendepulses kann man sich auch so denken, dass zum Zeitpunkt $t = 0$ ein Diracimpuls auf ein Filter mit der Impulsantwort s(t) gegeben wird. Der deterministische Anteil des Filterausgangssignals g(t) ergibt sich dann aus der Kaskadierung zweier Filter mit den Impulsantworten s(t) und h(t).

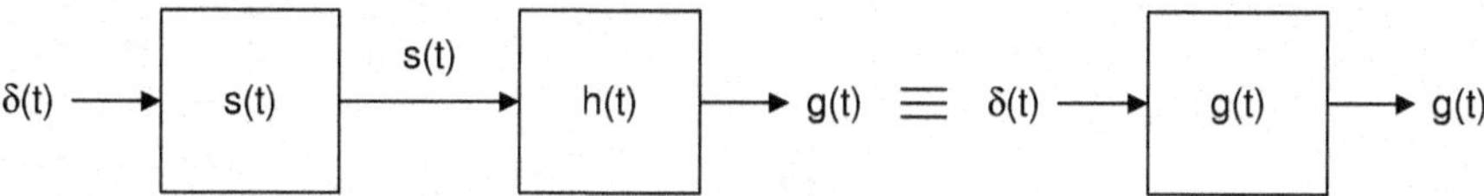

Für die Übertragungsfunktion des Gesamtsystems resultiert

$$\underline{G}(f) = \underline{S}(f) \cdot \underline{H}(f) = k \cdot |\underline{S}(f)|^2 \cdot e^{-j \cdot \omega \cdot T},$$

woraus sich der Phasengang

$$\angle G(f) = -\omega \cdot T$$

und die Gruppenlaufzeit

$$\tau = -\frac{d}{d\omega} \angle \underline{G}(f) = T$$

berechnen lassen. Sämtliche Frequenzanteile des Diracpulses werden also um die gleiche Zeitdauer T verzögert und addieren sich zum Abtastzeitpunkt phasengleich auf. Dass dabei nicht wieder ein Diracimpuls entsteht, erklärt sich durch die Gewichtung der einzelnen Anteile mit $k \cdot |\underline{S}(f)|^2$.

18 Matched Filter Empfänger

18.1 Herleitung des optimalen binären Empfängers

Wir betrachten ein System zur Übertragung von binären Daten. In Abhängigkeit des zu übertragenden Bits b sendet der Modulator entweder das Signal $s_0(t)$ oder $s_1(t)$

$$s(t) = \begin{cases} s_0(t) & \text{falls } b = 0 \\ s_1(t) & \text{falls } b = 1 \end{cases}.$$

Der Demodulator hat die Aufgabe, zu entscheiden, ob $s_0(t)$ oder $s_1(t)$ gesendet wurde. Dazu steht ihm eine verrauschte Kopie

$$r(t) = s(t) + n(t)$$

des Sendesignals zur Verfügung. Das Rauschen n(t) sei weiss und gaussverteilt.

Der Demodulator überprüft also die beiden Hypothesen (Vermutungen)

H_0: $s_0(t)$ wurde gesendet

H_1: $s_1(t)$ wurde gesendet

und entscheidet sich für diejenige, die besser zum empfangenen Signal r(t) passt. Zu diesem Zweck wird für jede Hypothese der jeweilige Fehler berechnet.

Falls die Hypothese H_0 zutrifft, ist die Abweichung zum erwarteten Signal $s_0(t)$ gegeben durch

$$e_0(t) = r(t) - s_0(t).$$

Ein Mass für die Güte der Hypothese ist der Energiegehalt dieses Fehlersignals

$$\begin{aligned} E_{e0} &= \int_{-\infty}^{+\infty} e_0^2(\tau)\, d\tau = \int_{-\infty}^{+\infty} \left(r(\tau) - s_0(\tau)\right)^2 d\tau \\ &= \int_{-\infty}^{+\infty} r^2(\tau)\, d\tau - 2 \cdot \int_{-\infty}^{+\infty} r(\tau) \cdot s_0(\tau)\, d\tau + \int_{-\infty}^{+\infty} s_0^2(\tau)\, d\tau. \end{aligned}$$

Für den Fall, dass die zweite Hypothese zutrifft, resultiert für die Energie des Fehlersignals

$$E_{e1} = \int_{-\infty}^{+\infty} r^2(\tau)\, d\tau - 2 \cdot \int_{-\infty}^{+\infty} r(\tau) \cdot s_1(\tau)\, d\tau + \int_{-\infty}^{+\infty} s_1^2(\tau)\, d\tau.$$

Der Demodulator entscheidet sich für diejenige Hypothese, bei der das Fehlersignal die kleinere Energie aufweist. Falls das Rauschen weiss und gaussverteilt ist, führt diese Strategie zu minimaler Bitfehlerwahrscheinlichkeit.

Für den Entscheid massgebend sind also die Grössen

$$E_{ei} = \int_{-\infty}^{+\infty} r^2(\tau)\,d\tau - 2\cdot \int_{-\infty}^{+\infty} r(\tau)\cdot s_i(\tau)\,d\tau + \int_{-\infty}^{+\infty} s_i^2(\tau)\,d\tau \qquad i=0,1$$

Der erste Term entspricht der Energie des Empfangssignals. Er ist für beide Hypothesen gleich gross und hat deshalb keinen Einfluss auf den Entscheid. Folglich kann der Demodulator seinen Entscheid auch aufgrund der Grössen

$$-2\cdot \int_{-\infty}^{+\infty} r(\tau)\cdot s_i(\tau)\,d\tau + \underbrace{\int_{-\infty}^{+\infty} s_i^2(\tau)\,d\tau}_{E_{si}} \qquad i=0,1$$

fällen. Das zweite Integral entspricht der Energie E_{si} des jeweiligen Sendesignals $s_i(t)$ und ist folglich eine vom Empfangssignal unabhängige Konstante. Durch Multiplikation mit -1/2 resultieren zu guter Letzt die für die Entscheidung massgebenden Variablen

$$Y_i = \int_{-\infty}^{+\infty} r(\tau)\cdot s_i(\tau)\,d\tau - \frac{E_{si}}{2} \qquad i=0,1$$

Die entsprechende Entscheidungsregel lautet

$$\begin{array}{ll} H_0 & \text{falls } Y_0 > Y_1 \\ H_1 & \text{falls } Y_0 < Y_1 \end{array}$$

oder äquivalent (gleichwertig)

$$\begin{array}{ll} H_0 & \text{falls } Y_0 - Y_1 > 0 \\ H_1 & \text{falls } Y_0 - Y_1 < 0 \end{array}$$

Die zweite Formulierung hat dabei den Vorteil einer fixen Entscheidungsschwelle. Für den (seltenen) Fall $Y_0 = Y_1$ ist es gleichgültig, wie der Entscheid ausfällt.

Sind die Sendesignale auf das Intervall $0 \le t \le T$ beschränkt, so resultiert für die Entscheidungsvariablen

$$Y_i = \int_0^T r(\tau)\cdot s_i(\tau)\,d\tau - \frac{E_{si}}{2}.$$

Zu jedem Sendepuls $s_i(t)$ kann ein matched Filter mit der Impulsantwort

$$h_i(\tau) = s_i(T-\tau)$$

definiert werden. Es gilt dann

$$s_i(\tau) = h_i(T-\tau)$$

und somit

$$Y_i = \underbrace{\int_0^T r(\tau)\cdot h_i(T-\tau)\,d\tau}_{y_i(T)} - \frac{E_{si}}{2}.$$

Das Integral in diesem Ausdruck kann als Faltung zwischen dem Eingangssignal r(t) und der Impulsantwort des matched Filters $h_i(t)$ interpretiert werden und stellt demnach das zum Zeitpunkt t = T abgetastete Ausgangssignal des matched Filters dar.

Der Demodulator hat demzufolge die nachfolgend angegebene Struktur.

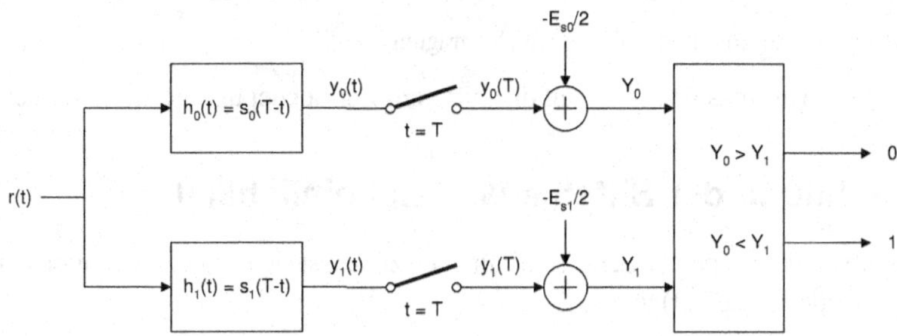

Figur 72: Matched Filter Empfänger für binäre Übertragung

Mit den Beziehungen

$$Y_0 = y_0(T) - \frac{E_{s0}}{2}$$

$$Y_1 = y_1(T) - \frac{E_{s1}}{2}$$

lässt sich die oben angegebene Entscheidungsregel wie folgt umformulieren

$$H_0 \quad \text{falls } y_0(T) - y_1(T) > \frac{E_{s0} - E_{s1}}{2},$$

$$H_1 \quad \text{falls } y_0(T) - y_1(T) < \frac{E_{s0} - E_{s1}}{2}.$$

Die Entscheidungsvariable

$$y_0(T) - y_1(T) = \int_0^T r(\tau) \cdot h_0(T-\tau)\, d\tau - \int_0^T r(\tau) \cdot h_1(T-\tau)\, d\tau$$

$$= \int_0^T r(\tau) \cdot \underbrace{\left(h_0(T-\tau) - h_1(T-\tau)\right)}_{h_\Delta(T-\tau)} d\tau$$

wird also an der fixen Entscheidungsschwelle

$$Y_{th} = \frac{E_{s0} - E_{s1}}{2}$$

verglichen. Entsprechend besteht der Demodulator aus einem Filter mit der Impulsantwort

$$h_\Delta(t) = h_0(t) - h_1(t) = s_0(T-t) - s_1(T-t),$$

einem Abtaster und einem Komparator mit der Schwelle Y_{th}.

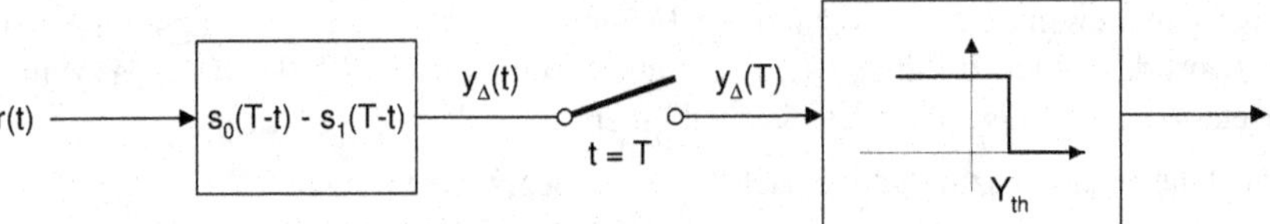

Figur 73: Matched Filter Empfänger für binäre Übertragung

Das Filter $h_\Delta(t)$ kann als matched Filter auf die Differenz der Sendepulse gedeutet werden.

18.2 Berechnung der Bitfehlerwahrscheinlichkeit

Um uns Schreibarbeit zu sparen, definieren wir hier zunächst den Kreuzkorrelationskoeffizienten ρ_{01} der beiden Sendesignale $s_0(t)$ und $s_1(t)$

$$\rho_{01} \overset{\text{def}}{=} \frac{\int_0^T s_0(\tau)\cdot s_1(\tau)\,d\tau}{\sqrt{E_{s0}\cdot E_{s1}}}.$$

Wir betrachten vorerst den Fall, dass $s_0(t)$ gesendet wurde und wollen die dazugehörige Wahrscheinlichkeit für einen Fehlentscheid des Demodulators berechnen. Das empfangene Signal r(t) setzt sich aus Sende- und Rauschsignal zusammen

$$r(t) = s_0(t) + n(t)$$

und durchläuft zunächst ein Empfangsfilter mit der Impulsantwort $h_\Delta(t) = s_0(T\text{-}t) - s_1(T\text{-}t)$, was die Entscheidungsvariable $y_\Delta(T)$ liefert

$$\begin{aligned} y_\Delta(T) &= \int_0^T \big(s_0(\tau)+n(\tau)\big)\cdot h_\Delta(T-\tau)\,d\tau \\ &= \int_0^T \big(s_0(\tau)+n(\tau)\big)\cdot \big(s_0(\tau)-s_1(\tau)\big)\,d\tau \\ &= \underbrace{\int_0^T s_0(\tau)\cdot\big(s_0(\tau)-s_1(\tau)\big)\,d\tau}_{g_0(T)} + \underbrace{\int_0^T n(\tau)\cdot\big(s_0(\tau)-s_1(\tau)\big)\,d\tau}_{N(T)}. \end{aligned}$$

Das erste Integral

$$\begin{aligned} g_0(T) &= \int_0^T s_0^2(\tau) - s_0(\tau)\cdot s_1(\tau)\,d\tau \\ &= \int_0^T s_0^2(\tau)\,d\tau - \int_0^T s_0(\tau)\cdot s_1(\tau)\,d\tau \end{aligned}$$

hängt einzig von den bekannten Sendesignalen ab und ist deshalb eine berechenbare Grösse. Mit dem oben definierten Kreuzkorrelationskoeffizienten und der Energie E_{s0} des Signals $s_0(t)$ lässt sich $g_0(T)$ wie folgt vereinfachen

$$g_0(T) = E_{s0} - \rho_{01} \cdot \sqrt{E_{s0} \cdot E_{s1}} \ .$$

Der zweite Anteil der Entscheidungsvariablen, N(T), hängt vom Rauschsignal n(t) ab und ist deshalb eine zufällige Grösse[24]. Unter der Annahme, dass das Rauschen gaussverteilt und mittelwertfrei ist, ist auch die Grösse N(T) gaussverteilt und mittelwertfrei. Da wir in diesem Fall die Wahrscheinlichkeitsdichtefunktion und deren Mittelwert kennen, muss lediglich noch die Varianz bestimmt werden. Dies geschieht genauso wie bei der Herleitung des matched Filters

$$\begin{aligned}\sigma_N^2 &= \frac{\eta}{2} \cdot \int_0^T h_\Delta^2(\tau)\, d\tau = \frac{\eta}{2} \cdot \int_0^T \left(s_0(T-\tau) - s_1(T-\tau)\right)^2 d\tau \\ &= \frac{\eta}{2} \cdot \left[\int_0^T s_0^2(T-\tau)\, d\tau - 2 \cdot \int_0^T s_0(T-\tau) \cdot s_1(T-\tau)\, d\tau + \int_0^T s_1^2(T-\tau\, d\tau \right].\end{aligned}$$

Mit der Substitution $\tau' = T-\tau$ resultiert schliesslich

$$\begin{aligned}\sigma_N^2 &= \frac{\eta}{2} \cdot \left[\int_0^T s_0^2(\tau')\, d\tau' - 2 \cdot \int_0^T s_0(\tau') \cdot s_1(\tau')\, d\tau' + \int_0^T s_1^2(\tau')\, d\tau' \right] \\ &= \frac{\eta}{2} \cdot \left[E_{s0} - 2 \cdot \rho_{01} \cdot \sqrt{E_{s0} \cdot E_{s1}} + E_{s1} \right].\end{aligned}$$

Die Entscheidungsvariable $y_\Delta(T)$ setzt sich also aus einem konstanten Anteil $g_0(T)$ und einer mittelwertfreien, gaussverteilten Zufallsgrösse N(T) mit der Varianz σ_N^2 zusammen. Sie ist somit ihrerseits eine gaussverteilte Zufallsgrösse mit der Varianz σ_N^2 und dem Mittelwert $g_0(T)$ und besitzt die Wahrscheinlichkeitsdichte

$$p_{y_\Delta(T)|b=0}(u) = \frac{1}{\sqrt{2 \cdot \pi \cdot \sigma_N^2}} \cdot e^{-\frac{(u - g_0(T))^2}{2 \cdot \sigma_N^2}}$$

und die Wahrscheinlichkeitsverteilung

$$F_{y_\Delta(T)|b=0}(u) = \Phi\left(\frac{u - g_0(T)}{\sigma_N}\right).$$

[24] Wir haben hier den Index 0 weggelassen, da N(T) nicht vom gesendeten Bit abhängt.

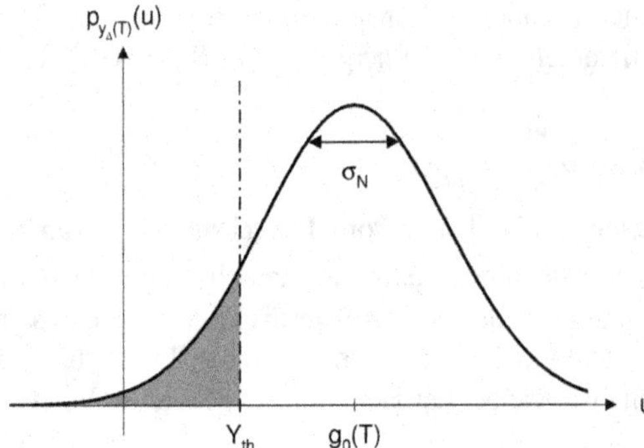

Figur 74: Wahrscheinlichkeitsdichte der Entscheidungsvariablen, falls $s_0(t)$ gesendet wurde.

Die Wahrscheinlichkeit, dass diese Entscheidungsvariable den Schwellwert

$$Y_{th} = \frac{E_{s0} - E_{s1}}{2}$$

unterschreitet und sich der Demodulator damit für die falsche Hypothese entscheidet, ist durch

$$P_{error|b=0} = F_{y_\Delta(T)|b=0}\left(Y_{th}\right) = \Phi\left(\frac{Y_{th} - g_0(T)}{\sigma_N}\right)$$

gegeben.

Durch Einsetzen der hergeleiteten Beziehungen für Y_{th}, $g_0(T)$ und σ_N ergibt sich

$$\begin{aligned} P_{error|b=0} &= \Phi\left(\frac{\frac{E_{s0} - E_{s1}}{2} - E_{s0} + \rho_{01} \cdot \sqrt{E_{s0} \cdot E_{s1}}}{\sqrt{\frac{\eta}{2} \cdot \left(E_{s0} - 2 \cdot \rho_{01} \cdot \sqrt{E_{s0} \cdot E_{s1}} + E_{s1}\right)}}\right) \\ &= \Phi\left(-\sqrt{\frac{E_{s0} - 2 \cdot \rho_{01} \cdot \sqrt{E_{s0} \cdot E_{s1}} + E_{s1}}{2 \cdot \eta}}\right). \end{aligned}$$

Dies ist die Wahrscheinlichkeit einer Fehlentscheidung des Demodulators, falls eine binäre Null (b = 0) gesendet wurde.

Betrachten wir nun den Fall, dass $s_1(t)$ gesendet wurde. Die Wahrscheinlichkeit einer Fehlentscheidung des Demodulators kann genau gleich wie oben hergeleitet werden. Man erhält

$$P_{error|b=1} = \Phi\left(-\sqrt{\frac{E_{s0} - 2 \cdot \rho_{01} \cdot \sqrt{E_{s0} \cdot E_{s1}} + E_{s1}}{2 \cdot \eta}}\right).$$

Für die Berechnung der Bitfehlerwahrscheinlichkeit werden diese beiden Ergebnisse mit der jeweiligen Auftretenswahrscheinlichkeit des Bits gewichtet und addiert

$$P_{error} = P(b = 0) \cdot P_{error|b=0} + P(b = 1) \cdot P_{error|b=1},$$

woraus schliesslich

$$P_{error} = \Phi\left(-\sqrt{\frac{E_{s0} - 2\cdot\rho_{01}\cdot\sqrt{E_{s0}\cdot E_{s1}} + E_{s1}}{2\cdot\eta}}\right)$$

resultiert. Das Resultat ist lediglich von der Energie der Sendesignale, der Rauschleistungsdichte und vom Kreuzkorrelationskoeffizienten abhängig. Hingegen spielt die Form der Sendesignale nur insofern eine Rolle, wie sie die Signalenergie und den Kreuzkorrelationskoeffizienten beeinflusst.

18.3 Bitfehlerwahrscheinlichkeit bei antipodaler Signalisierung

Unter antipodaler Signalisierung versteht man ein Modulationsverfahren, das zur Übertragung von binärer Information zwei Signale $s_0(t)$ und $s_1(t)$ verwendet, die sich lediglich im Vorzeichen unterscheiden. Es gilt daher

$$s_1(t) = -s_0(t)$$

und dementsprechend

$$E_{s0} = E_{s1} = E\,.$$

Für den Kreuzkorrelationskoeffizienten resultiert in diesem Fall

$$\rho_{01} = \frac{\int_0^T s_0(\tau)\cdot s_1(\tau)\,d\tau}{\sqrt{E_{s0}\cdot E_{s1}}} = \frac{-\int_0^T s_0^2(\tau)\,d\tau}{E} = \frac{-E}{E} = -1\,.$$

Damit ergibt sich für die Bitfehlerwahrscheinlichkeit bei antipodaler Signalisierung

$$P_{error} = \Phi\left(-\sqrt{\frac{4\cdot E}{2\cdot\eta}}\right) = \Phi\left(-\sqrt{\frac{2\cdot E}{\eta}}\right).$$

Ein Beispiel von antipodaler Signalisierung ist BPSK. Dieses Resultat entspricht deshalb auch der Bitfehlerwahrscheinlichkeit von BPSK.

18.4 Bitfehlerwahrscheinlichkeit bei orthogonaler Signalisierung

Werden die beiden Sendesignale so gewählt, dass

$$\int_0^T s_0(\tau)\cdot s_1(\tau)\,d\tau = 0$$

gilt, spricht man von orthogonaler Signalisierung. Der Kreuzkorrelationskoeffizient ist dann gleich null und die Bitfehlerwahrscheinlichkeit ist gegeben durch

$$P_{error} = \Phi\left(-\sqrt{\frac{E_{s0} + E_{s1}}{2\cdot\eta}}\right).$$

Für den Fall, dass die beiden Sendesignale die gleiche Energie $E = E_{s0} = E_{s1}$ besitzen, vereinfacht sich dieses Ergebnis zu

$$P_{error} = \Phi\left(-\sqrt{\frac{E}{\eta}}\right).$$

Dieses Resultat entspricht der Bitfehlerwahrscheinlichkeit von binärer Frequenzumtastung. Tatsächlich handelt es sich bei BFSK um ein Beispiel von orthogonaler Signalisierung.

18.5 Verallgemeinerung auf mehrstufige Modulationsverfahren

Digitale Modulationsverfahren sind nicht auf die Übertragung von binären (zweiwertigen) Symbolen beschränkt. Vielmehr kann das zu übertragende Symbol u im Allgemeinen M diskrete Werte annehmen. Der Modulator wählt dann das aktuelle Sendesignal aus einer Menge von M Signalen aus.

$$s(t) = s_i(t) \quad \text{falls } u = u_i \qquad i = 0, 1, \ldots M - 1$$

Der Demodulator hat die Aufgabe, zu entscheiden, welches dieser Sendesignale gesendet wurde. Analog zum binären Fall wird für jede der M Hypothesen die Entscheidungsvariable

$$Y_i = \int_{-\infty}^{+\infty} r(\tau) \cdot s_i(\tau)\, d\tau - \frac{E_{si}}{2} \qquad i = 0, 1, \ldots M - 1$$

berechnet. Der Demodulator entscheidet sich schliesslich für diejenige Hypothese, deren Entscheidungsvariable maximal ist.

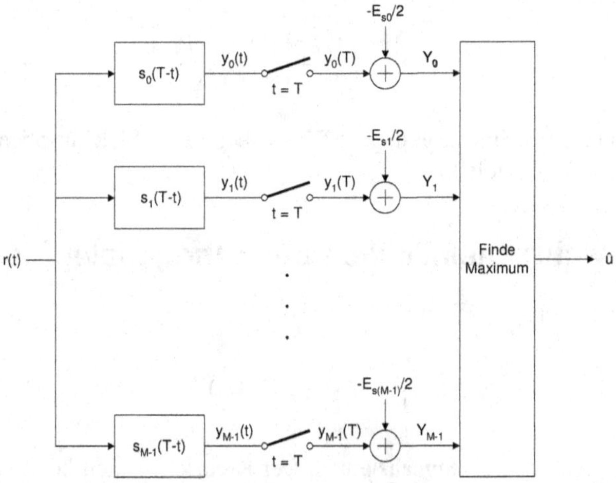

Figur 75: Optimaler Empfänger für mehrstufige Modulationsverfahren

Da die Entscheidungsvariablen nicht an einer fixen Entscheidungsschwelle verglichen werden können, ist die Berechnung der Symbolfehlerwahrscheinlichkeit nicht mehr so einfach wie im binären Fall.

Basisbandübertragung

19 Digitalsignalübertragung in Tiefpasssystemen

In vielen Fällen haben die zur Übertragung von digitalen Signalen verwendeten Kanäle Tiefpasscharakteristik. Während niederfrequente Signalanteile mit vergleichsweise geringer Dämpfung übertragen werden, nimmt die Dämpfung mit zunehmender Frequenz zu. Zu dieser Kategorie Kanäle gehören beispielsweise die verdrillten Kupferpaare oder die Koaxialkabel. Eine derartige Übertragung wird als Basisbandübertragung bezeichnet. Im Gegensatz dazu werden bei der drahtlosen Übertragung meist Signale mit Bandpasscharakteristik eingesetzt.

19.1 Modell des Übertragungssystems

Wir gehen von einer Nachrichtenquelle aus, die zu den Zeitpunkten $n \cdot T$ jeweils ein diskretes Symbol b_n ausgibt. Diese Symbole sollen über einen Kanal mit der Impulsantwort $h_c(t)$ resp. der Übertragungsfunktion $\underline{H}_c(f)$ übertragen werden.

Im Sender wird für jedes Symbol das Signal $b_n \cdot h_{TX}(t - n \cdot T)$ erzeugt, wobei $h_{TX}(t)$ eine bekannte Sendepulsform darstellt. Das Sendesignal ergibt sich aus der Summe dieser gewichteten Sendepulse

$$s(t) = \sum_{n=-\infty}^{+\infty} b_n \cdot h_{TX}(t - n \cdot T) .$$

Beispiel

Die Symbolfolge {..., 1, 0, 0, -1, 1, 1, 0, ...} wird mit Hilfe des nachfolgenden Sendepulses ausgesendet.

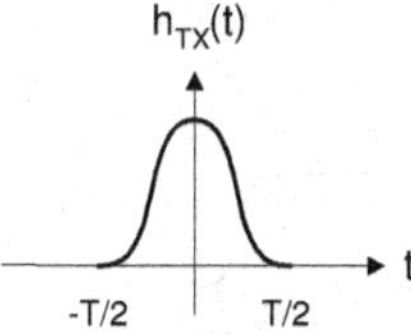

Daraus resultiert das Sendesignal s(t)

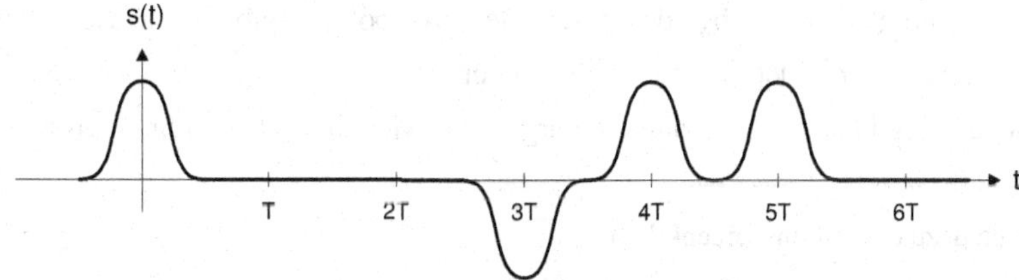

Die Entstehung des Sendesignals kann man sich auch wie folgt denken. Zunächst werden die Symbole b_n in eine Folge von gewichteten Diracimpulsen

$$b(t) = \sum_{n=-\infty}^{+\infty} b_n \cdot \delta(t - n \cdot T)$$

umgesetzt, welche anschliessend ein Filter mit der Impulsantwort $h_{TX}(t)$ durchläuft. Es lässt sich leicht zeigen, dass dadurch das gleiche Sendesignal entsteht[25]

$$\begin{aligned} s(t) &= b(t) * h_{TX}(t) \\ &= \left(\sum_{n=-\infty}^{+\infty} b_n \cdot \delta(t - n \cdot T) \right) * h_{TX}(t) \\ &= \sum_{n=-\infty}^{+\infty} b_n \cdot \left(\delta(t - n \cdot T) * h_{TX}(t) \right) \\ &= \sum_{n=-\infty}^{+\infty} b_n \cdot h_{TX}(t - n \cdot T) . \end{aligned}$$

Beispiel (Fortsetzung)

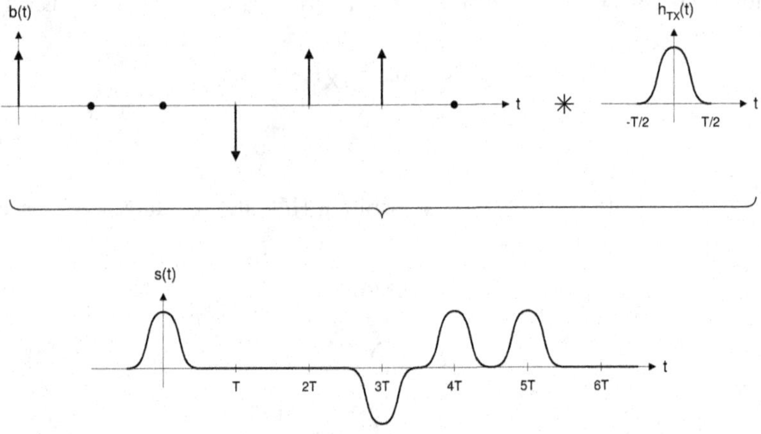

Der Empfänger besteht aus einem Empfangsfilter mit der Impulsantwort $h_{RX}(t)$, einem Abtaster, welcher das Ausgangssignal zu den Zeitpunkten $n{\cdot}T + \tau$ periodisch abtastet und einem Entscheider, der schliesslich eine Schätzung $\hat{b}_n$ des gesendeten Symbols ausgibt. Ohne Beschränkung der Allgemeinheit werden wir in der Folge $\tau = 0$ annehmen.

Zusammenfassend ergibt sich das in Figur 76 dargestellte Modell des Übertragungssystems.

---

[25] Wir benutzen dazu die Faltungseigenschaft

$$h(t) * \delta(t - t_0) = h(t - t_0)$$

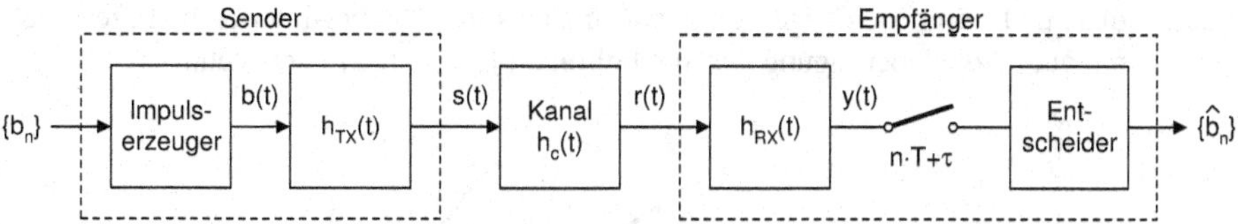

Figur 76: Modell des Übertragungssystems

Werden die Impulsantworten von Sender, Kanal und Empfänger zu einer einzigen Impulsantwort h(t) zusammengefasst, so resultiert das in Figur 77 wiedergegebene, einfache Übertragungsmodell

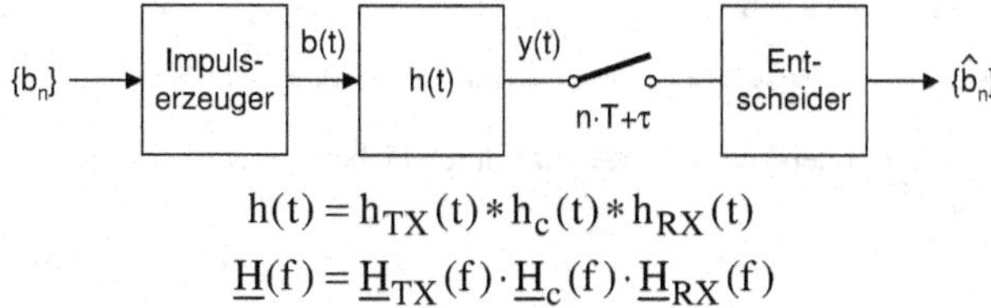

$$h(t) = h_{TX}(t) * h_c(t) * h_{RX}(t)$$

$$\underline{H}(f) = \underline{H}_{TX}(f) \cdot \underline{H}_c(f) \cdot \underline{H}_{RX}(f)$$

Figur 77: Vereinfachtes Modell des Übertragungssystems

Es ist wichtig zu erkennen, dass sich h(t) aus drei Impulsantworten zusammensetzt. Aus der Sicht des Entwicklers muss die Kanalimpulsantwort $h_c(t)$ als gegeben betrachtet werden. Hingegen kann er durch entsprechende Wahl von $h_{TX}(t)$ und $h_{RX}(t)$ Einfluss auf die Gesamtimpulsantwort h(t) nehmen und damit das Verhalten des Systems beeinflussen. Durch die Wahl von $h_{TX}(t)$ kann ferner auf die spektralen und sonstigen Eigenschaften des Sendesignals eingewirkt werden.

19.2 Intersymbol-Interferenz

Bei der Übertragung eines einzelnen Symbols entspricht das für die Entscheidung massgebliche Signal y(t) einer mit dem Symbol b_n gewichteten Kopie der Impulsanwort h(t). Die anschliessende Abtastung liefert eine Entscheidungsvariable, aufgrund derer eine Schätzung des gesendeten Symbols vorgenommen wird. Die beschriebene Situation ist in Figur 78 nochmals wiedergegeben.

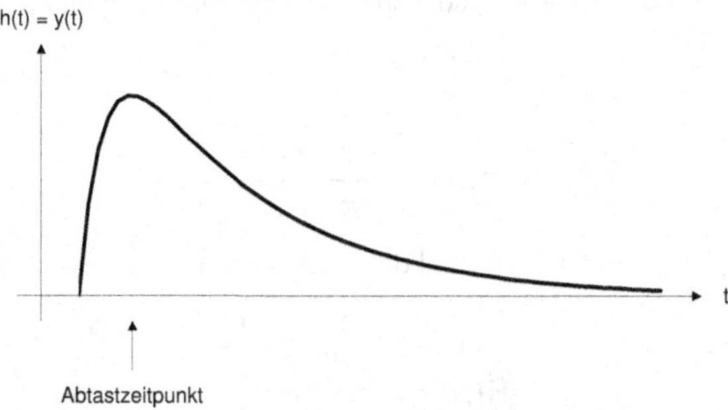

Figur 78: Aus der Faltung von Sendepuls sowie Impulsantwort des Kanals und des Empfangsfilters ergibt sich das für die Entscheidung massgebende Signal

Probleme entstehen, wenn mehrere Symbole nacheinander übertragen werden sollen. Gewöhnlich dauert die Impulsantwort h(t) nämlich länger als die Symbolperiode T. Damit überlappen sich die

Empfangssignale und stören sich gegenseitig, was man als Intersymbol-Interferenz bezeichnet. Als Beispiel ist in Figur 79 die Übertragung der Symbolfolge {1, 0, 1, 1, 0} dargestellt.

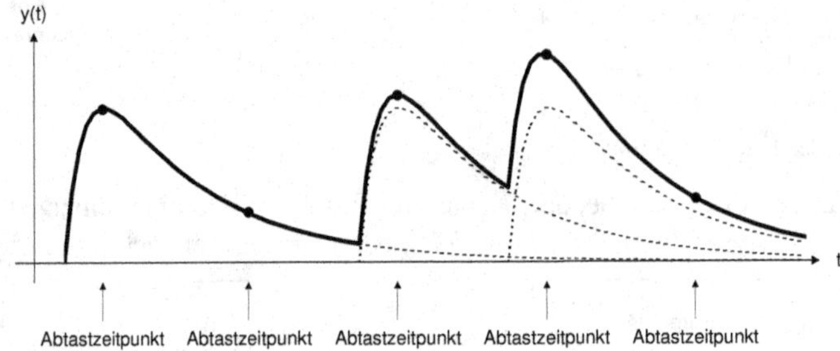

Figur 79: Entstehung von Intersymbolinterferenz durch Überlagerung der Pulse am Ausgang des Empfangsfilters

19.3 Erstes Nyquist-Kriterium

19.3.1 Formulierung im Zeitbereich

Zur Vermeidung der geschilderten Störungen muss h(t) durch geschickte Wahl von $h_{TX}(t)$ und $h_{RX}(t)$ so angepasst werden, dass sich die einzelnen Pulse wenigstens zu den Abtastzeitpunkten $n \cdot T + \tau$ nicht überlappen. Die entsprechende Bedingung ist unter der Bezeichnung 1. Nyquist-Kriterium[26] bekannt und lautet

$$h(n \cdot T + \tau) = \begin{cases} h_0 & n = 0 \\ 0 & n \neq 0 \end{cases}.$$

Es ist zu beachten, dass sich diese Bedingung auf die Gesamtimpulsantwort h(t) des Systems bezieht.

Ein Rechteckpuls der Breite T würde die genannte Bedingung erfüllen, ist physikalisch jedoch kaum realisierbar, da sich dessen Amplitudenspektrum über einen unendlich grossen Bereich ausdehnt.

Die Pulsform

$$h(t) = \frac{\sin(\pi \cdot t / T)}{\pi \cdot t / T}$$

erfüllt das 1. Nyquist-Kriterium ebenfalls und dessen Spektrum

$$\underline{H}(f) = \begin{cases} T & |f| \leq \dfrac{1}{2 \cdot T} \\ 0 & |f| > \dfrac{1}{2 \cdot T} \end{cases}$$

---

[26] So benannt nach dem schwedisch-amerikanischen Ingenieur Harry Nyquist (1889 – 1976), der die entsprechende Bedingung 1928 erstmals veröffentlichte.

ist zudem auf den Bereich $|f| \leq 1/(2 \cdot T)$ begrenzt. Hingegen ergeben sich auch damit praktische Schwierigkeiten:

- $\underline{H}(f)$ ist physikalisch nicht realisierbar. Die entsprechende Impulsantwort h(t) ist nicht-kausal und von unendlicher Dauer. Selbst eine Approximation von $\underline{H}(f)$ ist aufgrund des sehr steilen Übergangs schwierig zu realisieren.
- Die Hüllkurve des Pulses nimmt lediglich mit 1/t ab. Ein kleiner Fehler bei der Synchronisation des Abtastzeitpunktes kann zu beträchtlichen Intersymbol-Interferenzen führen, da die Folge 1/n nicht absolut summierbar ist

$$\sum_{n=1}^{\infty} \frac{1}{n} = \infty .$$

19.3.2 Raised Cosine-Rolloff Filter

Aufgrund dieser praktischen Probleme sind wir gezwungen, die Bandbreite der Pulsform h(t) etwas grösser zu wählen. Als Beispiel betrachten wir das Raised Cosine-Rolloff Filter, das durch die Übertragungsfunktion

$$\underline{H}(f) = \begin{cases} 1 & |f| \leq \frac{1-r}{2 \cdot T} \\ \frac{1}{2} \cdot \left[1 - \sin\left(\frac{\pi \cdot T}{r} \cdot \left(|f| - \frac{1}{2 \cdot T} \right) \right) \right] & \frac{1-r}{2 \cdot T} < |f| \leq \frac{1+r}{2 \cdot T} \\ 0 & \text{sonst} \end{cases}$$

definiert ist. Im Vergleich zum idealen Tiefpass weist das Raised Cosine-Rolloff Filter einen gemächlicheren Übergang vom Durchlass- in den Sperrbereich auf. Die Steilheit der Flanke ist umso geringer, je grösser der so genannte Rolloff-Faktor r gewählt wird. Andererseits beeinflusst der Rolloff-Faktor auch die absolute Bandbreite des Filters. Das Filter lässt nur Frequenzen im Bereich

$$|f| \leq \frac{1+r}{2 \cdot T}$$

passieren. Der Unterschied in der Bandbreite zum idealen Tiefpassfilter

$$\Delta f = \frac{r}{2 \cdot T}$$

wird als Excess Bandwidth bezeichnet. In Figur 80 ist die Übertragungsfunktion des Raised Cosine-Rolloff Filters für verschiedene Werte des Rolloff-Faktors r dargestellt.

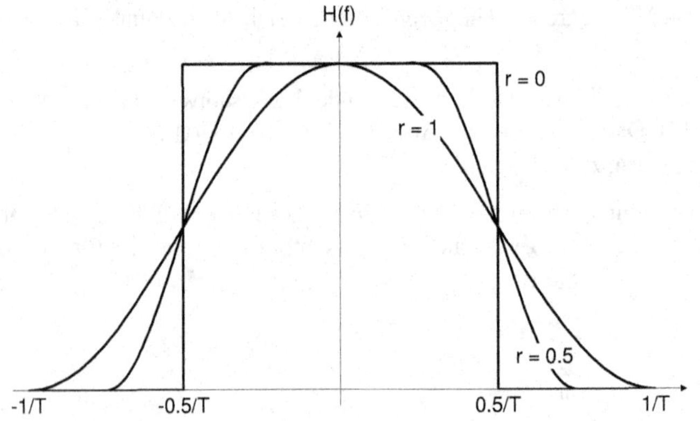

Figur 80: Übertragungsfunktion des Raised Cosine-Rollfoff Filters

Die inverse Fouriertransformation von H(f) liefert die Impulsantwort des Filters

$$h(t) = T \cdot \frac{\sin\left(\pi \cdot \frac{t}{T}\right)}{\pi \cdot \frac{t}{T}} \cdot \frac{\cos\left(\pi \cdot r \cdot \frac{t}{T}\right)}{1 - \left(2 \cdot r \cdot \frac{t}{T}\right)^2},$$

welche offensichtlich das 1. Nyquist-Kriterium erfüllt, da sie für $t = n \cdot T$ ($n \neq 0$) Nullstellen aufweist. Für grosse Werte von t nimmt h(t) mit $1/t^3$ ab[27], also um einiges schneller als die Impulsantwort des idealen Tiefpassfilters.

19.3.3 Formulierung im Frequenzbereich

Das erste Nyquist-Kriterium macht eine Aussage über das Verhalten von h(t) zu den Abtastzeitpunkten $t = n \cdot T$. Wir definieren deshalb die Funktion

$$h_d(t) = \sum_{n=-\infty}^{\infty} h(n \cdot T) \cdot \delta(t - n \cdot T),$$

welche die Abtastwerte in Form einer gewichteten Folge von Diracpulsen darstellt. Das Nyquist-Kriterium verlangt, dass, mit einer Ausnahme bei $t = 0$, alle Abtastwerte verschwinden. Für die Funktion $h_d(t)$ resultiert daraus die Bedingung

$$h_d(t) = \sum_{n=-\infty}^{\infty} h(n \cdot T) \cdot \delta(t - n \cdot T) = h(0) \cdot \delta(t).$$

Die Fouriertransformation dieser Beziehung liefert das erste Nyquist-Kriterium im Frequenzbereich

$$\frac{1}{T} \cdot \sum_{n=-\infty}^{\infty} H\left(f - \frac{n}{T}\right) = h(0).$$

---

[27] Für $r \approx 0$ muss t allerdings sehr gross sein, bis diese Aussage zutrifft.

Der Puls h(t) erfüllt demnach das erste Nyquist-Kriterium, wenn dessen Spektrum H(f) periodisch wiederholt und aufsummiert eine Konstante ergibt.

Die nachfolgende Figur zeigt drei Spektren, welche die genannte Bedingung erfüllen.

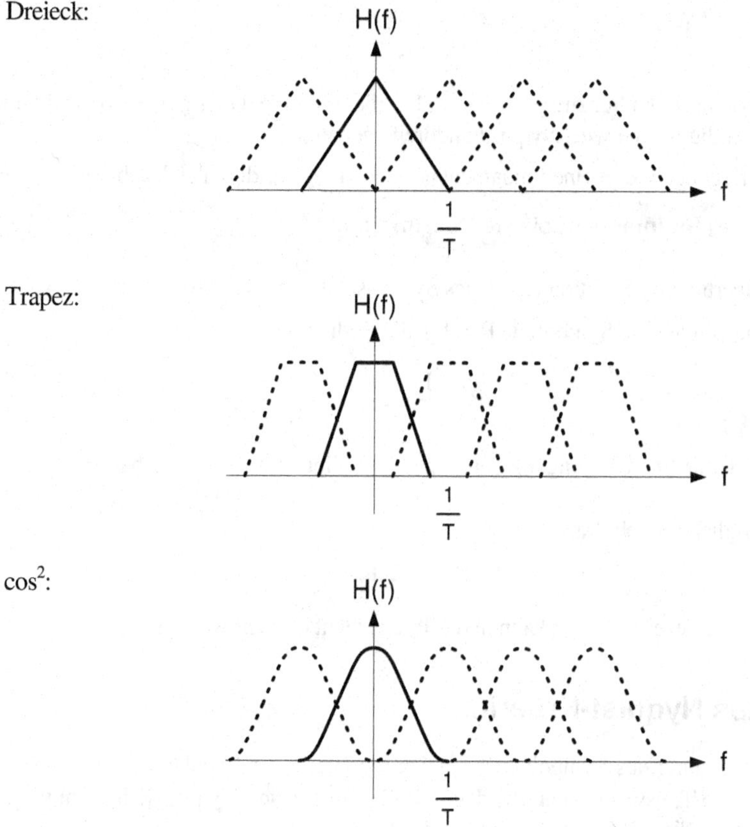

Figur 81: Beispiele von Spektren, welche die erste Nyquistbedingung erfüllen.

19.3.4 Folgerung

Ist H(f) auf den Frequenzbereich

$$|f| < \frac{1}{2 \cdot T}$$

begrenzt, kann das erste Nyquist-Kriterium nicht erfüllt werden. Bei der Summation der periodisch fortgesetzten Spektren bleibt immer eine Lücke.

Der Puls

$$h(t) = \frac{\sin(\pi \cdot t / T)}{\pi \cdot t / T},$$

dessen Spektrum auf den Frequenzbereich

$$|f| \le \frac{1}{2 \cdot T}$$

begrenzt ist, erfüllt hingegen das erste Nyquist-Kriterium. Wir folgern daraus, dass die Frequenz

$$f_N = \frac{1}{2 \cdot T}$$

gerade die (theoretische) Grenzfrequenz darstellt, die für eine Übertragung ohne Intersymbolinterferenz notwendig ist. Sie wird Nyquistbandbreite genannt.

Aus diesen Überlegungen folgt eine fundamentale Beziehung der digitalen Nachrichtentechnik.

Bedingung für intersymbolfreie Übertragung

Ist die Übertragungsfunktion H(f) eines Systems auf den Frequenzbereich $|f| \le f_g$ begrenzt, so muss die Symbolrate R = 1/T die Bedingung

$$R = \frac{1}{T} \le 2 \cdot f_g$$

erfüllen, damit eine Übertragung ohne Intersymbolinterferenz realisierbar ist.

Die maximal mögliche Symbolrate

$$R_N = 2 \cdot f_g$$

wird als Nyquistrate bezeichnet. Sie kann in der Praxis nicht erreicht werden.

19.4 Zweites Nyquist-Kriterium

Bei der Rückgewinnung des Symboltaktes spielen die Werte der Impulsform zu den Zeitpunkten ±1.5·T, ±2.5·T, ±3.5·T, usw. eine entscheidende Rolle. Im zweiten Nyquist-Kriterium wird deshalb verlangt, dass h(t) zu diesen Zeiten verschwindet.

Werden zweiwertige Symbole $b_n \in \{-1, +1\}$ mit Impulsen übertragen, welche das zweite Nyquist-Kriterium erfüllen, so kann das Signal zu den Zeiten n·T ± T/2 nur drei mögliche Werte annehmen

$$y\left(n \cdot T \pm \frac{T}{2}\right) = \begin{cases} 2 \cdot h\left(\frac{T}{2}\right) & b_n = b_{n+1} = 1 \\ 0 & b_n = -b_n \\ -2 \cdot h\left(\frac{T}{2}\right) & b_n = b_n = -1 \end{cases} .$$

Bei einem Wechsel des Symbols entsteht somit immer eine Flanke, deren Nulldurchgang genau um ± T/2 gegenüber dem Abtastzeitpunkt verschoben ist.

Figur 82 zeigt das Augendiagramm[28] für einen Impuls, welcher das erste und das zweite Nyquist-Kriterium erfüllt.

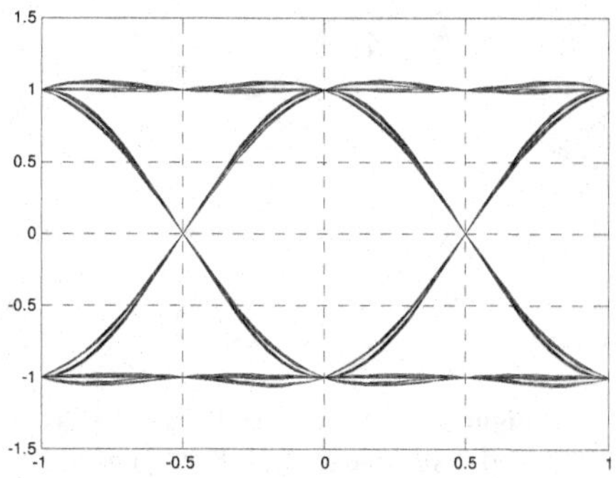

Figur 82: Augendiagramm bei Erfüllung des zweiten Nyquist-Kriteriums

Im Gegensatz dazu zeigt Figur 83 das Augendiagramm für einen Impuls, welcher zwar das erste, nicht aber das zweite Nyquist-Kriterium erfüllt. Man erkennt deutlich, dass die für die Synchronisation wichtigen Nulldurchgänge nicht mehr alle im Abstand ±T/2 vom Abtastzeitpunkt liegen.

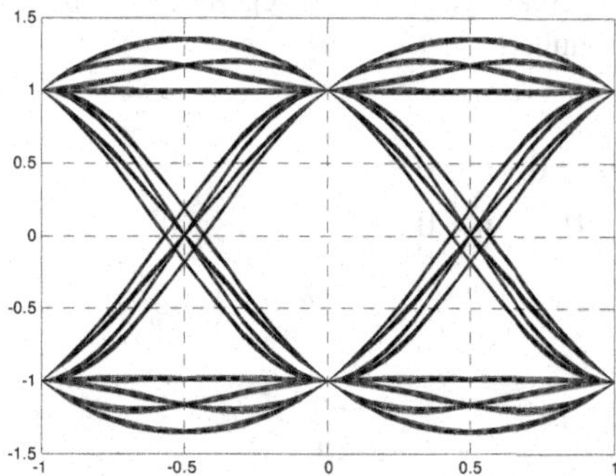

Figur 83: Augendiagramm bei Verletzung des zweiten Nyquist-Kriteriums

Wie das Beispiel zeigt, erfüllt ein Puls, welcher das erste Nyquist-Kriterium erfüllt, nicht zwingend auch das zweite Kriterium. Eine Ausnahme ist das in Figur 84 dargestellte Raised Cosine-Rolloff Filter mit r = 1, welches beide Kriterien erfüllt.

[28] Ein Augendiagramm entsteht dadurch, dass verschiedene Symbolperioden eines zufällig modulierten Signals übereinander gezeichnet werden. Damit sind alle möglichen Signalübergänge in einer Figur ersichtlich. Form und Grösse der Augenöffnung erlauben die Beurteilung der Signalqualität.

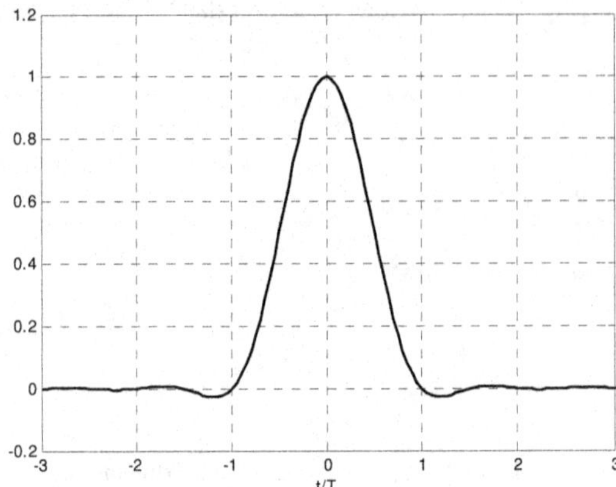

Figur 84: Beispiel eines Pulses, der das erste und das zweite Nyquist-Kriterium erfüllt.

19.5 Drittes Nyquist-Kriterium

Oft wird zur Bildung der Entscheidungsvariablen das Signal während einer Symboldauer T integriert (integrate and dump). Damit aufeinanderfolgende Symbole sich gegenseitig nicht stören, wurde für diesen Fall das dritte Nyquist-Kriterium formuliert:

$$\int_{\left(n-\frac{1}{2}\right)\cdot T}^{\left(n+\frac{1}{2}\right)\cdot T} h(t)\,dt = \begin{cases} I_0 \neq 0 & n = 0 \\ 0 & n \neq 0 \end{cases}.$$

Im Intervall

$$-\frac{T}{2} \leq t \leq +\frac{T}{2}$$

liefert die Integration folglich einen von null verschiedenen Wert I_0, welcher zur Schätzung des gesendeten Symbols verwendet werden kann. Alle anderen Integrationsintervalle liefern hingegen den Wert null, beeinflussen die Entscheidungsvariable also nicht.

Eine Integration während einer Symboldauer T entspricht im Zeitbereich einer Faltung des Signals mit einem Rechteckpuls der Breite T. Im Frequenzbereich ist dies gleichbedeutend mit einer Multiplikation des Spektrums mit $\sin(\pi{\cdot}f{\cdot}T)/(\pi{\cdot}f{\cdot}T)$. Ist H(f) das Spektrum eines Pulses, welcher das erste Nyquist-Kriterium erfüllt, so erfüllt der Puls mit dem Spektrum

$$\tilde{H}(f) = H(f)\cdot\frac{\pi\cdot f\cdot T}{\sin(\pi\cdot f\cdot T)}$$

deshalb das dritte Kriterium.

Analoge Modulationsverfahren

20 Amplitudenmodulation

20.1 Mathematische Beschreibung

20.1.1 Modulation eines sinusförmigen Trägersignals

Wird ein sinusförmiger Träger[29] durch ein analoges Signal moduliert, so lässt sich das modulierte Signal grundsätzlich durch den Ausdruck

$$s(t) = \hat{S}(t) \cdot \cos\left(\omega_T \cdot t + \varphi(t)\right)$$

beschreiben. Sowohl die Momentanamplitude $\hat{S}(t)$ als auch der Momentanphasenwinkel $\varphi(t)$ sind zeitabhängige Grössen, da sie im Allgemeinen vom modulierenden Signal abhängen. Die Konstante ω_T wird als Trägerkreisfrequenz bezeichnet.

20.1.2 Reine Amplitudenmodulation

Eine reine Amplitudenmodulation liegt vor, wenn ausschliesslich die Amplitude der Trägerschwingung verändert wird. Der Momentanphasenwinkel ist in diesem Fall konstant

$$\varphi(t) = \varphi_0 = \text{konstant}$$

und wird der Einfachheit halber häufig gleich null gesetzt. Folglich ergibt sich für ein nur in der Amplitude moduliertes Signal

$$s_{AM}(t) = \hat{S}(t) \cdot \cos\left(\omega_T \cdot t + \varphi_0\right).$$

Für gewöhnlich wird ein linearer Zusammenhang

$$\hat{S}(t) = \hat{S}_T + \alpha \cdot s_M(t),$$

zwischen der Momentanamplitude $\hat{S}(t)$ und dem modulierenden Signal $s_M(t)$ gefordert, woraus für das amplitudenmodulierte Signal die Beziehung

$$\begin{aligned} s_{AM}(t) &= \hat{S}(t) \cdot \cos\left(\omega_T \cdot t + \varphi_0\right) \\ &= \left(\hat{S}_T + \alpha \cdot s_M(t)\right) \cdot \cos\left(\omega_T \cdot t + \varphi_0\right) \\ &= \hat{S}_T \cdot \left(1 + \frac{\alpha \cdot s_M(t)}{\hat{S}_T}\right) \cdot \cos\left(\omega_T \cdot t + \varphi_0\right) \end{aligned}$$

folgt.

---

[29] Den Begriff „sinusförmiges Signal" verwenden wir in diesem Buch als Synonym für eine beliebige harmonische Schwingung $s(t) = \hat{A} \cdot \cos(\omega \cdot t + \varphi)$.

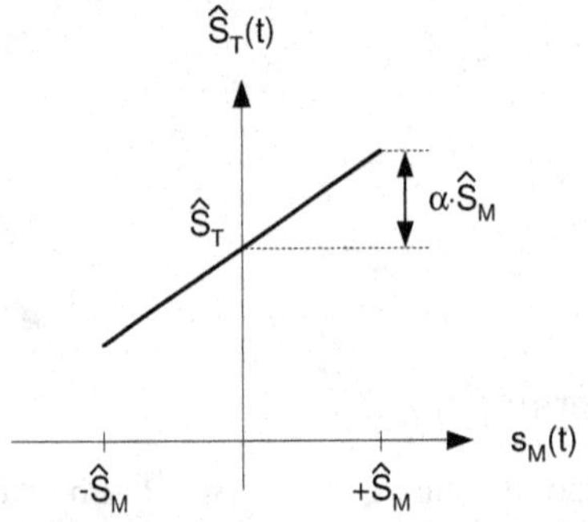

Figur 85: Linearer Zusammenhang zwischen dem modulierenden Signal $s_M(t)$ und der Momentanamplitude $\hat{S}_T(t)$

Die Konstante $\hat{S}_T$ entspricht der Amplitude des unmodulierten Trägersignals. Die Momentanamplitude schwankt zwischen den Werten $\hat{S}_T - \alpha \cdot \hat{S}_M$ und $\hat{S}_T + \alpha \cdot \hat{S}_M$.

20.1.3 Darstellung mittels Basisbandsignalen

Bei reiner Amplitudenmodulation resultiert für das modulierte Signal

$$s_{AM}(t) = \left[\hat{S}_T + \alpha \cdot s_M(t)\right] \cdot \cos(\omega_T \cdot t + \varphi_0).$$

Mit Hilfe der trigonometrischen Additionstheoreme folgt daraus

$$s_{AM}(t) = \underbrace{\left[\hat{S}_T + \alpha \cdot s_M(t)\right] \cdot \cos(\varphi_0)}_{x(t)} \cdot \cos(\omega_T \cdot t) - \underbrace{\left[\hat{S}_T + \alpha \cdot s_M(t)\right] \cdot \sin(\varphi_0)}_{y(t)} \cdot \sin(\omega_T \cdot t).$$

Die Grössen

$$x(t) = \left[\hat{S}_T + \alpha \cdot s_M(t)\right] \cdot \cos(\varphi_0)$$

und

$$y(t) = \left[\hat{S}_T + \alpha \cdot s_M(t)\right] \cdot \sin(\varphi_0)$$

hängen nicht von der Trägerfrequenz ab und, da das modulierende Signal für gewöhnlich bandbegrenzt ist, gilt dies auch für x(t) und y(t). Sie werden deshalb als Basisbandsignale bezeichnet. Mathematisch können die beiden Signale in eine so genannte komplexe Umhüllende $\underline{u}(t)$ zusammengefasst werden

$$\begin{aligned} \underline{u}(t) &= x(t) + j \cdot y(t) \\ &= \left[\hat{S}_T + \alpha \cdot s_M(t)\right] \cdot \left[\cos(\varphi_0) + j \cdot \sin(\varphi_0)\right] \\ &= \left[\hat{S}_T + \alpha \cdot s_M(t)\right] \cdot e^{j \cdot \varphi_0}. \end{aligned}$$

Es handelt sich dabei um eine von der Trägerfrequenz unabhängige Beschreibung des modulierten Signals. Für den Betrag der komplexen Umhüllenden erhält man

$$|\underline{u}(t)| = \left|\hat{S}_T + \alpha \cdot s_M(t)\right|,$$

wobei die Betragsstriche weggelassen werden können, falls $\hat{S}_T \geq -s_M(t)$ respektive $\hat{S}_T \geq |s_M(t)|$ gilt.

In der Regel wird der (uninteressante) Nullphasenwinkel mit $\varphi_0 = 0$ angenommen. Die komplexe Umhüllende ist dann rein reell

$$\underline{u}(t) = \hat{S}_T + s_M(t).$$

Aus der komplexen Umhüllenden $\underline{u}(t)$ lässt sich umgekehrt das modulierte Signal bestimmen

$$\begin{aligned} s_{AM}(t) &= \mathrm{Re}\left[\underline{u}(t) \cdot e^{j\cdot\omega_T \cdot t}\right] \\ &= \mathrm{Re}\left[\left(\hat{S}_T + \alpha \cdot s_M(t)\right) \cdot e^{j\cdot\varphi_0} \cdot e^{j\cdot\omega_T \cdot t}\right] \\ &= \mathrm{Re}\left[\left(\hat{S}_T + \alpha \cdot s_M(t)\right) \cdot e^{j\cdot(\omega_T \cdot t + \varphi_0)}\right] \\ &= \left(\hat{S}_T + \alpha \cdot s_M(t)\right) \cdot \cos(\omega_T \cdot t + \varphi_0). \end{aligned}$$

20.1.4 Amplitudenmodulation mit sinusförmigen Signal

Der Einfachheit halber betrachten wir ein sinusförmiges Modulationssignal

$$s_M(t) = \hat{S}_M \cdot \cos(\omega_M \cdot t).$$

Nebenbei bemerkt gilt in diesem Fall $|s_M(t)| \leq \hat{S}_M$.

Für das amplitudenmodulierte Signal erhält man

$$\begin{aligned} s_{AM}(t) &= \left[\hat{S}_T + \alpha \cdot \hat{S}_M \cdot \cos(\omega_M \cdot t)\right] \cdot \cos(\omega_T \cdot t + \varphi_0) \\ &= \hat{S}_T \cdot \cos(\omega_T \cdot t + \varphi_0) + \alpha \cdot \hat{S}_M \cdot \cos(\omega_M \cdot t) \cdot \cos(\omega_T \cdot t + \varphi_0) \\ &= \underbrace{\hat{S}_T \cdot \cos(\omega_T \cdot t + \varphi_0)}_{\text{Träger}} + \underbrace{\frac{\alpha \cdot \hat{S}_M}{2} \cdot \cos\left[(\omega_T + \omega_M) \cdot t + \varphi_0\right]}_{\text{oberes Seitenband}} + \underbrace{\frac{\alpha \cdot \hat{S}_M}{2} \cdot \cos\left[(\omega_T - \omega_M) \cdot t + \varphi_0\right]}_{\text{unteres Seitenband}}. \end{aligned}$$

Das AM-Signal besteht dementsprechend aus einer Trägerschwingung bei ω_T und zwei so genannten Seitenbändern bei $\omega_T + \omega_M$ und $\omega_T - \omega_M$.

Durch Definition des Modulationsgrades

$$m = \frac{\alpha \cdot \hat{S}_M}{\hat{S}_T}$$

ergibt sich die Vereinfachung

$$s_{AM}(t) = \hat{S}_T \cdot \left\{ \cos\left(\omega_T \cdot t + \varphi_0\right) + \frac{m}{2} \cdot \cos\left[\left(\omega_T + \omega_M\right) \cdot t + \varphi_0\right] + \frac{m}{2} \cdot \cos\left[\left(\omega_T - \omega_M\right) \cdot t + \varphi_0\right] \right\}.$$

Aus den gemachten Überlegungen folgt, dass das Spektrum eines amplitudenmodulierten Signals bei sinusförmiger Modulation, wie in Figur 86 gezeigt, aus drei diskreten Spektrallinien besteht:

- dem Trägersignal bei ω_T
- dem unteren Seitenband bei ω_T - ω_M
- dem oberen Seitenband bei ω_T + ω_M

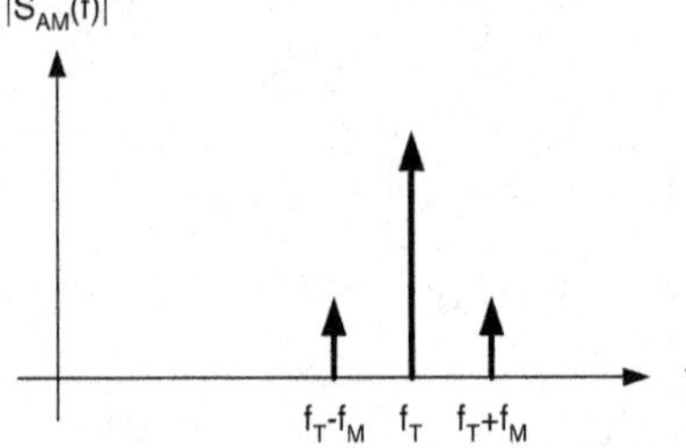

Figur 86: Spektrum eines AM-Signals bei sinusförmiger Modulation

Im Allgemeinen weist das modulierende Signal eine beliebige spektrale Verteilung auf, ist aber meist auf den Bereich $f \leq f_{max}$ bandbegrenzt. Wie in Figur 87 gezeigt, besteht das Spektrum in diesem Fall aus einem Träger und zwei Seitenbändern. Das untere Seitenband (LSB – lower side band) befindet sich in Kehrlage, d. h. hohe Frequenzen des modulierenden Signals entsprechen tiefen Frequenzen des modulierten Signals.

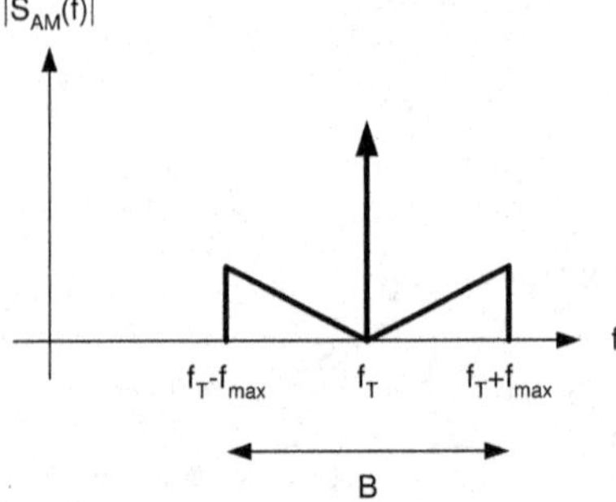

Figur 87: Spektrum eines AM-Signals bei allgemeinem Modulationssignal

Ist das modulierende Signal auf den Bereich $f \leq f_{max}$ bandbegrenzt, so belegt das amplitudenmodulierte Signal die Bandbreite

$$B = 2 \cdot f_{max} \cdot$$

20.1.5 Einfluss des Modulationsgrads

Der Einfluss des Modulationsgrads m auf den zeitlichen Verlauf des amplitudenmodulierten Signals bei sinusförmiger Modulation ist in Figur 88 wiedergegeben.

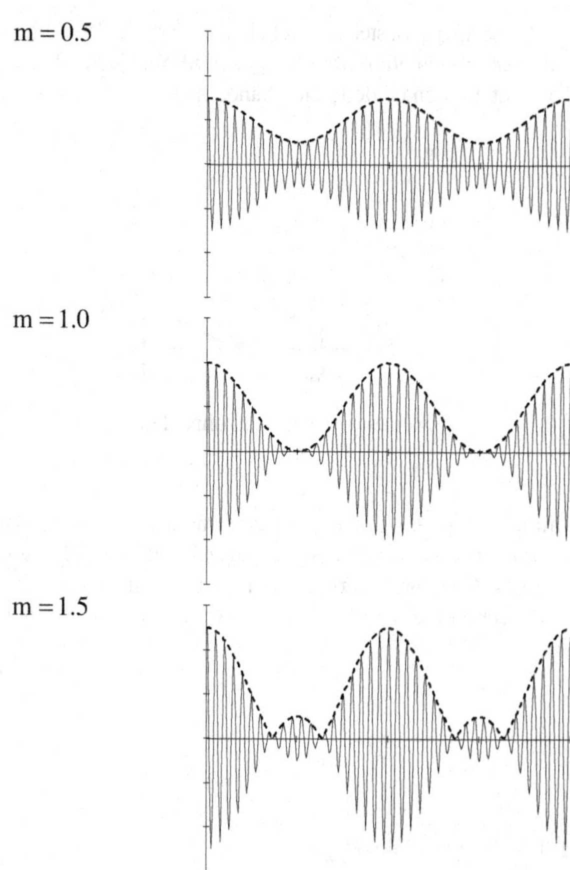

Figur 88: Einfluss des Modulationsgrads

Solange $m \le 1$ gilt, ist $\hat{S}_T \ge \alpha \cdot \hat{S}_M$ und die Momentanamplitude $\hat{S}(t)$ bleibt stets positiv. Dies ist bei der konventionellen Amplitudenmodulation erstrebenswert, da dadurch eine einfache Demodulation mit einem Hüllkurvendetektor (Seite 191) möglich wird. Für $m > 1$ stimmt die Hüllkurve des amplitudenmodulierten Signals nicht mehr mit dem modulierenden Signal überein. Ein solches Signal kann folglich mit einem Hüllkurvendetektor nicht mehr verzerrungsfrei demoduliert werden.

20.1.6 Zweiseitenbandmodulation ohne Träger

Für den Spezialfall $\hat{S}_T = 0$ resultiert für das modulierte Signal

$$s(t) = \alpha \cdot s_M(t) \cdot \cos(\omega_T \cdot t + \varphi_0)$$

und, falls das modulierende Signal sinusförmig ist,

$$\begin{aligned} s(t) &= \alpha \cdot \hat{S}_M \cdot \cos(\omega_M \cdot t) \cdot \cos(\omega_T \cdot t + \varphi_0) \\ &= \frac{\alpha \cdot \hat{S}_M}{2} \cdot \left[\cos\left((\omega_T + \omega_M) \cdot t + \varphi_0\right) + \cos\left((\omega_T - \omega_M) \cdot t + \varphi_0\right)\right]. \end{aligned}$$

Das Signal enthält keine Trägerkomponente, sondern besteht lediglich aus den beiden Seitenbändern. Deshalb spricht man von Zweiseitenbandmodulation ohne Träger (DSBSC – Double Side Band Suppressed Carrier). Das Spektrum besteht aus den beiden Seitenbändern.

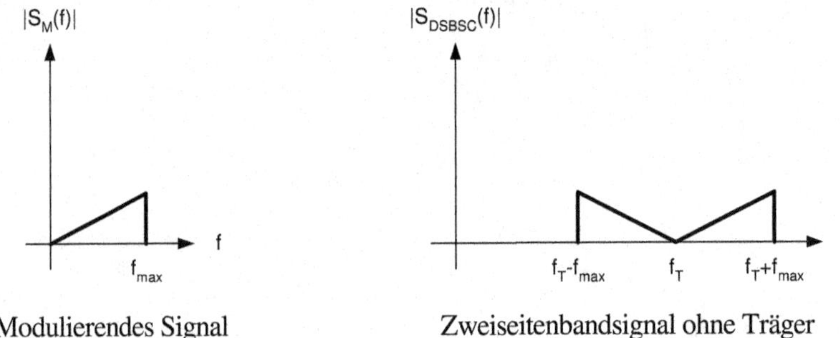

Figur 89: Spektrum eines DSBSC-Signals

Das modulierte Signal entsteht aus der Multiplikation des Trägers mit dem modulierenden Signal. Bei einem Vorzeichenwechsel des Modulationssignals $s_M(t)$ kommt es deshalb zu einem Phasensprung von 180°. Es handelt sich bei dieser Modulationsart also nicht mehr um eine reine Amplitudenmodulation. Die Umhüllende des modulierten Signals entspricht nicht dem Modulationssignal.

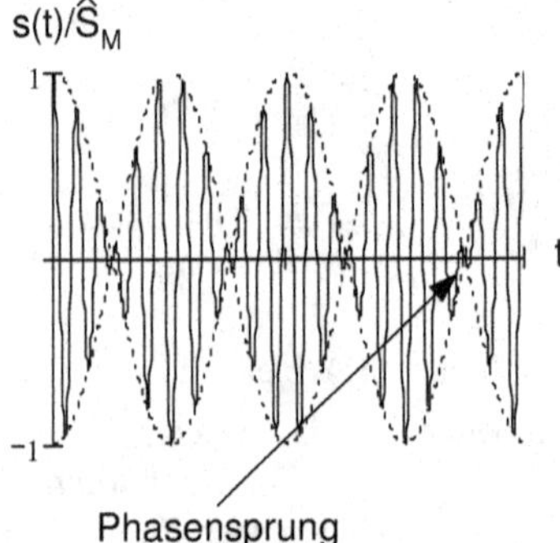

Figur 90: Zeitlicher Verlauf eines DSBSC-Signals

20.2 Demodulation

Für die Demodulation eines AM-Signals existieren grundsätzlich zwei Möglichkeiten:

- Bestimmung der Hüllkurve, da diese mit dem modulierenden Signal übereinstimmt. Dies funktioniert nur unter der Bedingung $m \leq 1$ verzerrungsfrei.
- Frequenzumsetzung, d. h. Translation des Spektrums um die Trägerfrequenz. Die beiden informationstragenden Seitenbänder werden dadurch ins Basisband verschoben und entsprechen dem modulierenden Signal.

20.2.1 Hüllkurvendemodulation

Für $m \leq 1$ kann der Verlauf des modulierenden Signals aus der Hüllkurve des AM-Signals bestimmt werden. Eine entsprechende Schaltung ist in Figur 91 dargestellt.

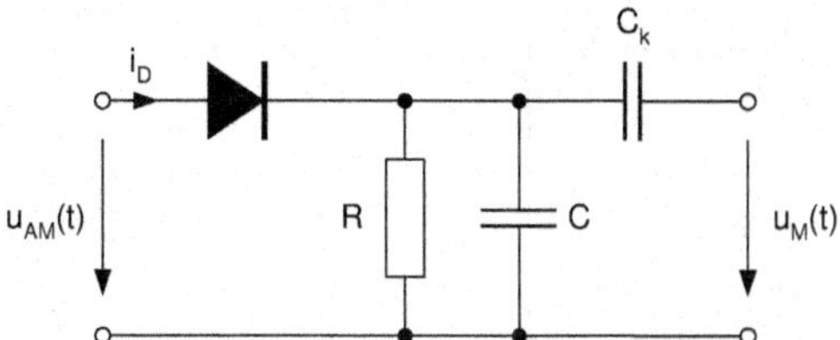

Figur 91: Prinzipschaltung des Hüllkurvendetektors

So lange der Strom i_D durch die Diode positiv ist, folgt die Spannung über dem Kondensator C der Eingangsspannung $u_{AM}(t)$. Ist die Eingangsspannung hingegen kleiner als die Spannung über C, sperrt die Diode und die Ausgangsspannung nimmt mit der Zeitkonstanten $\tau = R \cdot C$ exponentiell ab. Der Kondensator C_k dient zur Unterdrückung der Gleichspannungskomponenten.

Die Zeitkonstante τ muss so gross gewählt werden, dass die Spannung über dem RC-Glied während einer Periodendauer des Trägersignals nicht merklich abfällt. Dies wird durch die Bedingung

$$\tau \geq \frac{10}{\omega_T}$$

erreicht.

Andererseits muss τ genügend klein sein, so dass die Ausgangspannung auch den schnellsten Änderungen der Hüllkurve folgen kann. Daraus folgt die Bedingung

$$\tau \leq \frac{\sqrt{1-m^2}}{m \cdot \omega_{m,max}} .$$

Beide Bedingungen können nur dann gleichzeitig erfüllt werden, wenn die Hüllkurve im Vergleich zur Trägerperiode langsam ändert.

Der Einfluss der Zeitkonstanten ist aus der Figur 92 ersichtlich.

Demodulation bei korrekter Wahl von τ.

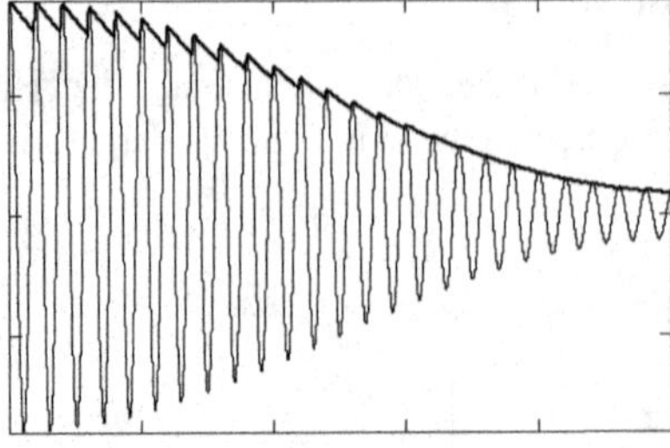

Demodulation mit zu kleinem τ.

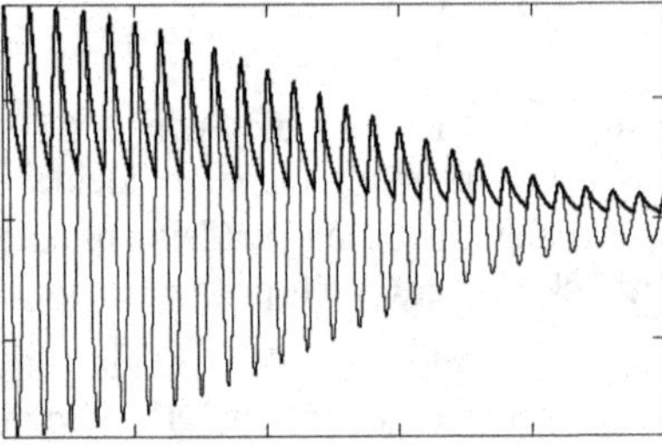

Demodulation mit zu grossem τ.

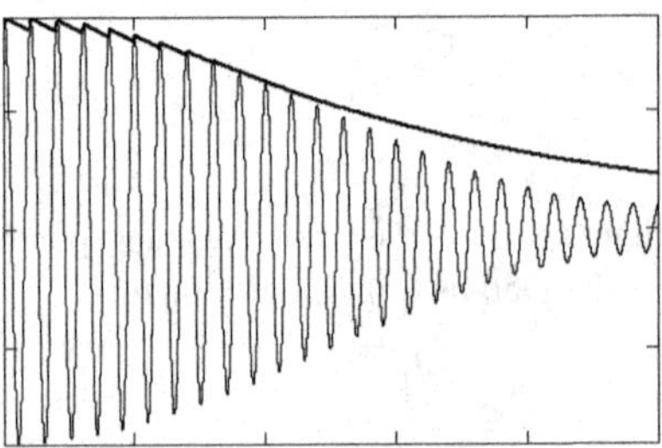

Figur 92: Einfluss der Zeitkonstanten τ auf die Hüllkurvendemodulation

Für gewöhnlich gilt $\omega_T >> \omega_{M,max}$ und die Wahl von τ ist dementsprechend unkritisch.

20.2.2 Demodulation mit Trägernachbildung

Bei dem in Figur 93 gezeigten Demodulator wird das AM-Signal $s_{AM}(t)$ mit Hilfe des Mischers und der Trägernachbildung $k \cdot \cos(\omega_T + \varphi)$ ins Basisband zurück verschoben. Dazu ist kein Trägeranteil im empfangenen Signal notwendig.

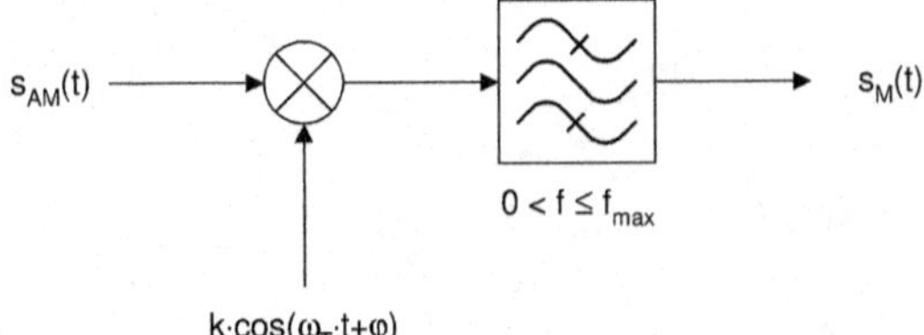

Figur 93: Prinzip des AM-Demodulators mit Trägernachbildung

Für die Analyse der Schaltung gehen wir von einem sinusförmig modulierten AM-Signal aus

$$s_{AM}(t) = \hat{S}_T \cdot [1 + m \cdot \cos(\omega_M \cdot t)] \cdot \cos(\omega_T \cdot t) .$$

Im Mischer wird das Eingangssignal mit der Trägernachbildung multipliziert

$$\begin{aligned}
s_{AM}(t)\cdot k\cdot\cos(\omega_T+\varphi) &= k\cdot\hat{S}_T\cdot[1+m\cdot\cos(\omega_M\cdot t)]\cdot\cos(\omega_T\cdot t)\cdot\cos(\omega_T\cdot t+\varphi)\\
&= k\cdot\hat{S}_T\cdot[1+m\cdot\cos(\omega_M\cdot t)]\cdot\frac{1}{2}\cdot[\cos(2\cdot\omega_T\cdot t+\varphi)+\cos(\varphi)]\\
&= \frac{k\cdot\hat{S}_T}{2}\cdot\cos(2\cdot\omega_T\cdot t+\varphi)+\frac{k\cdot\hat{S}_T}{2}\cdot\cos(\varphi)\\
&+\frac{m\cdot k\cdot\hat{S}_T}{2}\cdot\cos(\omega_M\cdot t)\cdot\cos(2\cdot\omega_T\cdot t+\varphi)\\
&+\frac{m\cdot k\cdot\hat{S}_T}{2}\cdot\cos(\omega_M\cdot t)\cdot\cos(\varphi).
\end{aligned}$$

Das anschliessende Bandpassfilter lässt nur Signale im Frequenzbereich $0<\omega\leq\omega_{max}$ passieren. An dessen Ausgang beobachtet man folgendes Signal

$$\begin{aligned}
s_M(t) &= \frac{m\cdot k\cdot\hat{S}_T}{2}\cdot\cos(\varphi)\cdot\cos(\omega_M\cdot t)\\
&= \frac{k}{2}\cdot\cos(\varphi)\cdot\underbrace{\hat{S}_M\cdot\cos(\omega_M\cdot t)}_{s_M(t)},
\end{aligned}$$

was, bis auf den Faktor

$$\frac{k}{2}\cdot\cos(\varphi),$$

dem modulierenden Signal $s_M(t)$ entspricht. Während k konstant ist, hängt φ von der Phasendifferenz zwischen dem Trägersignal des Senders und der Trägernachbildung im Empfänger ab. Stimmt die Phase der Trägernachbildung nicht mit derjenigen des gesendeten Trägers überein ($\varphi\neq 0$), kommt es zu Amplitudenverzerrungen! Obwohl der Träger für die Demodulation nicht notwendig ist, ist es deshalb von Vorteil, zumindest einen Restträger auszusenden. Dies erleichtert eine phasengenaue Nachbildung im Empfänger. Ein Demodulator mit phasensynchroner Nachbildung des Trägers wird als synchron oder kohärent bezeichnet.

20.3 Modulatoren

20.3.1 Zweiseitenbandmodulation mit Träger

Um ein amplitudenmoduliertes Signal zu erzeugen, genügt es grundsätzlich, das Träger- und das Modulationssignal an einem Bauelement mit nichtlinearer Kennlinie zu „vermischen".

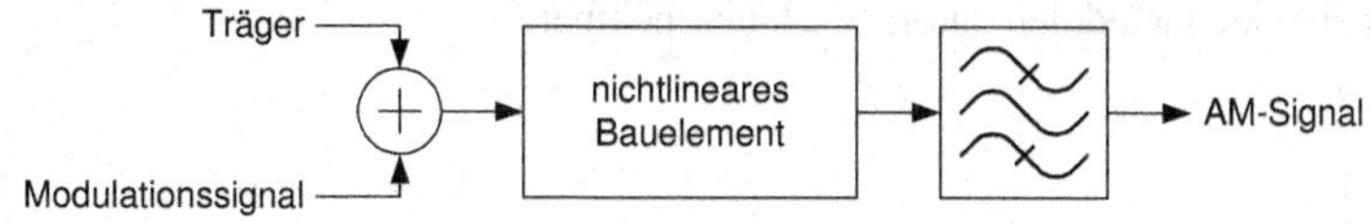

Figur 94: Einfacher AM-Modulator

Als einfaches Beispiel betrachten wir ein Bauelement mit quadratischer Kennlinie. Der Zusammenhang zwischen Spannung und Strom ist also durch

$$i(t) = k \cdot u_e^2(t)$$

gegeben. Das Eingangssignal bestehe aus der Summe von Träger- und Modulationssignal und einem Gleichspannungsanteil U_0:

$$\begin{aligned} u_e(t) &= U_0 + u_M(t) + u_T(t) \\ &= U_0 + \hat{U}_M \cdot \cos(\omega_M \cdot t) + \hat{U}_T \cdot \cos(\omega_T \cdot t)\,. \end{aligned}$$

Durch Einsetzen in die Kennlinienfunktion resultiert

$$\begin{aligned} i(t) &= k \cdot u_e^2(t) \\ &= k \cdot \left[U_0 + \hat{U}_M \cdot \cos(\omega_M \cdot t) + \hat{U}_T \cdot \cos(\omega_T \cdot t) \right]^2 \\ &\vdots \\ &= k \cdot \left[\underbrace{U_0^2 + \cdots}_{\substack{\text{unerwünschte Anteile, werden im} \\ \text{Bandpassfilter unterdrückt}}} \quad + \underbrace{2 \cdot U_0 \cdot \hat{U}_T \cdot \cos(\omega_T \cdot t)}_{\text{Träger}} \right] \\ &\quad + k \cdot \left[\underbrace{\hat{U}_M \cdot \hat{U}_T \cdot \cos\big((\omega_T + \omega_M) \cdot t\big)}_{\text{oberes Seitenband}} + \underbrace{\hat{U}_M \cdot \hat{U}_T \cdot \cos\big((\omega_T - \omega_M) \cdot t\big)}_{\text{unteres Seitenband}} \right]. \end{aligned}$$

20.3.2 Kollektor-, Anodenmodulation

Eine weitere Möglichkeit, die Amplitude eines Trägersignals zu modulieren ist es, die Betriebsspannung eines Klasse-C-Verstärkers[30] in Abhängigkeit des modulierenden Signals zu verändern. Dies führt zur Anoden- respektive Kollektormodulation. Das Prinzip ist in Figur 95 wiedergegeben.

Anstelle des Modulationstransformators wird heute ein Verfahren angewendet, bei dem die Anodenspannung der Senderöhre digital verändert wird (PSM – pulse step modulation). Die Anodenspeisung besteht aus einer Serieschaltung von mehreren Gleichspannungsmodulen. Ob ein Modul zur Anodenspannung beiträgt, wird mit Hilfe von Halbleiterschaltern (z. B. IGBT – insulated gate bipolar transistor) bestimmt. Die Gesamtspannung ergibt sich aus der Anzahl aktiver Module. Kleinere Spannungsänderungen können durch Pulsweitenmodulation der einzelnen Speisemodule realisiert werden. Intelligente Ansteuerschaltungen sorgen dafür, dass die einzelnen Speisemodule thermisch etwa gleich stark belastet werden und dass redundante Module die Aufgaben von defekten Modulen automatisch übernehmen.

---

[30] Im Klasse-C-Betrieb ist die Zeit, während der Strom durch das aktive Element (Transistor, Röhre) fliesst, deutlich kleiner als die halbe Periodendauer. Daraus resultiert ein nichtlineares Verhalten.

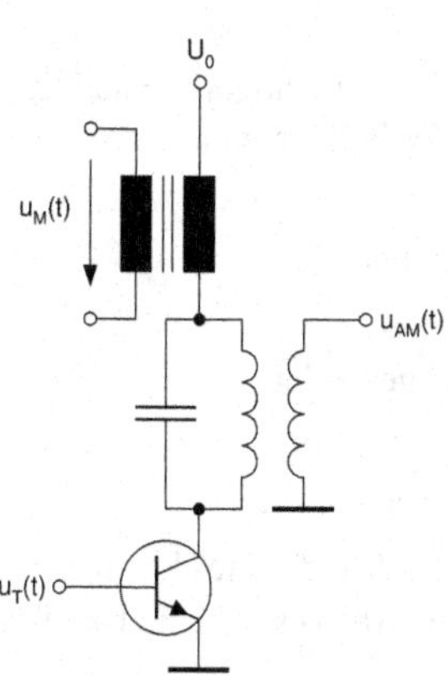

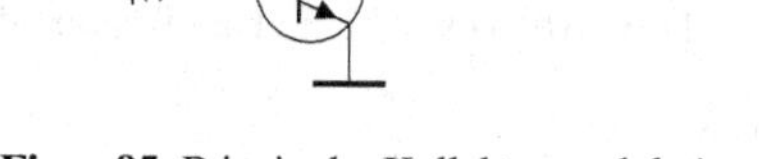

Figur 95: Prinzip der Kollektormodulation

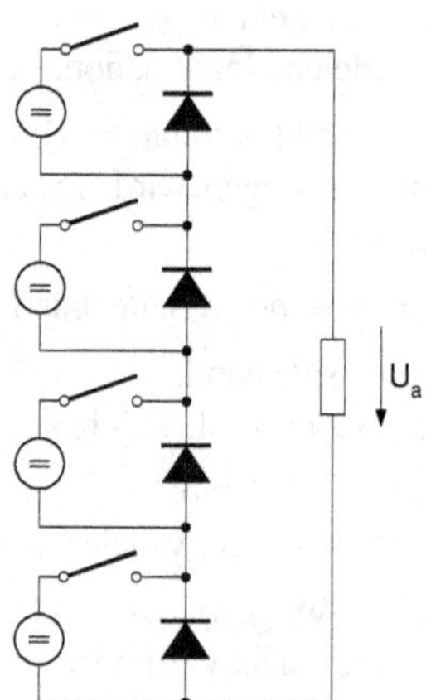

Figur 96: Prinzipschaltung PSM

20.3.3 Zweiseitenband ohne Träger

Eine Zweiseitenbandmodulation ohne Träger entsteht durch Multiplikation des modulierenden Signals mit dem Trägersignal mit einem Mischer.

Der ideale Mischer ist ein Bauelemente mit drei Toren, wovon zwei als Eingänge und einer als Ausgang betrieben werden. Das Ausgangssignal ergibt sich aus der Multiplikation der beiden Eingangssignale. Die Eingangssignale erscheinen im Idealfall nicht am Ausgang.

Die Unterdrückung des Trägers in einem symmetrischen Mischer ist bei der Amplitudenmodulation mit Träger nicht erwünscht. Um ein AM-Signal zu erzeugen, muss dem Ausgangssignal des Mischers daher nachträglich das Trägersignal wieder hinzugefügt werden. Ein solcher AM-Modulator ist in Figur 97 wiedergegeben.

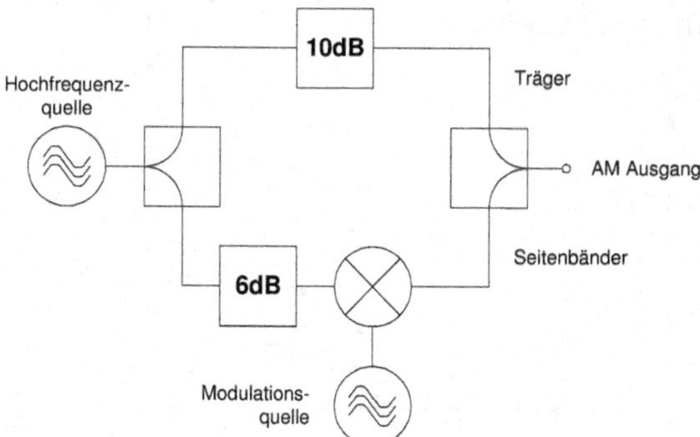

Figur 97: Amplitudenmodulator

20.4 Einseitenbandmodulation

Die traditionelle Amplitudenmodulation mit Träger besitzt zwei Nachteile:

1. Der Hauptanteil der Leistung steckt im Träger, welcher jedoch keine Information überträgt.

2. Aufgrund der beiden Seitenbänder verdoppelt sich die Bandbreite. Beide Seitenbänder enthalten die gleiche Information, sind also redundant.

Bei der Einseitenbandmodulation (SSB – single side band) wird die Bandbreite halbiert, indem nur ein Seitenband übertragen wird. Je nach Anwendung wird der Träger ganz, unterdrückt oder gar nicht mitgesendet.

Abhängig vom gesendeten Seitenband unterscheidet man zwischen

- LSB – lower side band:
  Das untere Seitenband, welches in Kehrlage vorliegt, wird gesendet.
- USB – upper side band:
  Das obere Seitenband, welches in Regellage vorliegt, wird gesendet.

Aus den in Figur 98 gezeigten Spektren geht hervor, dass die Bandbreite davon abhängt, ob ein Trägeranteil mitgesendet wird oder nicht. Für den Fall mit Träger(rest) wird eine Bandbreite von

$$B_{\text{mit Träger}} = f_{max}$$

belegt. Ohne Träger reduziert sich die benötigte Bandbreite auf

$$B_{\text{ohne Träger}} = f_{max} - f_{min} \,.$$

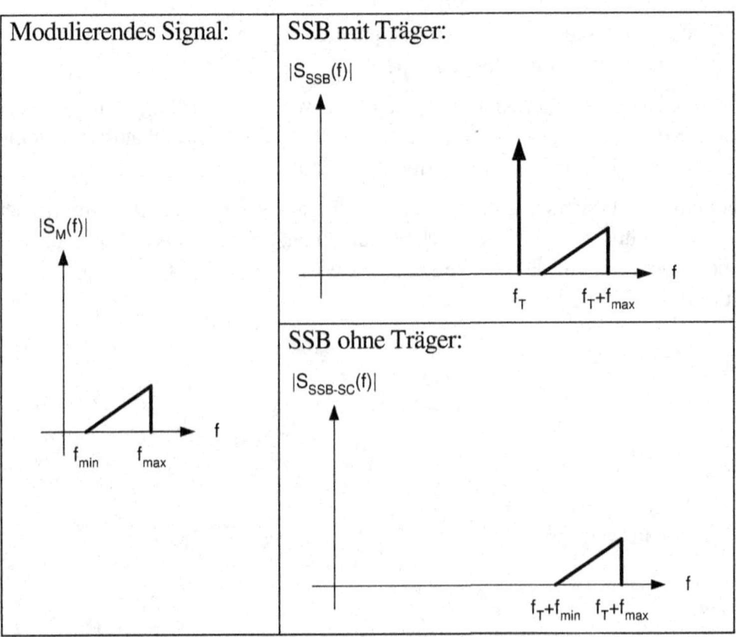

Figur 98: Einseitenbandspektrum

20.4.1 Mathematische Beschreibung

Falls das modulierende Signal wiederum als sinusförmig vorausgesetzt wird, wird das Seitenbandsignal mit Träger entweder durch

$$s_{LSB}(t) = \underbrace{\hat{S}_T \cdot \cos(\omega_T \cdot)}_{\text{Träger}} + \underbrace{\frac{m}{2} \cdot \hat{S}_T \cdot \cos\left((\omega_T - \omega_M) \cdot t\right)}_{\text{unteres Seitenband}}$$

oder durch

$$s_{USB}(t) = \underbrace{\hat{S}_T \cdot \cos(\omega_T \cdot t)}_{\text{Träger}} + \underbrace{\frac{m}{2} \cdot \hat{S}_T \cdot \cos\left((\omega_T + \omega_M) \cdot t\right)}_{\text{oberes Seitenband}}$$

beschrieben. Das Signal setzt sich also aus einer Trägerschwingung mit der Amplitude $\hat{S}_T$ und einer Seitenbandschwingung mit der Amplitude

$$\frac{m}{2} \cdot \hat{S}_T$$

zusammen. Dies kann durch zwei Drehzeiger veranschaulicht werden, von denen der eine mit ω_T, der andere mit $\omega_T \pm \omega_M$ dreht. Aus Figur 99 wird klar, dass es sich bei der Einseitenbandmodulation nicht mehr um eine reine Amplitudenmodulation handelt. Vielmehr wird neben der Amplitude auch die Phase moduliert.

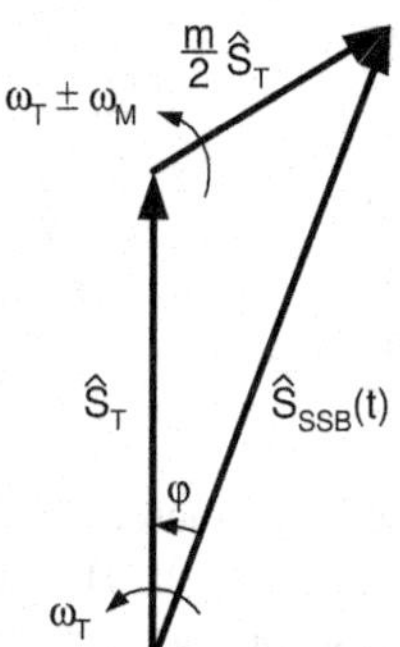

Figur 99: Zeigerdiagramm der Einseitenbandmodulation mit Träger

Für den Phasenhub $\Delta\varphi$, d. h. die maximale Phasenänderung, lässt sich mit der Figur 100 die Beziehung

$$\Delta\varphi = \arcsin\left(\frac{m}{2}\right)$$

herleiten.

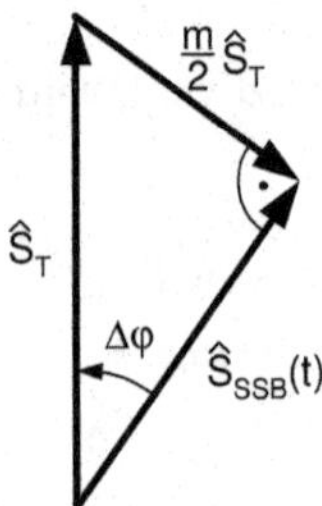

Figur 100: Zur Bestimmung des Phasenhubs

Die Umhüllende ergibt sich aus der Länge[31] des Zeigers $\hat{S}_{SSB}(t)$

$$\left|\hat{S}_{SSB}(t)\right| = \sqrt{\hat{S}_T^2 + \left(\frac{m}{2}\cdot\hat{S}_T\right)^2 - 2\cdot\hat{S}_T\cdot\hat{S}_{SB}\cdot\cos(\omega_M\cdot t)}$$

$$= \hat{S}_T\cdot\sqrt{1+\frac{m^2}{4} - m\cdot\cos(\omega_M\cdot t)}\ .$$

Ist die Amplitude der Seitenbandschwingung klein im Vergleich zur Amplitude des Trägers ($m \ll 1$), kann die folgende Näherung verwendet werden

$$\left|\hat{S}_{SSB}(t)\right| \approx \hat{S}_T\cdot\sqrt{1-m\cdot\cos(\omega_M\cdot t)}$$

$$\approx \hat{S}_T\cdot\left[1-\frac{m}{2}\cdot\cos(\omega_M\cdot t)\right]$$

$$= \hat{S}_T - \frac{m}{2}\cdot\hat{S}_T\cdot\cos(\omega_M\cdot t)$$

$$= \hat{S}_T - \frac{\alpha}{2}\cdot\underbrace{\hat{S}_M\cdot\cos(\omega_M\cdot t)}_{s_M(t)}\ .$$

Zwischen der Umhüllenden und dem Modulationssignal besteht ist in diesem Fall ein linearer Zusammenhang. Falls der Träger genügend stark ist, kann mit einem Hüllkurvendetektor demoduliert werden. Dabei muss der Träger nicht unbedingt mitgesendet, sondern kann auch erst wieder im Empfänger hinzugefügt werden.

Bei kleiner Trägeramplitude ($m \geq 1$) ist dagegen die einfache Hüllkurvendemodulation nicht mehr zweckmässig.

[31] Zur Berechnung der Länge wird hier der Kosinussatz angewendet: $c^2 = a^2 + b^2 - 2\cdot a\cdot b\cdot\cos(\gamma)$

20.4.2 Erzeugung von Einseitenbandsignalen

Zur Erzeugung von Einseitenbandsignalen existieren mehrere Verfahren. Wir wollen hier die beiden gebräuchlichsten vorstellen.

Filtermethode

Bei der Filtermethode wird zunächst ein Zweiseitenbandsignal ohne Träger erzeugt. Anschliessend wird das unerwünschte Seitenband in einem (steilflankigen) Bandpassfilter unterdrückt.

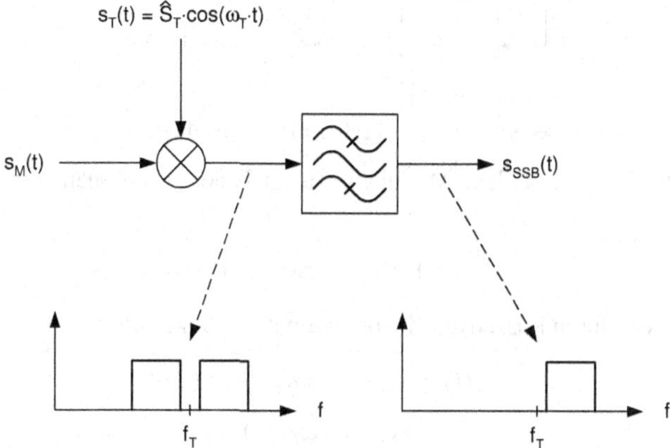

Figur 101: Erzeugung eines Einseitenbandsignals ohne Träger mittels der Filtermethode

Der Abstand der beiden Seitenbänder wird durch die minimale Frequenz des modulierenden Signals bestimmt. Ist diese tief und damit der Abstand klein, so ist es aufwendig, ein genügend steilflankiges Bandpassfilter zu realisieren. Als Abhilfe kann eine Modulationsart gewählt werden, bei der noch ein Rest des unerwünschten Seitenbands mitgesendet wird (vgl. Restseitenbandmodulation).

Filter mit veränderlicher Mittenfrequenz lassen sich in der Praxis nicht mit der notwendigen Güte herstellen. Aber auch Filter mit konstanter Mittenfrequenz lassen sich nicht in allen Frequenzbereichen gleich gut realisieren. Bei tiefen Frequenzen (≈10 kHz bis 100 kHz) können LC-Filter verwendet werden, welche aufgrund des Abgleichaufwands und des Platzbedarfs jedoch unbeliebt sind. Bei höheren Frequenzen bis zu einigen Megahertz kommen Keramik- oder Quarzfilter zum Einsatz. Diese sind vergleichsweise preisgünstig und müssen nicht abgeglichen werden.

Aus den genannten Gründen wird das Einseitenbandsignal in der Regel nicht direkt auf der Sendefrequenz, sondern auf einer fixen Zwischenfrequenz erzeugt. Von dort wird es mit einer zweiten Mischstufe auf die gewünschte Sendefrequenz gebracht.

Phasenmethode

Bei der Phasenmethode wird das unerwünschte Seitenband durch gegenphasige Addition zweier Signale ausgelöscht.

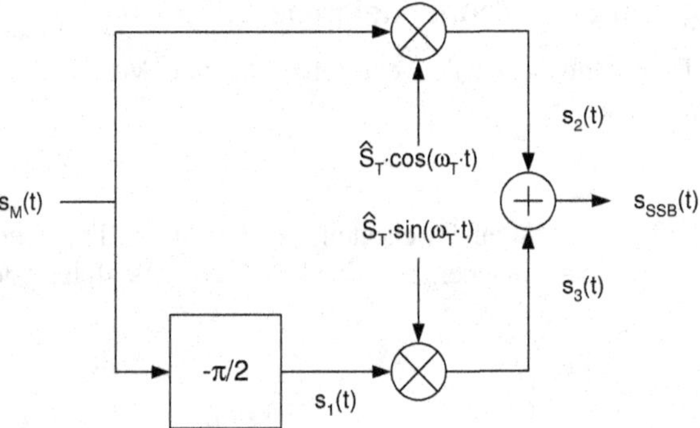

Figur 102: Erzeugung eines Einseitenbandsignals nach der Phasenmethode

Um den in Figur 102 dargestellten Modulator zu analysieren, nehmen wir ein sinusförmiges Modulationssignal an

$$s_M(t) = \hat{S}_M \cdot \cos(\omega_M \cdot t) \,.$$

Das Signal $s_1(t)$ entsteht durch Phasenverschiebung um den Winkel $-\pi/2$:

$$\begin{aligned} s_1(t) &= \hat{S}_M \cdot \cos(\omega_M \cdot t - \pi/2) \\ &= \hat{S}_M \cdot \sin(\omega_M \cdot t) \,. \end{aligned}$$

Da die Mischer im Idealfall als Multiplikatoren betrachtet werden können, folgt weiter:

$$\begin{aligned} s_2(t) &= k \cdot \hat{S}_M \cdot \hat{S}_T \cdot \cos(\omega_T \cdot t) \cdot \cos(\omega_M \cdot t) \\ &= \frac{k \cdot \hat{S}_M \cdot \hat{S}_T}{2} \cdot \left[\cos\left((\omega_T - \omega_M) \cdot t\right) + \cos\left((\omega_T + \omega_M) \cdot t\right)\right], \end{aligned}$$

$$\begin{aligned} s_3(t) &= k \cdot \hat{S}_M \cdot \hat{S}_T \cdot \sin(\omega_M \cdot t) \cdot \sin(\omega_M \cdot t) \\ &= \frac{k \cdot \hat{S}_M \cdot \hat{S}_T}{2} \cdot \left[\cos\left((\omega_T - \omega_M) \cdot t\right) - \cos\left((\omega_T + \omega_M) \cdot t\right)\right]. \end{aligned}$$

Der Faktor k soll uns lediglich daran erinnern, dass bei der Multiplikation zweier dimensionsbehafteter Signale ein Korrekturfaktor notwendig ist.

Das Ausgangssignal resultiert aus der Summation

$$\begin{aligned} s_{SSB}(t) &= s_2(t) + s_3(t) \\ &= k \cdot \hat{S}_M \cdot \hat{S}_T \cdot \cos\left((\omega_T - \omega_M) \cdot t\right) \end{aligned}$$

und entspricht dem unteren Seitenband. Werden die Signale statt dessen subtrahiert, erhält man das obere Seitenband.

Bei nichtsinusförmigen Modulationssignalen stellt sich das Problem der breitbandigen Phasenverschiebung. Früher wurden dazu aufwendige RC-Netzwerke eingesetzt. Heute lässt sich eine breitbandige Phasenverschiebung mit einem digitalen Signalprozessor viel einfacher und genauer realisieren. Das entsprechende Filter sollte für alle positiven Frequenzen eine Phasenverschiebung von $-\pi/2$ aufweisen und der Amplitudengang sollte konstant gleich eins sein. Da wir ausserdem eine reelle Impulsantwort fordern, muss die Übertragungsfunktion konjugiert komplex sein, woraus folgt

$$\underline{H}(f) = -j \cdot \text{sign}(f)\ .$$

Ein solches Filter wird als Hilbert-Filter bezeichnet. Die inverse Fouriertransformation liefert als Impulsantwort des Hilbertfilters

$$h(t) = \frac{1}{\pi \cdot t}\ ,$$

welche bei t = 0 einen Pol besitzt und zudem vergleichsweise langsam abklingt. Es ist deshalb nicht möglich, perfekte Hilbert-Filter zu realisieren. In einem beschränkten Frequenzbereich lassen sich jedoch die gewünschten Eigenschaften beliebig gut annähern.

20.4.3 Demodulation von Einseitenbandsignalen

Zur Demodulation von Einseitenbandsignalen wird das empfangene Seitenband mit einem intern erzeugten Trägersignal (BFO – beat frequency oscillator) ins Basisband gemischt.

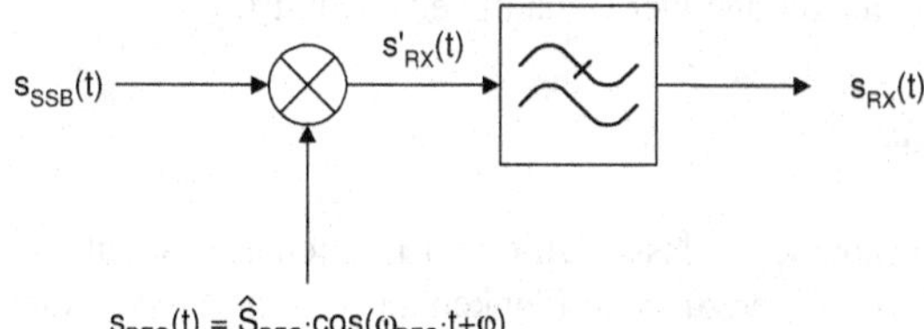

Figur 103: Demodulatorschaltung für Einseitenbandmodulation

Betrachten wir wiederum ein sinusförmiges Modulationssignal

$$s_M(t) = \hat{S}_M \cdot \cos(\omega_M \cdot t)\ ,$$

so resultiert für das Einseitenbandsignal ohne Träger

$$s_{SSB}(t) = \hat{S}_{SSB} \cdot \cos((\omega_T \pm \omega_M) \cdot t)\ ,$$

wobei das Vorzeichen davon abhängt, welches Seitenband übertragen wird. Im Empfänger wird dieses Einseitenbandsignal mit dem Hilfsträger

$$s_{BFO}(t) = \hat{S}_{BFO} \cdot \cos(\omega_{BFO} \cdot t + \varphi)$$

multipliziert

$$\begin{aligned} s'_{RX}(t) &= k \cdot s_{BFO}(t) \cdot s_{SSB}(t) \\ &= k \cdot \hat{S}_{BFO} \cdot \hat{S}_{SSB} \cdot \cos(\omega_{BFO} \cdot t + \varphi) \cdot \cos((\omega_T \pm \omega_M) \cdot t) \\ &= \frac{k \cdot \hat{S}_{BFO} \cdot \hat{S}_{SSB}}{2} \cdot \left[\underbrace{\cos((\omega_T \pm \omega_M + \omega_{BFO}) \cdot t + \varphi)}_{\text{Wird im Tiefpassfilter unterdrückt}} + \cos((\omega_T \pm \omega_M - \omega_{BFO}) \cdot t - \varphi) \right]. \end{aligned}$$

In einem nachfolgenden Tiefpassfilter werden die hochfrequenten Anteile unterdrückt und man erhält

$$s_{RX}(t) = \frac{k \cdot \hat{S}_{BFO} \cdot \hat{S}_{SSB}}{2} \cdot \cos\left(\left(\omega_T \pm \omega_M - \omega_{BFO}\right) \cdot t - \varphi\right).$$

Dieses Signal entspricht dem Modulationssignal $s_M(t)$, falls folgende Bedingungen erfüllt sind.

1. $\omega_{BFO} = \omega_T$
   Die Frequenz des Hilfsträgers muss der ursprünglichen, sendeseitigen Trägerfrequenz entsprechen. Ist dies nicht der Fall, werden alle Frequenzanteile um die Differenzen $\Delta\omega = |\omega_T - \omega_{BFO}|$ nach unten oder oben verschoben. Vor allem bei Musik, die bekanntlich auf Frequenzverhältnissen basiert, führt diese Verschiebung zu unschönen Verzerrungen.

2. $\varphi = 0$
   Der Hilfsträger sollte phasensynchron zum sendeseitigen Träger schwingen. Dies kann in der Regel nur durch Aussenden eines Trägerrests und Synchronisationsschaltungen erreicht werden. Ist die Bedingung nicht erfüllt, kommt es zu Phasenverzerrungen, welche insbesondere bei der Übertragung von digitalen Signalen nicht tolerierbar sind. Das menschliche Ohr ist indessen gegenüber Phasenverzerrungen nicht empfindlich, weshalb Sprache und Musik auch mit einem nicht phasensynchronen Hilfsträger demoduliert werden können – solange die Frequenzbedingung mit genügender Genauigkeit erfüllt ist.

20.5 Restseitenbandmodulation

Besitzt das modulierende Signal tiefe Frequenzanteile, so lässt sich eine Einseitenbandmodulation nur schwer oder gar nicht mehr realisieren, da das Filter zu steile Flanken aufweisen müsste. Auch die Phasenmethode versagt, da jede Realisierung eines Hilbert-Filters für tiefe Frequenzen ungenau wird. Als Alternative wird die Restseitenbandmodulation (VSB – vestigial side band[32]) eingesetzt. Das Filter wird dabei bewusst so entworfen, dass die Flanke symmetrisch zur Trägerfrequenz liegt (Nyquist-Flanke). Dadurch wird erreicht, dass sich die durch die Flanke beeinflussten Seitenbandanteile wieder zu einem unverzerrten Seitenband zusammenfügen lassen.

[32] vestigial – spurenhaft, verkümmert

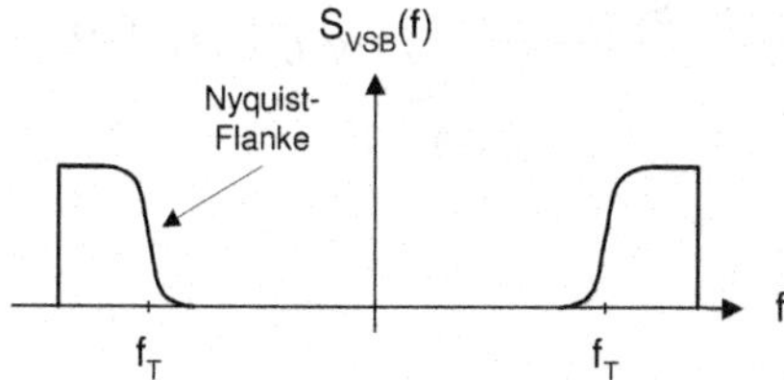

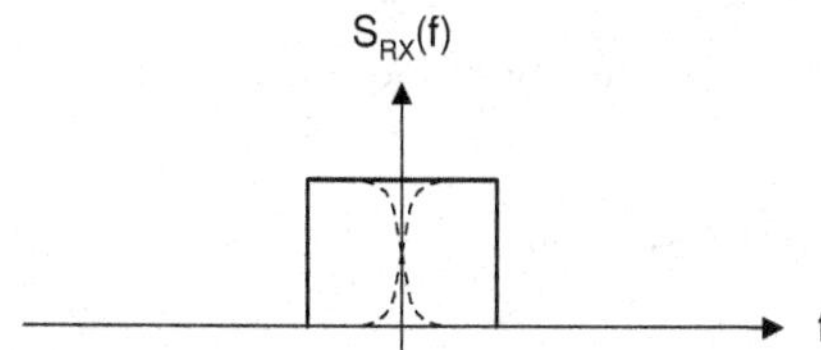

Figur 104: Prinzip der Restseitenbandmodulation

Das Spektrum des VSB-Signals entsteht aus der Filterung eines Zweiseitenbandsignals mit einem Filter mit der Übertragungsfunktion $H_{VSB}(f)$. Bezeichnen wir das Spektrum des modulierenden Signals mit $S_M(f)$, so ergibt sich

$$S_{VSB}(f) = \underbrace{\left[S_M(f-f_T)+S_M(f+f_T)\right]}_{\text{Zweiseitenbandsignal}} \cdot H_{VSB}(f)$$

$$= S_M(f-f_T) \cdot H_{VSB}(f) + S_M(f+f_T) \cdot H_{VSB}(f).$$

Die Demodulation erfolgt gleich wie bei der Einseitenbandmodulation, wobei hier jedoch die Phasensynchronizität des Trägers zwingend ist. Im Frequenzbereich ergibt sich das demodulierte Signal aus der folgenden Beziehung:

$$S_{RX}(f) = \underbrace{\left\{ S_{VSB}(f) * \underbrace{\left[\frac{1}{2}\cdot\delta(f-f_T)+\frac{1}{2}\cdot\delta(f+f_T)\right]}_{\text{Trägernachbildung (Cosinusschwingung)}} \right\}}_{\text{Mischprodukt}} \cdot H_{LP}(f)$$

$$= \left\{ \frac{S_{VSB}(f-f_T)}{2} + \frac{S_{VSB}(f+f_T)}{2} \right\} \cdot H_{LP}(f),$$

wobei das als ideal angenommene Tiefpassfilter die Übertragungsfunktion

$$H_{LP}(f) = \begin{cases} 1 & |f| \le B \\ 0 & |f| > B \end{cases}$$

besitzt. Signalanteile, die ausserhalb des Bereichs $|f| \le B$ liegen, werden also durch das Filter eliminiert.

Wird nun die oben hergeleitete Beziehung für $S_{VSB}(f)$ eingesetzt, so erhält man für das demodulierte Signal

$$
\begin{aligned}
S_{RX}(f) &= \left\{\left[\frac{S_M(f-2\cdot f_T)}{2}+\frac{S_M(f)}{2}\right]\cdot H_{VSB}(f-f_T)+\left[\frac{S_M(f)}{2}+\frac{S_M(f+2\cdot f_T)}{2}\right]\cdot H_{VSB}(f+f_T)\right\}\cdot H_{LP}(f) \\
&= \frac{S_M(f)}{2}\cdot H_{VSB}(f-f_T)+\frac{S_M(f}{2})\cdot H_{VSB}(f+f_T) \\
&= \frac{S_M(f)}{2}\cdot\left[H_{VSB}(f-f_T)+H_{VSB}(f+f_T)\right].
\end{aligned}
$$

Aus der Forderung $S_{RX}(f)$ = Konstante$\cdot S_M(f)$ folgt schliesslich die Nyquist-Bedingung.

Nyquist-Bedingung

Für die Restseitenbandmodulation muss die Übertragungsfunktion $H_{VSB}(f)$ im Bereich $|f| \leq B$ die Beziehung

$$H_{VSB}(f-f_T)+H_{VSB}(f+f_T)=\text{konstant}$$

erfüllen.

Die Restseitenbandmodulation wird heute noch zur analogen Übertragung des Fernsehbilds eingesetzt.

21 Winkelmodulation

21.1 Einleitung

Bei der Winkelmodulation wird grundsätzlich der augenblickliche Phasenwinkel einer Trägerschwingung in Abhängigkeit des modulierenden Signals verändert. Dabei ändert sich auch die Momentanfrequenz des Trägers. Bei einer reinen Winkelmodulation bleibt die Amplitude der Trägerschwingung konstant.

Im Falle eines sinusförmigen[33] Trägers ist das modulierte Signal durch die Beziehung

$$s(t) = \hat{S} \cdot \cos\left(\Psi(t)\right)$$

gegeben. Das Argument $\Psi(t)$ der Cosinusfunktion wird als Momentanphasenwinkel bezeichnet. Die zeitliche Ableitung des Momentanphasenwinkels

$$\Omega(t) = \frac{d}{dt}\Psi(t)$$

ist ein Mass dafür, wie schnell sich das Argument der Trägerschwingung ändert und trägt deshalb die Bezeichnung Momentankreisfrequenz.

Bei einer unmodulierten Schwingung wächst der Phasenwinkel proportional mit der Zeit[34]

$$\Psi(t) = \omega_T \cdot t$$

und die Momentankreisfrequenz bleibt konstant

$$\Omega(t) = \omega_T \,.$$

21.2 Frequenzmodulation

21.2.1 Signalbeschreibung im Zeitbereich

Bei der Frequenzmodulation hängt die Momentankreisfrequenz linear vom modulierenden Signal $s_M(t)$ ab

$$\Omega(t) = \omega_T + \alpha_F \cdot s_M(t) \,.$$

---

[33] Den Begriff „sinusförmiges Signal“ verwenden wir in diesem Buch als Synonym für eine beliebige harmonische Schwingung $s(t) = \hat{A} \cdot \cos(\omega \cdot t + \varphi)$.

[34] Hierbei wurde die Anfangsphase $\Psi(0)$ willkürlich als null angenommen.

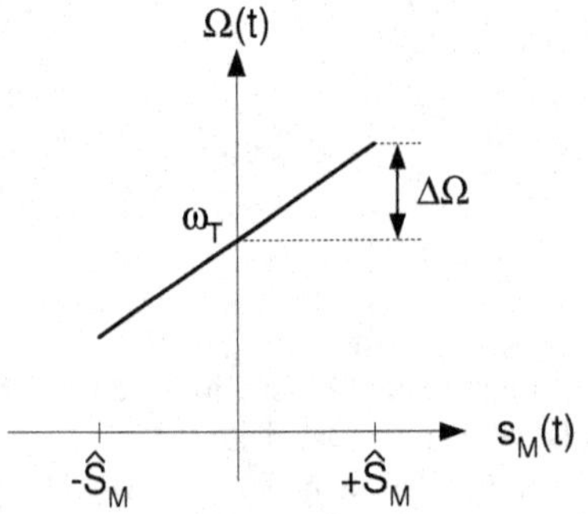

Figur 105: Linearer Zusammenhang zwischen dem modulierenden Signal $s_M(t)$ und der Momentankreisfrequenz $\Omega(t)$

Damit resultiert für den Momentanphasenwinkel des modulierten Signals

$$\Psi(t) = \int_0^t \Omega(\tau)\,d\tau = \omega_T \cdot t + \alpha_F \cdot \int_0^t s_M(\tau)\,d\tau\,.$$

Für den zeitlichen Verlauf des frequenzmodulierten Signals erhält man

$$s(t) = \hat{S}_T \cdot \cos\left(\omega_T \cdot t + \alpha_F \cdot \int_0^t s_M(\tau)\,d\tau\right).$$

21.2.2 Frequenzmodulation mit sinusförmigem Signal

Ist das modulierende Signal sinusförmig

$$s_M(t) = \hat{S}_M \cos\left(\omega_M \cdot t + \varphi_0\right),$$

so ändert sich die Momentanfrequenz des frequenzmodulierten Signals sinusförmig um den Mittelwert $f_T = \omega_T/(2 \cdot \pi)$

$$\Omega(t) = \omega_T + \alpha_F \cdot \hat{S}_M \cdot \cos\left(\omega_M \cdot t + \varphi_0\right) = \omega_T + \Delta\Omega \cdot \cos\left(\omega_M \cdot t + \varphi_0\right).$$

Der Maximalwert $\Delta\Omega$ der Frequenzänderung wird als Kreisfrequenzhub bezeichnet. Entsprechend ist $\Delta F = \Delta\Omega/(2{\cdot}\pi)$ der Frequenzhub des frequenzmodulierten Signals.

Für den augenblicklichen Phasenwinkel resultiert eine sinusförmige Variation um den linearen Anstieg $\omega_T{\cdot}t$

$$\Psi(t) = \int_0^t \Omega(\tau)\,d\tau = \omega_T \cdot t + \frac{\Delta\Omega}{\omega_M} \cdot \sin\left(\omega_M \cdot t + \varphi_0\right) = \omega_T \cdot t + \eta \cdot \sin\left(\omega_M \cdot t + \varphi_0\right).$$

Bei sinusförmigen Modulationssignalen erweist es sich als zweckmässig, den so genannten Modulationsindex als Verhältnis

$$\eta = \frac{\Delta\Omega}{\omega_M} = \frac{\Delta F}{f_M}$$

zwischen dem Kreisfrequenzhub $\Delta\Omega$ und der Modulationskreisfrequenz ω_M zu definieren.

Für den zeitlichen Verlauf der modulierten Schwingung erhält man schliesslich

$$s(t) = \hat{S}_T \cdot \cos\left(\omega_T \cdot t + \eta \cdot \sin\left(\omega_M \cdot t + \varphi_0\right)\right).$$

Die verschiedenen Signale bei sinusförmiger Modulation sind in der Figur 106 nochmals zusammengefasst.

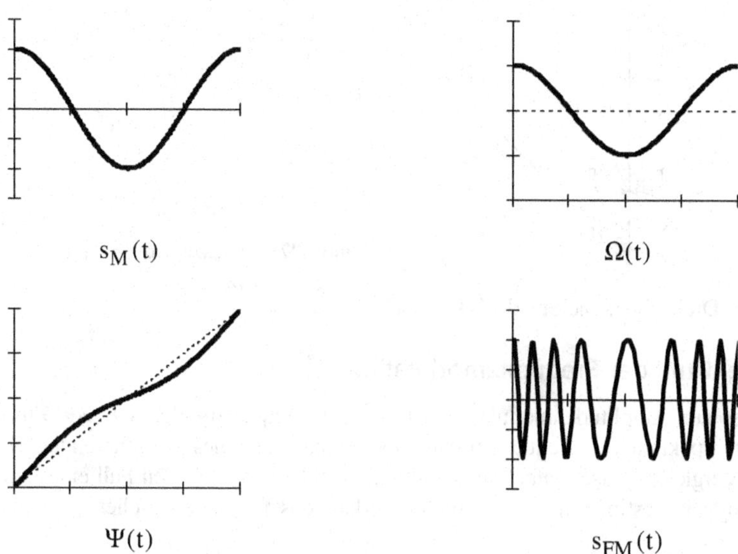

Figur 106: Zeitlicher Verlauf verschiedener Signale bei sinusförmiger Frequenzmodulation

21.2.3 Zeigerdarstellung

Der zeitliche Verlauf des frequenzmodulierten Signals kann (bei sinusförmiger Modulation) auch wie folgt dargestellt werden

$$\begin{aligned} s(t) &= \mathrm{Re}\left[\hat{S}_T \cdot e^{j\cdot(\omega_T \cdot t + \eta \cdot \sin(\omega_M \cdot t + \varphi_0))}\right] \\ &= \mathrm{Re}\left[\hat{S}_T \cdot e^{j\cdot\eta\cdot\sin(\omega_M \cdot t + \varphi_0)} \cdot e^{j\cdot\omega_T \cdot t}\right] \\ &= \mathrm{Re}\left[\underline{\hat{S}}(t) \cdot e^{j\cdot\omega_T \cdot t}\right] \end{aligned}$$

wobei

$$\underline{\hat{S}}(t) = \hat{S}_T \cdot e^{j\cdot\eta\cdot\sin(\omega_M \cdot t + \varphi_0)}$$

die komplexe Umhüllende der Schwingung verkörpert.

Im unmodulierten Fall dreht der komplexe Zeiger

$$\underline{\hat{S}}(t) \cdot e^{j\cdot\omega_T \cdot t}$$

mit einer konstanten Winkelgeschwindigkeit ω_T. Durch die Frequenzmodulation wird dieser gleichmässigen Drehbewegung eine Pendelbewegung mit der maximalen Auslenkung $\pm\eta$ überlagert. Deshalb kann η auch als Phasenhub interpretiert werden.

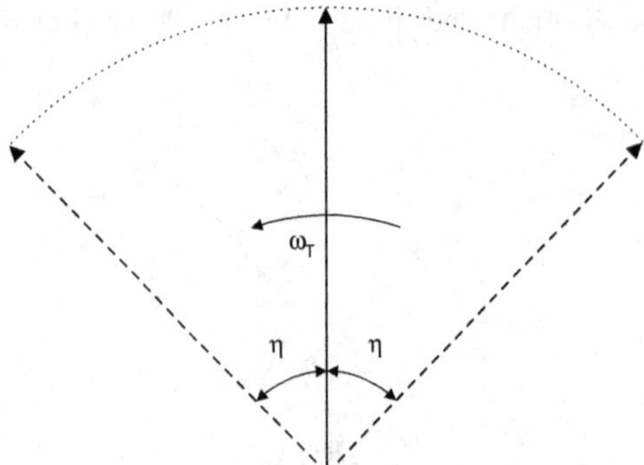

Figur 107: Pendelzeigerdiagramm

Die Länge des Drehzeigers bleibt jedoch konstant.

21.2.4 Spektrum der Frequenzmodulation

Im Gegensatz zur Amplitudenmodulation ist bei der Frequenzmodulation der Zusammenhang zwischen den Spektren des frequenzmodulierten Signals und des modulierenden Signals recht kompliziert. Vergleichsweise einfach lässt sich das Spektrum nur für den Fall eines sinusförmigen Modulationssignals bestimmen. Der zeitliche Verlauf des frequenzmodulierten Signals ist dann durch

$$s(t) = \hat{S}_T \cdot \cos\left(\omega_T \cdot t + \eta \cdot \sin\left(\omega_M \cdot t\right)\right)$$

gegeben. Eine spektrale Zerlegung dieses Signals gelingt mit Hilfe der Bessel-Funktionen n-ter Ordnung erster Art $J_n(x)$. Es gilt nämlich

$$\cos\left(\alpha + x \cdot \sin(\beta)\right) = \sum_{n=-\infty}^{\infty} J_n(x) \cdot \cos\left(\alpha + n \cdot \beta\right).$$

Das FM-Signal kann damit als Summe von Cosinus-Funktionen dargestellt werden

$$s(t) = \hat{S}_T \cdot \sum_{n=-\infty}^{\infty} J_n(\eta) \cdot \cos\left(\omega_T \cdot t + n \cdot \omega_M \cdot t\right).$$

Das Spektrum umfasst also den Träger ($n = 0$) bei der Frequenz $f_T = \omega_T/(2 \cdot \pi)$ mit der Amplitude $\hat{S}_T \cdot J_0(\eta)$ und unendlich viele Seitenbänder, jeweils im Abstand $\pm n \cdot \omega_M$ vom Träger und mit den Amplituden $\hat{S}_T \cdot J_n(\eta)$.

Für die Bessel-Funktionen erster Art gelten

$$J_{-n}(x) = (-1)^n \cdot J_n(x)$$

und

$$J_n(-x) = (-1)^n \cdot J_n(x)\,.$$

Es genügt deshalb, lediglich die Bessel-Funktionen mit $n \geq 0$ für $x \geq 0$ zu tabellieren.

Einige Bessel-Funktionen erster Art sind in Figur 108 graphisch wiedergegeben.

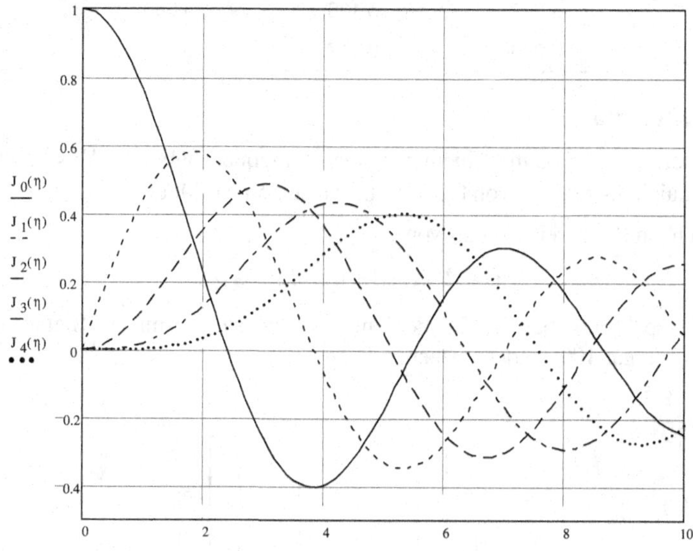

Figur 108: Bessel-Funktionen erster Art

Für $|n| > \eta + 1$ können die Werte der Bessel-Funktionen erster Art in der Regel vernachlässigt werden. Zur Abschätzung des in der Praxis notwendigen Bandbreitenbedarfs eines frequenzmodulierten Signals ist deshalb die Abschätzung nach J.R. Carson

$$\begin{aligned} B &\approx 2 \cdot f_M \cdot (1 + \eta) \\ &= 2 \cdot (f_M + \Delta F) \end{aligned}$$

gebräuchlich[35]. Diese Beziehung wird auch bei nichtsinusförmigen Modulationssignalen zur Abschätzung der notwendigen Bandbreite verwendet. Anstelle von f_M wird in diesem Fall der maximale Wert der Modulationsfrequenz eingesetzt.

Für gewisse Werte des Modulationsindex η verschwinden einzelne Seitenbänder im Spektrum. Dies ist immer dann der Fall, wenn die entsprechende Bessel-Funktion einen Nulldurchgang aufweist.

---

[35] Man kann zeigen, dass mit dieser Abschätzung ungefähr 99% der Signalleistung erfasst wird. Experimentell wurde gezeigt, dass die dabei hervorgerufenen Verzerrungen noch tolerierbar sind.

Tabelle 17: Nullstellen der Bessel-Funktionen erster Art im Bereich $0 \leq x \leq 10$

$J_0(x)$	$J_1(x)$	$J_2(x)$	$J_3(x)$	$J_4(x)$
2.405	0.000	0.000	0.000	0.000
5.520	3.832	5.136	6.380	7.588
8.654	7.016	8.417	9.761	

Beispiel: UKW-Rundfunk

Der UKW-Rundfunk arbeitet mit einem maximalen Frequenzhub von $\Delta F = 75$ kHz. Bei einer maximalen Modulationsfrequenz von $f_{max} = 15$ kHz resultiert ein Modulationsindex von $\eta = 5$.

Damit ergibt sich ein Bandbreitenbedarf von

$$B \approx 2 \cdot f_M \cdot (1+\eta) = 180 \text{ kHz} .$$

Das Amplitudenspektrum bei Modulation mit einem sinusförmigen Signal der Frequenz $f_M = 15$ KHz ist in Figur 109 wiedergegeben.

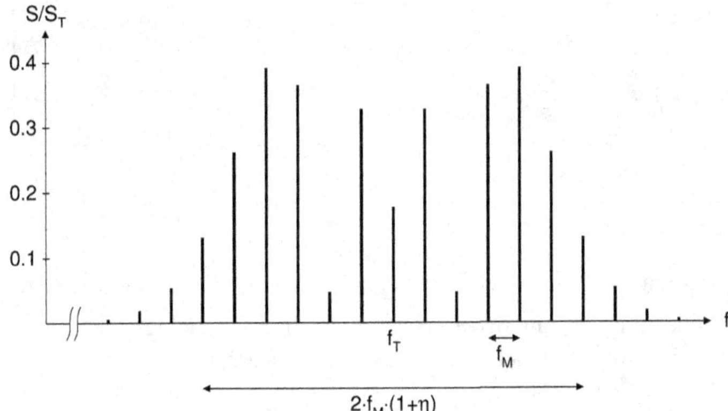

Figur 109: Amplitudenspektrum des Beispiels

In der berechneten Bandbreite von 180 kHz sind 99.36% der Signalleistung eingeschlossen.

Auffällig ist, dass die Seitenbänder im Abstand $\pm 2 \cdot f_M$ vom Träger nahezu verschwinden. Dies kann dadurch erklärt werden, dass $J_2(\eta)$ in der Nähe von $\eta = 5$ eine Nullstelle besitzt. Exakt liegt diese Nullstelle bei $\eta = 5.136$. Bei einer Modulationsfrequenz von $f_M = \Delta F/\eta = 14.60$ kHz würden die beiden Seitenbänder vollständig verschwinden. Diese Tatsache kann dazu verwendet werden, den Frequenzhub eines FM-Modulators abzugleichen. ■

21.2.5 Störverhalten der Frequenzmodulation

Bei der Amplitudenmodulation ist die Bandbreite des modulierten Signals einzig von der Bandbreite des modulierenden Signals abhängig. Bei der Frequenzmodulation kann die Bandbreite des FM-Signals durch Änderung des Modulationsindex η fast beliebig gewählt werden. Dadurch wird es möglich, durch eine entsprechend erhöhte Bandbreite eine Verbesserung der Signalqualität am Empfängerausgang zu erkaufen.

Das Signal-zu-Rauschverhältnis am Ausgang des Demodulators ist im wesentlichen proportional zum Quadrat des Modulationsindex η

$$SNR_{aus} = \frac{3}{2} \cdot \eta^2 \cdot \frac{\hat{S}_T^2}{2 \cdot N_0 \cdot f_M}.$$

Dabei bezeichnet N_0 die Rauschleistungsdichte am Eingang des Demodulators. Je grösser der Modulationsindex η gewählt wird, desto besser ist die Signalqualität am Ausgang des Empfängers, desto grösser ist jedoch auch der Bandbreitenbedarf des FM-Signals.

Die obige Beziehung gilt allerdings nur so lange, wie das Signal-zu-Rauschverhältnis am Eingang des Demodulators einen gewissen minimalen Wert nicht unterschreitet. Bei zu stark gestörtem Eingangssignal nimmt die Signalqualität am Demodulatorausgang rapide ab. Man spricht von der so genannten FM-Schwelle. Je grösser der Modulationsindex und damit die Bandbreite gewählt wird, desto höher liegt diese Schwelle.

Das Störverhalten der FM-Übertragung ist in Figur 110 dargestellt. Daraus geht nochmals klar hervor, dass mit einer Erhöhung des Modulationsindexes die Signalqualität am Ausgang des Demodulators verbessert werden kann. Dies gilt aber offensichtlich nur, falls die Signalqualität am Eingang des Demodulators einen gewissen Wert nicht unterschreitet. Dieser Schwellwert ist ebenfalls vom Modulationsindex abhängig.

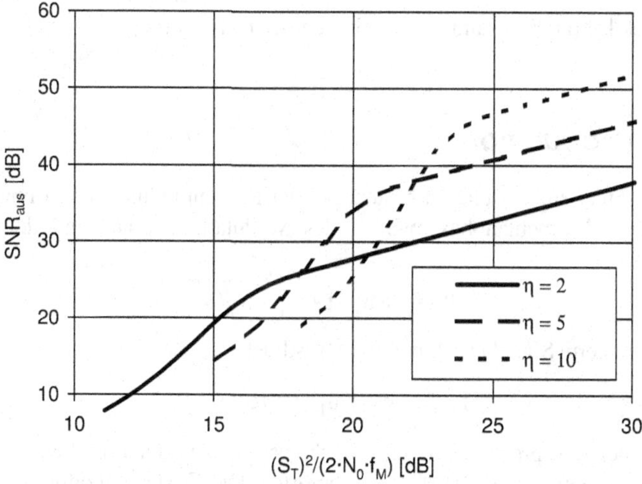

Figur 110: Störverhalten der FM-Übertragung

21.2.6 Preemphase und Deemphase

Eine genaue Analyse des Störverhaltens bei FM zeigt, dass die Rauschleistungsdichte am Ausgang des Demodulators quadratisch mit der Frequenz zunimmt. Die hohen Frequenzen werden daher viel stärker gestört als die tiefen. Es ist deshalb sinnvoll, vor der Modulation die hochfrequenten Signalanteile anzuheben. Dieser Vorgang wird als Preemphase bezeichnet. Die Grenzfrequenz, ab der die Signalanteile angehoben werden, liegt in Europa bei 3.183 kHz.

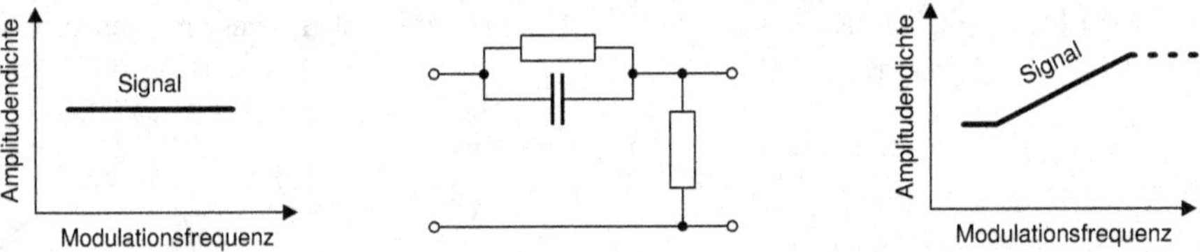

Figur 111: Preemphase vor dem Modulator

Im Empfänger wird die Preemphase durch eine entsprechende Abschwächung (Deemphase) der hochfrequenten Signalanteile wieder rückgängig gemacht. Dabei werden die hochfrequenten Rauschanteile unterdrückt.

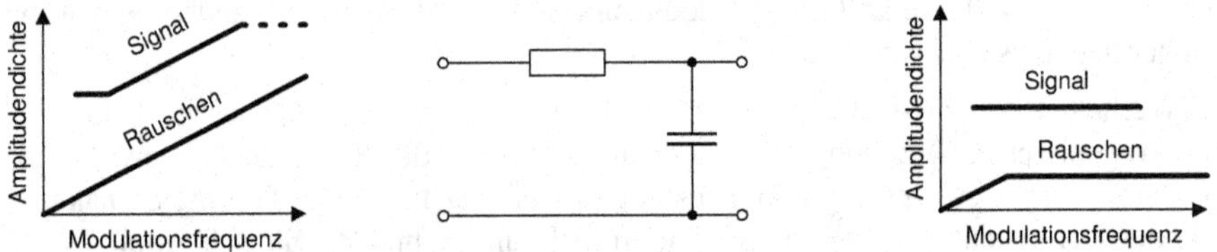

Figur 112: Deemphase nach dem Demodulator

Durch diesen Trick kann das gesamte Störverhalten der FM-Übertragung um etwa 6 dB verbessert werden.

21.3 Phasenmodulation

Im Gegensatz zur Frequenzmodulation besteht bei der Phasenmodulation ein linearer Zusammenhang zwischen dem Momentanphasenwinkel des Modulationssignals und dem modulierenden Signal $s_M(t)$

$$\Psi(t) = \omega_T \cdot t + \alpha_P \cdot s_M(t)\,.$$

Für das phasenmodulierte Signal erhält man den Ausdruck

$$s(t) = \hat{S}_T \cdot \cos\left(\omega_T \cdot t + \alpha_P \cdot s_M(t)\right).$$

Ein Vergleich mit dem entsprechenden Term für die Frequenzmodulation (Seite 206) zeigt die enge Verwandtschaft zwischen den beiden Modulationsarten. Die Frequenzmodulation ist eine Phasenmodulation mit dem integrierten Modulationssignal. Umgekehrt kann die Phasenmodulation als Frequenzmodulation mit dem abgeleiteten Modulationssignal interpretiert werden.

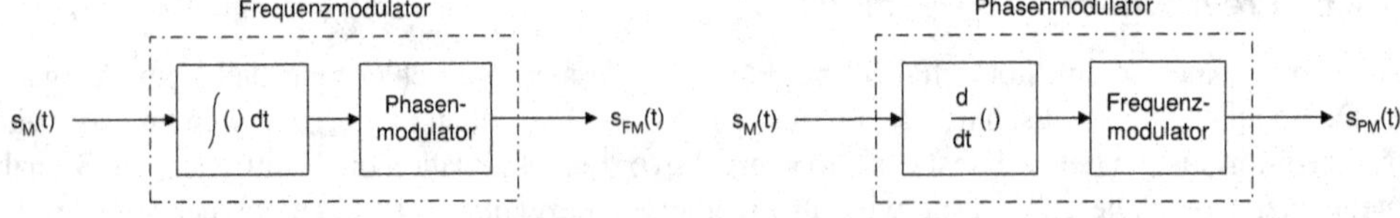

Figur 113: Zusammenhang zwischen Frequenz- und Phasenmodulation

21.3.1 Phasenmodulation mit sinusförmigem Signal

Für den Fall eines sinusförmigen Modulationssignals

$$s_M(t) = \hat{S}_M \cdot \cos(\omega_M \cdot t + \varphi_0)$$

ergeben sich für die Momentanphase, den Signalverlauf und die Momentanfrequenz die folgenden Ausdrücke

$$\Psi(t) = \omega_T \cdot t + \alpha_P \cdot \hat{S}_M \cdot \cos(\omega_M \cdot t + \varphi_0) = \omega_T \cdot t + \Delta\Psi \cdot \cos(\omega_M \cdot t + \varphi_0),$$

$$s(t) = \hat{S}_T \cdot \cos\left(\omega_T \cdot t + \Delta\Psi \cdot \cos(\omega_M \cdot t + \varphi_0)\right),$$

$$\Omega(t) = \omega_T - \Delta\Psi \cdot \omega_M \cdot \sin(\omega_M \cdot t + \varphi_0) = \omega_T - \Delta\Omega \cdot \sin(\omega_M \cdot t + \varphi_0).$$

Die maximale Auslenkung $\Delta\Psi = \alpha_P \cdot \hat{S}_M$ der Momentanphase wird als Phasenhub bezeichnet und hat die gleiche Bedeutung wie der Modulationsindex bei der Frequenzmodulation. Während jedoch bei FM der Modulationsindex $\eta = \Delta\Omega/\omega_M$ umgekehrt proportional zur Frequenz des modulierenden Signals abnimmt, ist bei der Phasenmodulation der Phasenhub nicht von der Modulationsfrequenz abhängig.

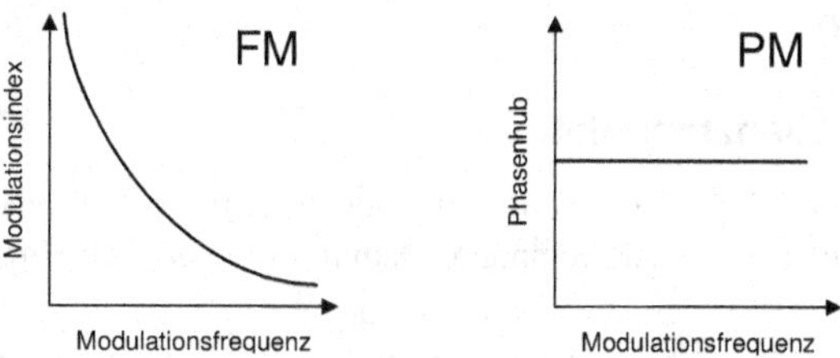

Figur 114: Abhängigkeit des Phasenhubs resp. des Modulationsindex von der Modulationsfrequenz

Umgekehrt verhält es sich mit der maximalen Auslenkung $\Delta\Omega$ der Momentankreisfrequenz. Diese ist bei frequenzmodulierten Signalen nicht von der Modulationsfrequenz abhängig. Bei der Phasenmodulation ist $\Delta\Omega = \Delta\Psi \cdot \omega_M$ proportional zur Frequenz des modulierenden Signals.

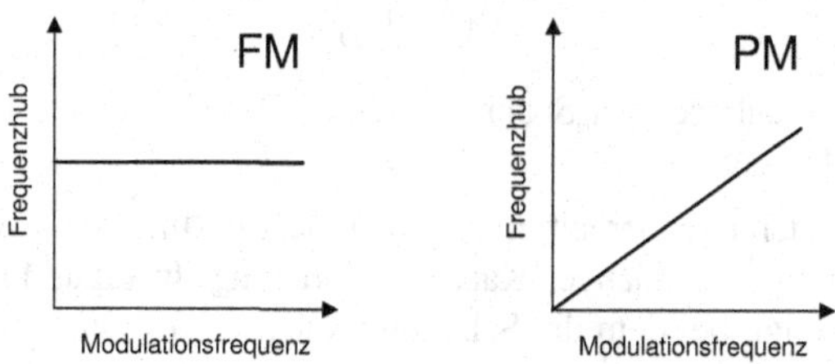

Figur 115: Abhängigkeit des Frequenzhubs von der Modulationsfrequenz

21.3.2 Spektrum der Phasenmodulation

Für den Fall eines sinusförmigen Modulationssignals ist der Signalverlauf des phasenmodulierten Signals durch

$$s(t) = \hat{S}_T \cdot \cos\left(\omega_T \cdot t + \Delta\Psi \cdot \cos(\omega_M \cdot t)\right)$$

gegeben. Aus der auf Seite 208 angegebenen Beziehung

$$\cos\left(\alpha + x \cdot \sin(\beta)\right) = \sum_{n=-\infty}^{\infty} J_n(x) \cdot \cos\left(\alpha + n \cdot \beta\right)$$

folgt

$$\cos\left(\alpha + x \cdot \cos(\beta)\right) = \sum_{n=-\infty}^{\infty} J_n(x) \cdot \cos\left(\alpha + n \cdot (\beta + \pi/2)\right).$$

Damit lässt sich das phasenmodulierte Signal in eine Summe von Cosinus-Funktionen zerlegen

$$s(t) = \hat{S}_T \cdot \sum_{n=-\infty}^{\infty} J_n(\Delta\Psi) \cdot \cos\left(\omega_T \cdot t + n \cdot (\omega_M \cdot t + \pi/2)\right).$$

Das Spektrum entspricht im wesentlichen demjenigen eines FM-Signals. Die einzelnen Anteile sind jedoch um $n \cdot \pi/2$ phasenverschoben. Zudem tritt als Argument für die Bessel-Funktionen nicht der Modulationsindex, sondern der Phasenhub $\Delta\Psi$ in Erscheinung.

21.4 Modulatoren

21.4.1 Direkte Frequenzmodulation

Bei der direkten Frequenzmodulation werden frequenzbestimmende Elemente eines Oszillators in Abhängigkeit des Modulationssignals verändert. Dadurch wird die Schwingfrequenz des Oszillators direkt beeinflusst.

Als veränderliche frequenzbestimmende Elemente werden in der Regel Kapazitätsdioden eingesetzt. Deren Sperrschichtkapazität hängt gemäss der Beziehung

$$C = \frac{C_0}{\left(1 - \frac{U}{U_D}\right)^{\gamma}}$$

von der in Sperrrichtung anliegenden Spannung U ab. Die Konstanten C_0 und γ sind vom verwendeten Diodentyp abhängig.

Für kleine Kapazitätsänderungen erhält man einen nahezu linearen Zusammenhang zwischen relativer Frequenzänderung und relativer Kapazitätsänderung. In Figur 116 ist das Beispiel eines Frequenzmodulators gezeigt, bei dem die Schwingfrequenz eines Quarzoszillators mit Hilfe einer Kapazitätsdiode verändert wird.

Anstelle von Kapazitätsdioden wird gelegentlich auch die Sperrschichtkapazität des Oszillatortransistors verändert, indem der Arbeitspunkt im Rhythmus des modulierenden Signals variiert wird.

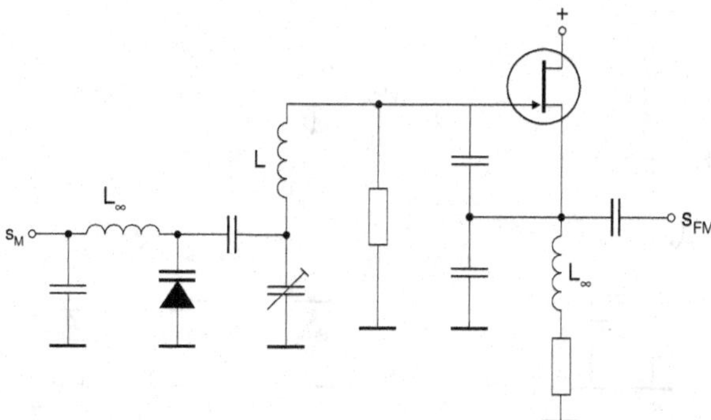

Figur 116: Beispiel eines Modulators für FM mit einer Kapazitätsdiode.

21.4.2 Indirekte Frequenzmodulation

Bei hohen Anforderungen an die Konstanz der Trägerfrequenz ist es ungünstig, den Oszillator direkt zu modulieren. Durch einen dem Oszillator nachgeschalteten Phasenmodulator, welcher mit dem integrierten Modulationssignal angesteuert wird, kann eine indirekte Frequenzmodulation erreicht werden.

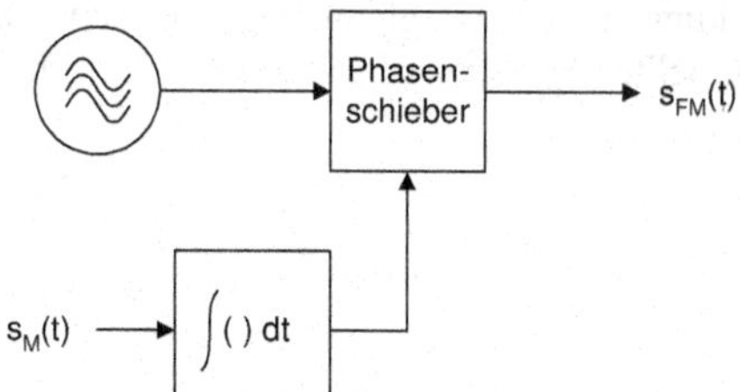

Figur 117: Prinzip der indirekten Frequenzmodulation

Als Phasenmodulatoren können frequenzselektive Netzwerke (z. B. Schwingkreise) eingesetzt werden, deren Phasengang mit spannungsabhängigen Elementen verändert wird. In Figur 118 a) wird die Phasenverschiebung durch eine Kapazität und den variablen Widerstand eines Feldeffekttransistors bewirkt. Ein anderes Prinzip zeigt Figur 118 b). Das Verhalten einer Leitung wird durch diskrete Spulen und Kondensatoren nachgebildet. Durch Anlegen einer Spannung kann die Kapazität geändert und so die Phasenverschiebung beeinflusst werden.

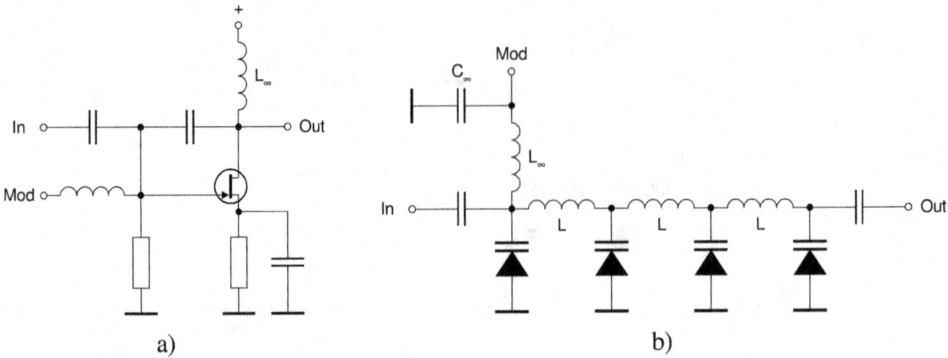

Figur 118: Beispiele von Phasenmodulatoren.

21.4.3 Amstrong Modulator

Für schmalbandige Phasenmodulation kann die Näherung

$$\cos\left(\omega_T \cdot t + \alpha_P \cdot s_M(t)\right) \approx \cos\left(\omega_T \cdot t\right) - \alpha_P \cdot s_M(t) \cdot \sin\left(\omega_T \cdot t\right)$$

verwendet werden, welche für kleine Phasenauslenkungen $\alpha_P{\cdot}s_M(t)$ gültig ist. Für nicht allzu grossen Phasenhub erzeugt der in Figur 119 dargestellte Armstrong-Modulator demnach ein annähernd phasenmoduliertes Signal.

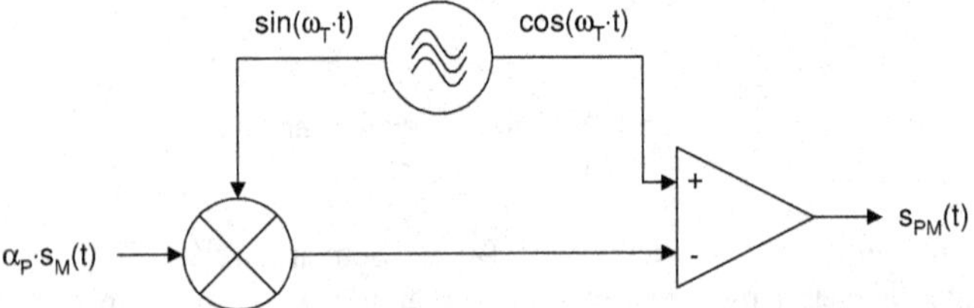

Figur 119: Armstrong-Modulator

Durch Vorschalten eines Integrators kann der Armstrong-Modulator auch zur Erzeugung eines Schmalband-FM-Signals benutzt werden.

21.4.4 Frequenzvervielfachung

Um eine gute Linearität zu gewährleisten, sollten die erwähnten Modulatoren nur mit relativ kleinem Frequenzhub im Vergleich zur Trägerfrequenz betrieben werden. Möchte man einen grossen Frequenzhub realisieren, ohne dass die Linearität darunter leidet, so kann dies durch Frequenzvervielfachung erreicht werden.

In einer Frequenzvervielfacherschaltung wird die Frequenz des Eingangssignals mit einem ganzzahligen Faktor multipliziert. An einem Bauelement mit nichtlinearer Kennlinie (z. B. Varaktordiode, Bipolartransistor) treten Oberwellen des Eingangssignals auf. Ein nachfolgendes Bandpassfilter siebt die gewünschte Oberwelle heraus.

Ein Eingangssignal, dessen Frequenz um $\pm\Delta F$ um eine Mittenfrequenz f_T schwankt, führt so zu einem Ausgangssignal, dessen Frequenz um $\pm n{\cdot}\Delta F$ um die Mittenfrequenz $n{\cdot}f_T$ schwankt. Durch die Frequenzvervielfachung wird der Frequenzhub also um den Vervielfachungsfaktor n vergrössert. Da die Modulationsfrequenz f_M dabei gleich geblieben ist, hat sich der Modulationsindex η der Frequenzmodulation ebenfalls um den Faktor n verändert.

Beispiel

Um ein frequenzmoduliertes Signal zu erzeugen, wird ein Phasenmodulator mit vorgeschaltetem Integrator verwendet. Aufgrund der Integration ist die Amplitude des Signals am Eingang des Phasenmodulators umgekehrt proportional zur Modulationsfrequenz f_M. Diese Aussage gilt auch für den Phasenhub des Ausgangssignals, da dieser grundsätzlich proportional zur Amplitude des Eingangssignals ist[36]. Will man aus Linearitätsgründen einen gewissen maximalen Phasenhub nicht überschreiten, so muss diese Bedingung deshalb für die niedrigste Signalfrequenz erfüllt sein.

Der Phasenmodulator sei als Armstrong-Modulator realisiert. Damit dieser linear arbeitet, darf dessen Phasenhub einen maximalen Wert von $\Delta\Psi = 0.5$ rad nicht überschreiten. Bei einem sinusförmigen Modulationssignal der Frequenz $f_M = 50$ Hz resultiert daraus ein Frequenzhub von $\Delta F = \Delta\Psi \cdot f_M = 25$ Hz. Um ein FM-Signal mit einem Frequenzhub von 75 kHz zu realisieren, muss die Frequenz des Ausgangssignals um den Faktor $n = 75'000/25 = 3000$ vervielfacht werden. Nehmen wir an, die Trägerfrequenz des Armstrong-Modulators liege bei 200 kHz, so würde dies nach der Frequenzvervielfachung eine Trägerfrequenz von 600 MHz ergeben. Um solch hohe Frequenzen zu vermeiden, wird die Frequenzvervielfachung auf zwei Baublöcke aufgeteilt, zwischen denen das Signal wieder auf eine Frequenz von 2 MHz heruntergemischt wird. Bei einem Mischvorgang werden alle Frequenzen gleichmässig verschoben, weshalb dabei der Frequenzhub des Signals nicht ändert.

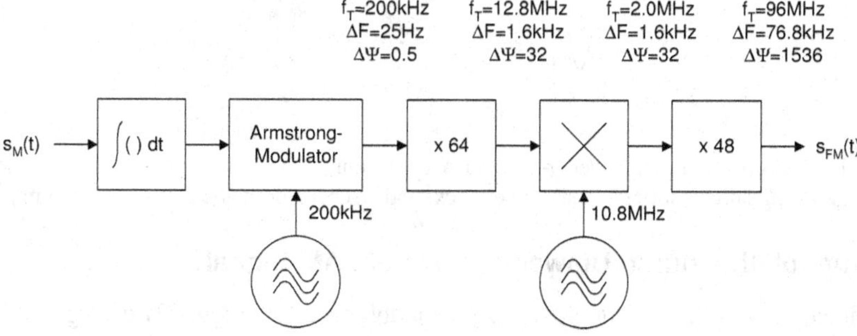

■

21.5 Demodulatoren

21.5.1 Amplitudenbegrenzer (Limiter)

Einige der nachfolgend beschriebenen Demodulatorschaltungen reagieren sowohl auf Frequenz- als auch auf Amplitudenschwankungen des Eingangssignals. Letzteres ist selbstverständlich uner-

[36] Dies ist eigentlich ohnehin klar, da das Ausgangssignal gemäss Voraussetzung ein FM-Signal ist, von dem wir wissen, dass der Phasenhub (resp. der Modulationsindex) umgekehrt proportional zur Modulationsfrequenz ist.

wünscht. Aus diesem Grund werden vor der eigentlichen Demodulation eventuell vorhandene Amplitudenschwankungen eliminiert, indem die Amplitude des Signals begrenzt wird.

Als Amplitudenbegrenzer können beispielsweise stark übersteuerte Verstärker eingesetzt werden. Die Verstärkung muss dabei so gross gewählt werden, dass selbst Antennensignale im µV-Bereich schon zu einer Übersteuerung des Verstärkers und damit zu einer Amplitudenbegrenzung führen. Damit die Transistoren des Verstärkers trotz der starken Übersteuerung nicht in die Sättigung geraten, werden in der Regel emittergekoppelte Differenzverstärker eingesetzt. Deren Kollektorstrom ist aufgrund des Schaltungsprinzips automatisch begrenzt. Einfachere Amplitudenbegrenzer bestehen aus zwei antiparallel geschalteten Dioden, welche die Amplitude auf einige 0.1-Volt begrenzen.

Der Effekt der Amplitudenbegrenzung ist in Figur 120 wiedergegeben.

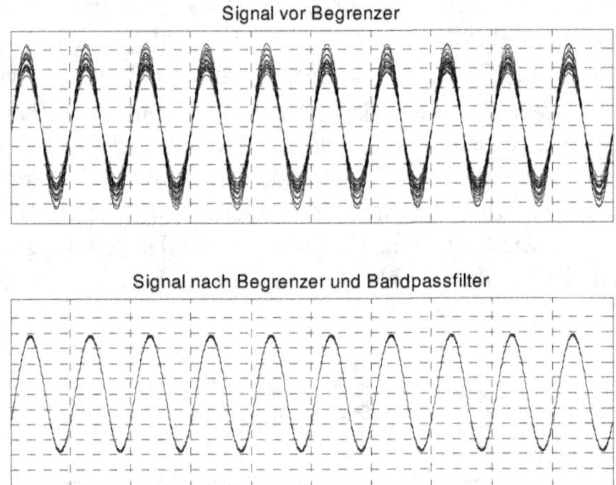

Figur 120: FM-Signal vor und nach der Amplitudenbegrenzung. Das Ausgangsignal wurde nach der Begrenzung durch ein Bandpassfilter geschickt und erscheint deshalb praktisch sinusförmig.

21.5.2 Demodulation durch Umwandlung in ein AM-Signal

Eine Möglichkeit, frequenzmodulierte Signale zu demodulieren, ist in Figur 121 gezeigt.

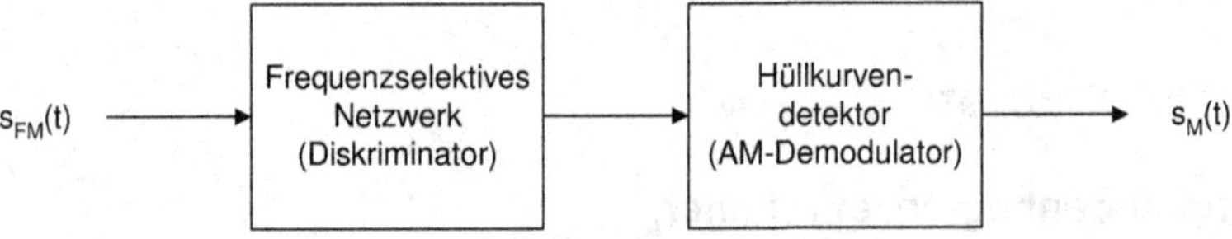

Figur 121: FM-Demodulation durch FM/AM-Umwandlung

Die Frequenzschwankungen des FM-Signals werden in einem frequenzselektiven Netzwerk in Amplitudenschwankungen umgewandelt, welche anschliessend in einem Hüllkurvendetektor demoduliert werden können. Bei der Wahl des frequenzselektiven Netzwerkes ist auf einen möglichst linearen Zusammenhang zwischen Ausgangsamplitude und Frequenz zu achten.

Gegentaktflankendiskriminator

Beim Gegentaktflankendiskriminator kann eine in weiten Bereichen lineare Diskriminatorkennlinie erzielt werden. Die Resonanzfrequenzen der beiden Schwingkreise sind gegenüber der Mittenfrequenz um gleiche Beträge nach oben resp. nach unten verstimmt. Das Ausgangssignal resultiert aus der Differenz der beiden gleichgerichteten Schwingkreisspannungen.

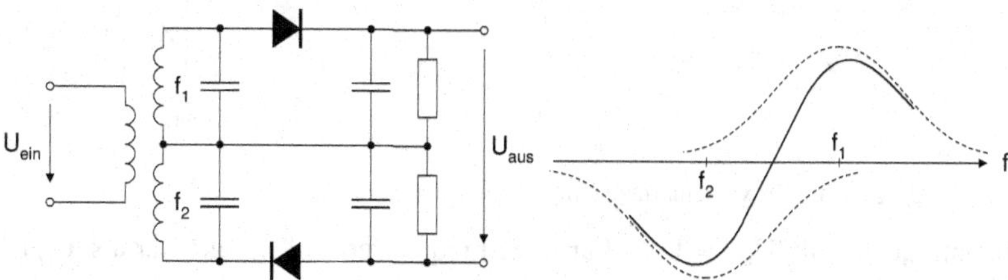

Figur 122: Gegentaktflankendiskriminator

Verhältnisdiskriminator (Ratiodetektor)

Der Ratiodetektor ist vom Prinzip her unempfindlich gegenüber schnellen Amplitudenschwankungen des Eingangssignals. Das Herzstück des Ratiodetektors bilden zwei induktiv gekoppelte Schwingkreise, die beide auf die Mittenfrequenz abgestimmt sind. Im Resonanzfall eilt die Sekundärspannung U_2 der Primärspannung $U_1 \approx U_{ein}$ um $\pi/2$ nach. Bei tieferen Frequenzen ist die Phasendifferenz kleiner, bei höheren Frequenzen dagegen grösser.

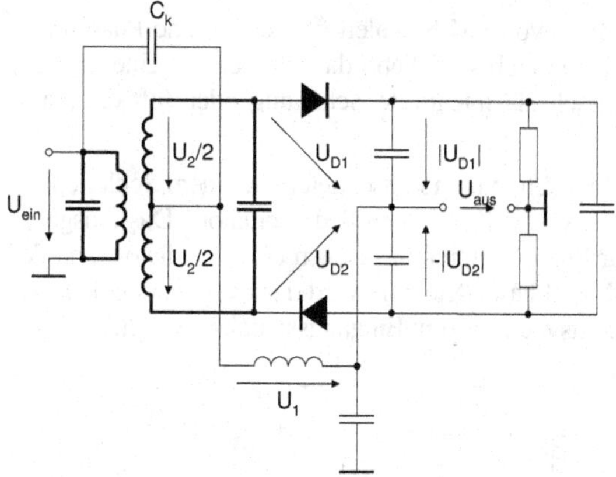

Figur 123: Ratiodetektor

Aus den entsprechenden Maschengleichungen folgen die Beziehungen

$$U_{D1} = U_1 + \frac{U_2}{2} \quad \text{und} \quad U_{D2} = U_1 - \frac{U_2}{2} .$$

Die dazugehörigen Zeigerdiagramme sind in Figur 124 wiedergegeben.

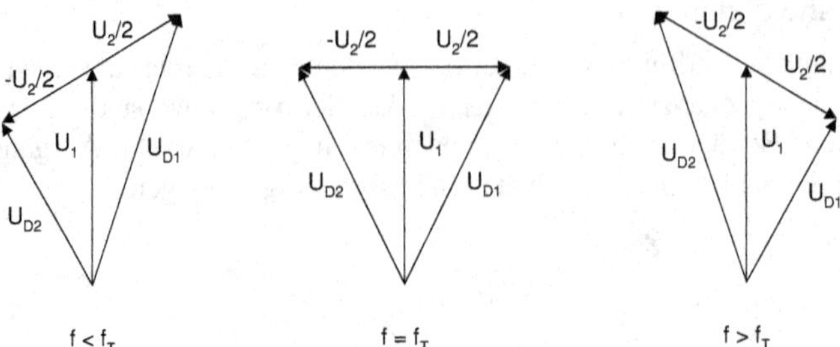

Figur 124: Zeigerdiagramme für verschiedene Eingangsfrequenzen

Bei der Mittenfrequenz gilt $|U_{D1}| = |U_{D2}|$. Für hohe Frequenzen ist $|U_{D2}|$ grösser als $|U_{D1}|$, bei tiefen Frequenzen gilt das Umgekehrte.

Für die Ausgangsspannung ergibt sich die Beziehung

$$U_{aus} = -|U_{D1}| + \frac{|U_{D1}| + |U_{D2}|}{2} = \frac{|U_{D2}| - |U_{D1}|}{2}.$$

Diese Spannung ist bei der Mittenfrequenz gleich null. Für höhere Frequenzen ist sie positiv, für tiefere dagegen negativ.

21.5.3 Demodulation mittels PLL

Die heute bevorzugte Methode zur Demodulation von FM-Signalen verwendet eine Phasenregelschleife (PLL – Phase Locked Loop). Diese ist deshalb so beliebt, da sie einerseits eine sehr gute Linearität aufweist und andererseits auch einfach als integrierte Schaltung oder softwaremässig realisiert werden kann.

Ein PLL besteht aus drei wesentlichen Komponenten: einem Phasendetektor, einem Schleifenfilter und einem spannungsgesteuerten Oszillator (VCO – voltage controlled oscillator). Das Ausgangssignal des Phasendetektors ist proportional zur Phasendifferenz zwischen dem Oszillator- und dem Eingangssignal. Das gefilterte Ausgangssignal des Phasendetektors wird dazu verwendet, den VCO so nachzuregeln, dass dieser im Endeffekt phasensynchron zum Eingangssignal schwingt.

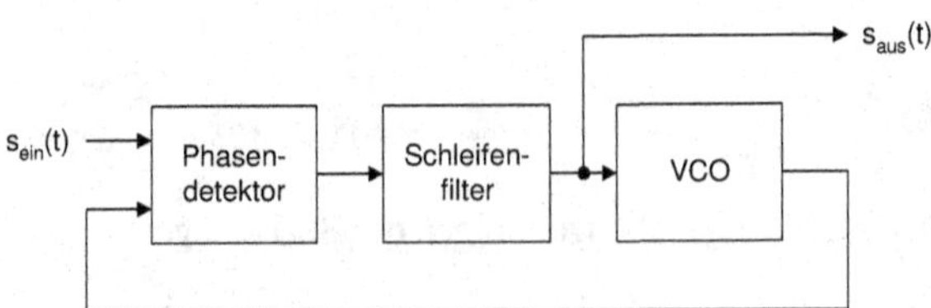

Figur 125: Phase Locked Loop als FM-Demodulator

Im eingerasteten Zustand sind also das VCO- und das Eingangssignal phasenstarr miteinander verknüpft. Als Konsequenz davon ist die Momentanfrequenz des VCOs stets gleich der Frequenz des Eingangssignals. Andererseits hängt die Frequenz des VCOs linear von dessen Eingangsspannung $s_{aus}(t)$ ab. Daraus folgt schliesslich, dass das Signal $s_{aus}(t)$ proportional zur Frequenz des Eingangssignals ändert.

Kryptologie

„There are two kinds of cryptography in this world: cryptography that will stop your kid sister from reading your files, and cryptography that will stop major governments from reading your files. This book is about the latter.“

Bruce Schneier

Secret: Something you tell just one person at a time.

22 Einleitung

22.1 Was ist Kryptologie?

Die Kryptologie[37], die Lehre von den Geheimschriften, beschäftigte sich ursprünglich ausschliesslich mit dem Schutz vertraulicher Mitteilungen, so dass kein Unbefugter Kenntnis vom Inhalt der Nachricht erhalten kann. Die Texte werden zu diesem Zweck verschlüsselt und können im Idealfall nur vom legitimierten Empfänger entschlüsselt und somit wieder gelesen werden. Als Verschlüsselung oder Chiffrierung wird die Transformation von Daten in eine unlesbare Form bezeichnet. Die entsprechende Rücktransformation in lesbare Daten wird Entschlüsselung oder Dechiffrierung genannt. Zur Ver- und Entschlüsselung benötigen Sender und Empfänger geheime Information, den sogenannten Schlüssel. Abhängig vom verwendeten Verfahren werden entweder die gleichen oder dann eben verschiedene Schlüssel zum Chiffrieren und Dechiffrieren benützt.

Heute ist die Geheimhaltung von Nachrichten jedoch bei weitem nicht mehr der einzige Aspekt der Kryptologie. Genau so wichtig wie der Schutz vor unbefugtem Lesen ist beispielsweise die Frage, ob die empfangene Nachricht tatsächlich vom angegebenen Sender stammt (Authentizität). Ferner gilt es sicherzustellen, dass ein Text nicht unerlaubt verändert oder kopiert werden kann (Integrität). Diese Aspekte sind etwa bei der Realisierung von digitalen Unterschriften von Interesse. Wie bei einer gewöhnlichen handschriftlichen Unterschrift muss für die digitale Unterschrift gelten, dass nur der Unterzeichner diese erzeugen kann. Andererseits sollte aber der Empfänger verifizieren können, dass die Unterschrift vom Sender des Dokuments stammt. Schliesslich muss gewährleistet werden, dass die Unterschrift nicht einfach kopiert und an ein anderes Dokument angehängt werden kann. Ist ein unterschriebenes Dokument einmal abgeschickt, so darf es für den Absender nicht möglich sein, dies abzustreiten oder den Inhalt des Dokuments nachträglich zu verändern. Die Kryptologie hat entsprechende Verfahren entwickelt von denen man annehmen darf, dass sie mindestens so sicher sind wie die handschriftliche Unterschrift.

Um gewisse Vorgänge aus der realen Welt in der digitalen Welt nachzubilden, wurden kryptografische Protokolle entwickelt. Diese ermöglichen es beispielsweise, mit elektronischem Geld zu bezahlen oder elektronisch abzustimmen. Daneben bieten kryptografische Protokolle neue, bis jetzt kaum bekannte Möglichkeiten. Ein Geheimnis kann beispielsweise so an mehrere Leute verteilt

---

[37] Vom griechischen "κρυπτοσ" (versteckt, geheim) und "λογοσ" (das Wort, der Sinn).

werden, dass nur alle zusammen es dechiffrieren können. Eine weitere Variante sind die so genannten „Zero Knowledge"-Protokolle, mit denen die Kenntnis eines Geheimnisses nachgewiesen werden kann ohne über das Geheimnis selbst das Geringste zu verraten. Dies ist beispielsweise wichtig, wenn man gegenüber einem System seine Berechtigung nachweisen will, einen gewissen Dienst benutzen zu dürfen.

Die Ziele der modernen Kryptographie können grob in vier Grundaufgaben unterteilt werden:

- Vertraulichkeit/Geheimhaltung
  Stellt sicher, dass nur berechtigte Personen in der Lage sind, die Daten zu lesen. Die Verfahren dazu reichen von der räumlichen Sicherung der Daten bis zum mathematischen Algorithmus, welcher die Daten in eine unlesbare Form bringt.
- Authentizität
  Gewährleistet die Identität des Urhebers. Die Authentizität einer Person kann beispielsweise durch biometrische Daten (Fingerabdruck, Retina-Merkmale, Stimmprofil, usw.) oder durch Abfragen einer geheimen Information (Passwort) überprüft werden.
- Integrität
  Schützt die Daten vor unbefugten Änderungen (Einfügen, Löschen und Ersetzen). Der Empfänger sollte unbefugte Modifikationen der Daten wenigstens zweifelsfrei erkennen können.
- Unleugbarkeit/Verbindlichkeit
  Verhindert, dass gewisse Aktionen oder Verpflichtungen vom Urheber nachträglich abgestritten werden können.

22.2 Begriffe

Ein Verschlüsselungsverfahren oder Kryptosystem besteht aus fünf Bestandteilen:

- dem unverschlüsselten Originaltext, auch Klartext (plaintext),
- dem verschlüsselten Text, auch Geheimtext oder Chiffretext (ciphertext),
- einem oder mehreren Schlüsseln (key),
- einer vom Schlüssel abhängigen Verschlüsselungsfunktion (encryption), welche den Klartext in den Geheimtext transformiert,
- einer vom Schlüssel abhängigen Entschlüsselungsfunktion (decryption), welche den Geheimtext in den Klartext transformiert.

Selbstverständlich muss die Entschlüsselung eines verschlüsselten Textes wieder den Originaltext ergeben. Dagegen ist es nicht notwendig, dass zum Ver- und zum Entschlüsseln der gleiche Schlüssel verwendet werden muss.

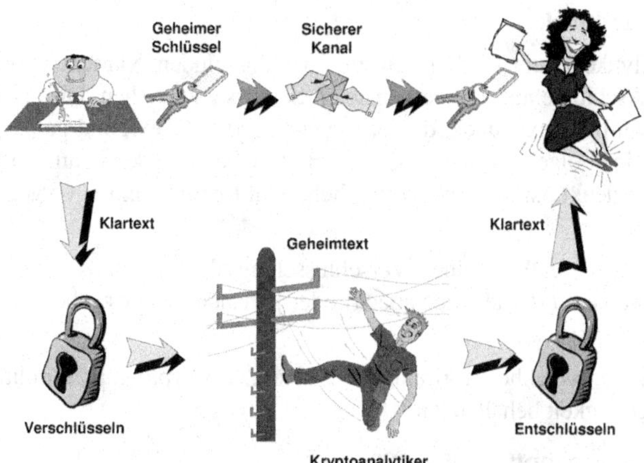

Figur 126: Einige Begriffe aus der Kryptologie

Bei klassischen Verschlüsselungsverfahren besitzen der Sender und der Empfänger einen gemeinsamen geheimen Schlüssel, mit dem der Sender verschlüsselt und der Empfänger entschlüsselt. Solche Verfahren nennt man symmetrische Algorithmen. Daneben existieren aber auch asymmetrische Algorithmen, bei denen lediglich der Empfänger einen geheimen Schlüssel benötigt. Da der Schlüssel zur Verschlüsselung des Klartexts öffentlich zugänglich sein kann, spricht man auch von public-key Algorithmen.

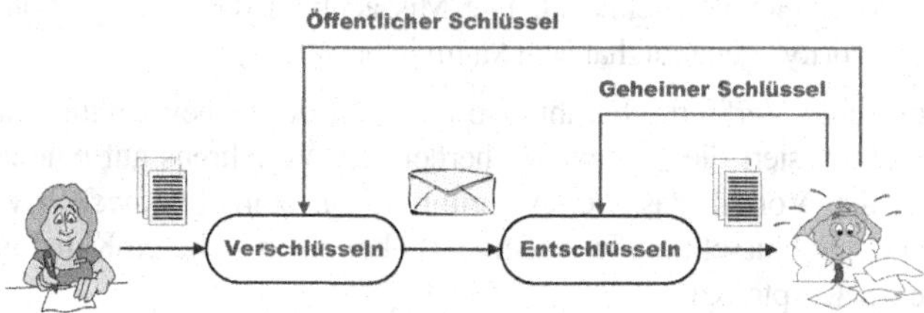

Figur 127: Asymmetrisches Verschlüsselungsverfahren

Bei der Kryptoanalyse eines Geheimtexts wird versucht, aus der Kenntnis des Geheimtexts den Klartext zu rekonstruieren. Abhängig von den gemachten Voraussetzungen unterscheidet man folgende Klassen von Attacken:

1. **Ciphertext-only attack**

   Hierbei kennt der Kryptoanalytiker lediglich ein Stück oder den gesamten Geheimtext. Die Aufgabe besteht darin, den Klartext zu rekonstruieren oder – noch besser – den geheimen Schlüssel herauszufinden.

2. **Known-plaintext attack**

   Der Kryptoanalytiker kennt nicht nur den Geheimtext, sondern zumindest einen Teil des dazugehörigen Klartexts. Diese Art der Attacke ist nicht so selten wie man vielleicht vermuten könnte. So finden sich in Texten häufig standardisierte Eröffnungs- und Schlussfloskeln. Ein berüchtigtes Beispiel ist die Deutsche Wehrmacht während des Zweiten Weltkriegs, die freundlicherweise praktisch alle ihre Telegramme mit „Heil Hitler“ beendete.

3. Chosen-plaintext attack

Der Kryptoanalytiker kann hierbei den zu verschlüsselnden Klartext vorgeben und dadurch versuchen, Rückschlüsse auf den verwendeten Schlüssel zu ziehen. Dies ist ein Vorteil gegenüber dem Known-plaintext attack, da der Kryptoanalytiker Texte mit ganz spezifischen Eigenschaften (z. B. eine Folge von lauter gleichen Buchstaben) wählen kann. Auch diese Attacke ist häufiger als man denkt, ist es doch oft möglich, dem Benutzer einen vorgegebenen Text unterzuschieben.

Häufig ist jedoch der beste Weg, einen Verschlüsselungsalgorithmus zu brechen, alle möglichen Schlüssel durchzuprobieren (brute-force attack) oder jemanden zu bestechen oder zu bedrohen, bis er mit dem Schlüssel rausrückt.

Der Holländer Auguste Kerckhoff formulierte 1883 in „La Cryptographie militaire" einen Grundsatz, der bis heute Gültigkeit behalten hat.

Prinzip von Kerckhoff (1835 – 1903)

Die Sicherheit eines Verschlüsselungssystems darf nicht von der Geheimhaltung des Verfahrens (Algorithmus) abhängen, sondern soll nur auf der Geheimhaltung des Schlüssels beruhen.

Trotzdem wird dieses Prinzip auch heute immer wieder verletzt. Die amerikanische Filmindustrie glaubte, ihre DVD-Filme dadurch schützen zu können, dass das Verschlüsselungssystem selbst zur Geheimsache erklärt wurde. Das Content Scrambling System (CSS) wurde kurz darauf von einem 16-jährigen norwegischen Schüler geknackt. Die Missachtung des Prinzips von Kerckhoff, auch „Security through Obscurity" genannt, hat sich kaum je bewährt.

Ein gutes kryptografisches Verfahren beruht also nicht auf der Geheimhaltung des dazugehörigen Algorithmus. Vielmehr basiert die gesamte Sicherheit des Verfahrens auf einem (oder mehreren) Schlüsseln. Dies hat den Vorteil, dass der Algorithmus nur einmal entwickelt werden muss. Das Verteilen der geheimen Schlüssel (key management) über einen sicheren Kanal ist allerdings eines der Hauptprobleme der Kryptologie.

23 Symmetrische Algorithmen

23.1 Cäsar-Methode

Von Julius Cäsar (100 bis 44 v. Christus) ist bekannt, dass er ein sehr einfaches Verschlüsselungsverfahren anwandte. Dieses ist deshalb unter der Bezeichnung Cäsar-Chiffrierung oder Cäsar-Addition bekannt. Cäsar verschlüsselte seine Klartexte, indem er jeden Buchstaben durch einen anderen ersetzte, der jeweils um drei Plätze weiter hinten im Alphabet steht. Die Verschlüsselungsvorschrift kann demnach in der nachfolgenden Tabelle zusammengefasst werden.

Tabelle 18: Verschlüsselungstabelle für die Cäsar-Chiffrierung mit dem Schlüssel 3.

a	b	c	d	e	f	g	h	i	j	k	l	m	n	o	p	q	r	s	t	u	v	w	x	y	z
d	e	f	g	h	i	j	k	l	m	n	o	p	q	r	s	t	u	v	w	x	y	z	a	b	c

Der geheime Schlüssel besteht in diesem Fall aus der Kenntnis, um wie viele Buchstaben jeweils verschoben wird. Es sind somit lediglich 25 sinnvolle Schlüssel denkbar (Der Schlüssel 0 ergibt als Geheimtext wiederum den Klartext.) und demzufolge ist das Verfahren mit dem Computer durch Ausprobieren aller möglichen Schlüssel problemlos zu knacken. Doch auch ohne Computer hat der Kryptoanalytiker mit diesem Algorithmus leichtes Spiel. Er führt eine statistische Analyse des Geheimtexts durch. In den natürlichen Sprachen kommen die einzelnen Buchstaben nicht gleich häufig vor. Die Häufigkeiten der Buchstaben in der deutschen Sprache können beispielsweise der Tabelle 19 entnommen werden. Dabei wurden die Umlaute ä, ö und ü als ae, oe und ue betrachtet. Das häufigste Zeichen, nämlich der Leerschlag, erscheint nicht in der Tabelle.

Offensichtlich sind in einem deutschen Text die Buchstaben 'e' und 'n' am häufigsten vertreten. Da die Cäsar-Chiffrierung dem Buchstaben 'e' immer das gleiche Codesymbol (in unserem Beispiel den Buchstaben 'h') zuordnet, kann der Kryptoanalytiker aufgrund der Häufigkeitsverteilung der Buchstaben im Geheimtext relativ einfach auf den verwendeten Schlüssel schliessen. Aber Achtung: Es gibt ganze Bücher[38], in denen kein einziges Mal der Buchstaben 'e' auftaucht.

---

[38] Z. B. Ernest Vincent Wright's Novelle „Gadsby".

Tabelle 19: Häufigkeiten der Buchstaben in der deutschen Sprache

Buchstabe	Häufigkeit [%]	Buchstabe	Häufigkeit [%]
a	6.51	n	9.78
b	1.89	o	2.51
c	3.06	p	0.79
d	5.08	q	0.02
e	17.40	r	7.00
f	1.66	s	7.27
g	3.01	t	6.15
h	4.76	u	4.35
i	7.55	v	0.67
j	0.27	w	1.89
k	1.21	x	0.03
l	3.44	y	0.04
m	2.53	z	1.13

Die Anzahl Schlüssel lässt sich leicht erhöhen, indem man nicht nur Verschiebungen, sondern beliebige Permutationen zulässt. Der Begriff Permutation stammt aus dem Lateinischen: permutare = auswechseln, vertauschen und bezeichnet eine Änderung der Reihenfolge der Elemente einer Menge. Wiederum wird ein Buchstabe des Alphabets immer in den gleichen Geheimtextbuchstaben verschlüsselt, die Zuordnung ist hingegen nun beliebig. Obwohl eine beträchtliche Anzahl ($26! \approx 4 \cdot 10^{26}$) Schlüssel zur Verfügung steht, wird dadurch die Sicherheit des Verfahrens nicht verbessert. Nach wie vor kann mit Hilfe einer statistischen Untersuchung des Geheimtexts der Schlüssel gefunden werden.

Beispiel

Wir müssen immer davon ausgehen, dass der Kryptoanalytiker den verwendeten Algorithmus kennt. Deshalb sei bekannt, dass der folgende Geheimtext unter Verwendung des obigen Verfahrens verschlüsselt wurde.

```
ofvam ijqw bmp abq itbpbmkcat fxaqp sqw vsmm svxacaqw ratcfypap latwaq
```

Als Erstes bestimmt der Kryptoanalytiker die Häufigkeit der einzelnen Buchstaben und stellt fest, dass die Buchstaben 'a' und 'q' öfter als alle anderen auftreten. Dies sind demnach Kandidaten für die Zuordnung zu den Klartextbuchstaben 'e' und 'n'. Um dies zu bestätigen können beispielsweise Paare von aufeinanderfolgenden Buchstaben, sogenannte Bigramme, untersucht werden. Wie Tabelle 20 zeigt, ist das Bigramm 'en' relativ häufig in der deutschen Sprache und im zu untersuchenden Geheimtext erscheint das Buchstabenpaar 'aq' denn auch dreimal, was die erste Annahme untermauert.

Tabelle 20: Häufigkeiten von Bigrammen in der deutschen Sprache.

Bigramm	Häufigkeit [%]	Bigramm	Häufigkeit [%]
en	3.88	nd	1.99
er	3.75	ei	1.88
ch	2.75	ie	1.79
te	2.26	in	1.67
de	2.00	es	1.52

Ebenfalls dreimal tritt im Geheimtext das Bigramm 'at' auf, woraus die Vermutung abgeleitet wird, der Geheimbuchstabe 't' entspräche dem Klartextbuchstaben 'r'. Weitere häufig auftretende Buchstaben sind 'm', 'p', 'b' und 'w'. Diese dürften den im Deutschen häufigen Buchstaben 'i', 's', 'a' und 't' entsprechen, nur ist noch nicht erkenntlich, wie die Zuordnung im einzelnen ist. Interessant ist in diesem Zusammenhang das Trigramm 'bmp', welches mit einiger Sicherheit dem Klartextwort 'ist' zugeordnet werden kann. Damit hat der Kryptoanalytiker für die häufigsten Buchstaben die Einträge in die Verschlüsselungstabelle bereits gefunden

a	b	c	d	e	f	g	h	i	j	k	l	m	n	o	p	q	r	s	t	u	v	w	x	y	z
				a				b					q				t	m	p						

und kann den Klartext teilweise entschlüsseln

```
...es ..nd ist ein .ritis..er ..ent .nd ..ss ...e.end .er...tet .erden,
```

woraus er weitere Zuordnungen leicht erraten kann. ■

Chiffrierungsverfahren, bei denen die Zuordnung zwischen Klartext- und Geheimbuchstaben nicht ändert, nennt man monoalphabetisch. Diese sind im Allgemeinen durch statistische Analyse des Geheimtexts leicht zu brechen und sollten deshalb in seriösen Anwendungen nicht mehr eingesetzt werden. Es ist bemerkenswert, dass in der russischen Armee offensichtlich noch bis 1915 die Cäsar-Chiffrierung verwendet wurde, gerüchteweise deshalb, weil andere, kompliziertere Verfahren den Stabsoffizieren nicht zugemutet werden konnten.

Unter UNIX ist ein einfaches Verschlüsselungsprogramm mit der Bezeichnung ROT13 zu finden. Es handelt sich dabei um eine Cäsar-Chiffrierung mit einer Verschiebung um 13 Buchstaben. ROT13 ist jedoch nicht zur Geheimhaltung von Nachrichten gedacht, sondern soll verhindern, dass „objectionable material [by] innocent eyes" gelesen wird.

23.2 Ein (beweisbar) sicheres Verschlüsselungsverfahren

Es mag nach dem eben gesagten vielleicht erstaunen, dass ein Verschlüsselungsverfahren existiert, von dem bewiesen werden kann, dass es sicher ist. Der Kryptoanalytiker kann aus der Kenntnis des Geheimtexts keinerlei Information über den Klartext oder den Schlüssel gewinnen. Dieses Verfahren wurde 1917 von Major Joseph Mauborgne und Gilbert Vernam entwickelt und heisst one-time Pad. Der Schlüssel besteht aus einer zufälligen Buchstabenfolge, die mindestens so lang wie der zu verschlüsselnde Klartext sein muss. Der Geheimtext wird durch buchstabenweise Addition des Klartexts mit dem Schlüssel erzeugt. Dabei entspricht der Buchstabe 'a' der 0, 'b' der 1 und 'z' der 25. Ergibt die Addition ein Resultat grösser als 25, so wird 26 subtrahiert, so dass die erhaltene Zahl wiederum als Buchstabe dargestellt werden kann. Mathematisch ausgedrückt handelt es sich also um eine Addition modulo 26.

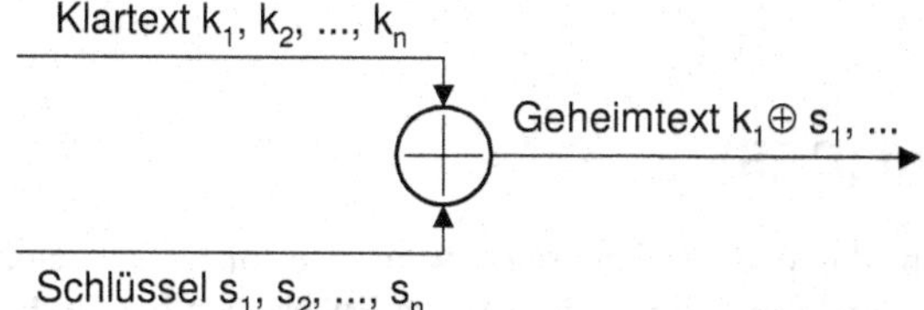

Figur 128: One-time Pad

Falls der Empfänger den Schlüssel kennt, kann er die Chiffrierung durch buchstabenweise Subtraktion problemlos rückgängig machen. Erhält er ein negatives Resultat, so addiert er einfach 26 hinzu.

Beispiel

Der Klartext „ROMEOLIEBTJULIA“ soll mit dem one-time Pad verschlüsselt werden. Dazu muss zuerst ein möglichst zufälliger Schlüssel erzeugt werden: „BIOGWWRJYSBKSDX“. Den Geheimtext erhält man anschliessend durch buchstabenweise Addition:

	R	O	M	E	O	L	I	E	B	T	J	U	L	I	A
+	B	I	O	G	W	W	R	J	Y	S	B	K	S	D	X
=	S	W	B	K	L	I	Z	N	Z	M	K	F	E	L	X

Die Empfängerin kann, sofern sie im Besitz des Schlüssels ist, den Klartext rekonstruieren:

	S	W	B	K	L	I	Z	N	Z	M	K	F	E	L	X
-	B	I	O	G	W	W	R	J	Y	S	B	K	S	D	X
=	R	O	M	E	O	L	I	E	B	T	J	U	L	I	A

■

Da zu jedem denkbaren Klartext ein Schlüssel existiert, der genau den gleichen Geheimtext ergeben würde, können keine Rückschlüsse auf den Klartext oder den Schlüssel gezogen werden. Entscheidend für die Sicherheit des Verfahrens ist jedoch, dass derselbe Schlüssel nur ein einziges Mal benutzt wird, da mit einer known-plaintext Attacke der gerade verwendete Schlüssel problemlos ermittelt werden kann. Sowohl der Sender als auch der Empfänger müssen also über einen grossen Vorrat an Schlüsselsequenzen verfügen. Die Handhabung des Schlüssels ist denn auch ein Hauptproblem dieses an sich sicheren Verfahrens. Wie kommt der Schlüssel zum Empfänger und wie wird er sicher aufbewahrt? Ein Vorteil ist dabei, dass der Zeitpunkt des Schlüsselaustauschs weitgehend frei gewählt werden kann, während der Zeitpunkt für die Übermittlung der Nachricht meistens durch äussere Faktoren vorgegeben ist. Gleichwohl kommt das one-time Pad nur in wenigen Spezialfällen zum Einsatz. Gerüchten zufolge wurden die Gespräche über den „heissen Draht“ zwischen dem Weissen Haus und dem Kreml mit einem one-time Pad geschützt. Die entsprechenden Schlüssel sollen, auf Magnetbänder gespeichert, von Boten überbracht worden sein.

Heute werden selbstverständlich nicht mehr Buchstaben, sondern binäre Ziffern chiffriert. Die Addition erfolgt dann bitweise nach folgenden Regeln:

$$0 \oplus 0 = 1 \oplus 1 = 0 \text{ und } 0 \oplus 1 = 1 \oplus 0 = 1.$$

Der Operator $\oplus$ bezeichnet die Addition modulo 2 oder, was auf das gleiche Resultat führt, die bitweise Exklusiv-Oder Verknüpfung.

23.3 Data Encryption Standard (DES)

Monoalphabetische Chiffrierungen können durchaus sicher sein, wenn sie nicht auf einer natürlichen Sprache basieren, die nur wenige und ungleichmässig verteilte Buchstaben besitzt. Ein Beispiel eines monoalphabetischen Verfahrens über einer sogenannt nichtnatürlichen Sprache ist der Data Encryption Standard, kurz DES. Dieser Algorithmus wurde 1974 von einem IBM-Team entwickelt und gehört heute zu den am meisten verwendeten und am besten untersuchten kryptografischen Verfahren.

Der DES-Algorithmus beruht auf den zwei schon im Jahre 1949 von Claude Shannon [15] formulierten Prinzipien für den Entwurf von Verschlüsselungssystemen

- Diffusion
  Die statistische Analyse des Klartexts lässt im Allgemeinen eine gewisse Gesetzmässigkeit erkennen, die ein Angreifer ausnutzen kann. So treten in einer natürlichen Sprache Buchstaben, Buchstabengruppen, Wörter oder Wörterfolgen meist mit unterschiedlichen Wahrscheinlichkeiten auf. Diese statistische Struktur des Klartexts soll durch Diffusion „zerstreut" werden und im Geheimtext für den Angreifer nicht mehr verwertbar sein. Der Zusammenhang zwischen den statistischen Eigenschaften des Geheimtextes und den statistischen Eigenschaften des Klartextes soll so kompliziert sein, dass der Angreifer diesen nicht ausnutzen kann. Dies bedeutet, dass der Geheimtext möglichst gut einer Zufallssequenz gleichen soll, selbst wenn der Klartext sehr starke Regelmässigkeiten aufweist.
- Konfusion
  Die Beziehung zwischen Schlüssel und Geheimtext soll möglichst komplex sein. Selbst wenn es dem Angreifer gelingt, Regelmässigkeiten im Geheimtext zu erkennen, kann er daraus nicht einfach auf den Schlüssel schliessen. So soll beispielsweise jedes Bit des Schlüssels möglichst viele Bits des Geheimtexts beeinflussen.

Der DES ist ein monoalphabetischer Algorithmus über dem Alphabet

$$\left\{(k_1,\cdots,k_{64}) \middle| k_i \in \{0,1\}\right\},$$

d.h. der DES verschlüsselt nicht einzelne Buchstaben, sondern Blöcke von jeweils 64 binären Ziffern. Sowohl das Klar- wie das Geheimtextalphabet bestehen aus allen binären Folgen der Länge 64. Der Schlüssel ist ebenfalls eine binäre Folge, hat aber die Länge 56. Damit ergeben sich $2^{56} \approx 7 \cdot 10^{16}$ mögliche Schlüssel.

Die Verschlüsselung geschieht in 16 identischen, aber schlüsselabhängigen Runden. Vor der ersten und nach der letzten solchen Runde wird jeweils eine fixe Permutation der binären Ziffern durchgeführt (die Bits vertauschen ihre Plätze), was jedoch auf die Sicherheit von DES keinen Einfluss hat. Ein Grund für diese Permutationen könnte darin liegen, dass man damit effiziente Softwareimplementationen erschweren wollte. Das Vertauschen von Bits mittels Software ist eine vergleichsweise aufwendige Aufgabe, wohingegen eine Hardwarerealisierung einfach zu bewerkstelligen ist. Da die Herstellung von integrierten Schaltungen in den 70er Jahren noch sehr grossen Aufwand und Know-how erforderte, glaubte man so vielleicht die Verbreitung des DES-Algorithmus kontrollieren zu können.

Der grundsätzliche Aufbau von DES ist in Figur 129 dargestellt.

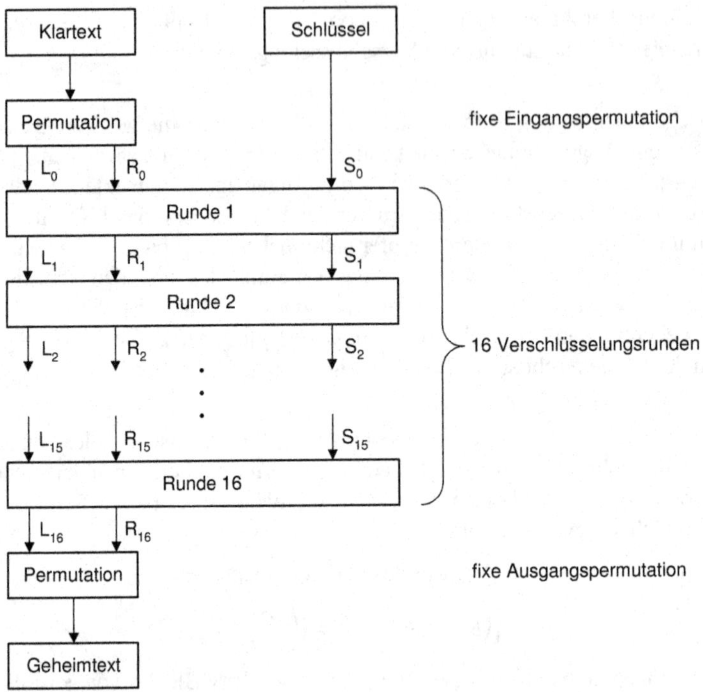

Figur 129: Grundsätzlicher Aufbau von DES

Nach der Eingangspermutation werden die 64 Bit des Klartexts aufgeteilt in eine linke (L_0) und eine rechte Hälfte (R_0). In jeder der sechzehn Runden wird:

- Aus den Schlüsselbits eine neue 56-Bit Zahl berechnet. Diese wird als Schlüssel an die nachfolgende Runde weitergereicht. Zudem werden davon 48 Bit als Rundenschlüssel verwendet.
- Die 32 Bits der rechten Hälfte R_{i-1} werden permutiert, d.h. sie vertauschen ihre Plätze. Da einige Bits zweimal verwendet werden, erhält man schliesslich 48 Bits, die mit den erwähnten 48 Schlüsselbits über eine bitweise Exklusiv-Oder Verknüpfung kombiniert werden.
- Die daraus resultierende 48-Bit Zahl wird in 8 Blöcke zu je 6 Bits aufgeteilt, wovon jeder in einer sogenannten S-Box transformiert wird. Jede dieser 8 S-Boxen bildet die 6 Eingangsbits nach einer vorgegebenen Vorschrift auf 4 Ausgangsbits ab, die schlussendlich wieder zu einer 32-Bit Zahl zusammengefügt werden. In vielen Verschlüsselungsverfahren bilden solche nichtlinearen S-Boxen das Kernstück des Algorithmus.
- Die erhaltenen 32 Bits vertauschen anschliessend nochmals die Plätze und werden schliesslich mit den 32 Bits der linken Hälfte über Exklusiv-Oder Verknüpfung kombiniert. Daraus resultiert die rechte Hälfte R_i für die nachfolgenden Runde.
- Die linke Hälfte L_i der nachfolgenden Runde ist gleich der rechten Hälfte R_{i-1} der aktuellen Runde.

Das gesamte Vorgehen ist in Figur 130 nochmals zusammengefasst.

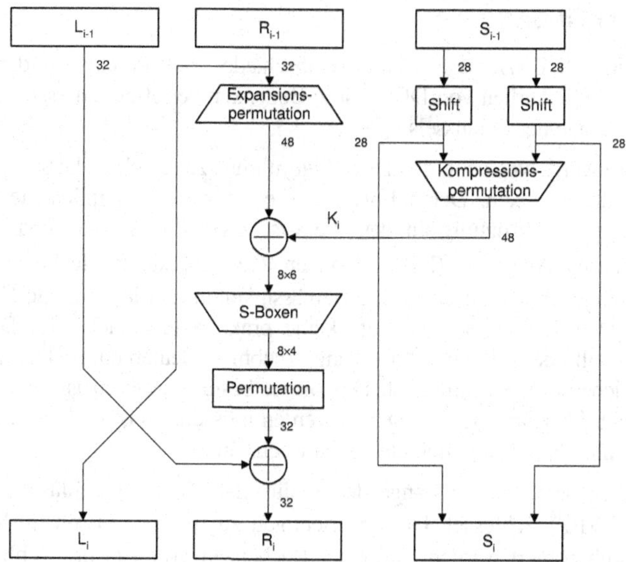

Figur 130: Eine DES-Runde

Die Verarbeitungsschritte in jeder Runde können durch die Beziehungen

$$L_i = R_{i-1}$$
$$R_i = L_{i-1} \oplus f(R_{i-1}, K_i)$$

beschrieben werden, wobei K_i der für die i-te Runde erzeugte Unterschlüssel ist. Eine Verschlüsselungsrunde, die auf dieser Struktur beruht, wird allgemein als Feistel-Netzwerk bezeichnet. Dieses hat die angenehme Eigenschaft, dass eine beliebig komplizierte Funktion f verwendet werden kann und dennoch ist die Verschlüsselung umkehrbar und kann sogar grundsätzlich mit demselben Algorithmus erfolgen. Bei DES umfasst die Funktion f sowohl Permutationen (Vertauschen von Plätzen) als auch Substitutionen (Ersetzen von Bitfolgen). Letztere finden in den S-Boxen statt und sind hauptsächlich für die Sicherheit des Verfahrens verantwortlich.

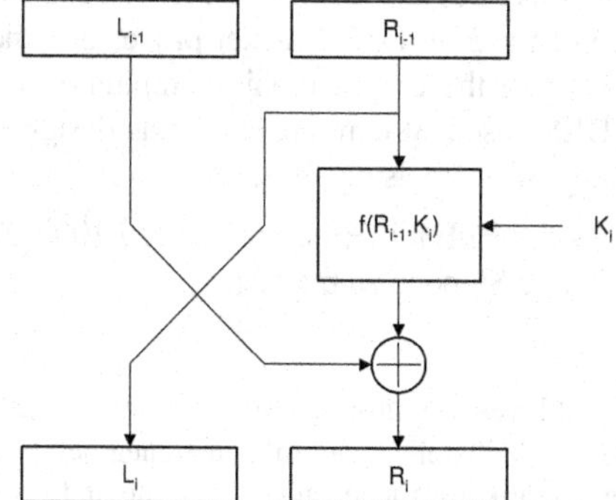

Figur 131: Grundbaustein eines Feistel-Netzwerks

Die Dechiffrierung ist nahezu identisch mit der Chiffrierung und läuft nach folgender Regel ab: Benutze den Geheimtext als Eingang des DES-Algorithmus aber verwende die Unterschlüssel K_i in umgekehrter Reihenfolge, d.h. benutze K_{16} für die erste Runde, K_{15} für die zweite usw.

23.3.1 Wie sicher ist DES?

DES wurde 1977 in den USA als Standard verabschiedet. Seit damals wurden immer wieder Bedenken laut über die Sicherheit von DES. Diese Bedenken betreffen einerseits den Algorithmus und andererseits die Länge des Schlüssels.

Während vieler Jahre wurde versucht, den DES-Algorithmus zu knacken. Dabei konzentrierte man sich vor allem auf die S-Boxen. Deren Entwurfskriterien wurden nämlich nie vollständig veröffentlicht und so kam die Vermutung auf, dass die S-Boxen eine versteckte Hintertür enthalten, die es der National Security Agency[39] (NSA) erlauben, Geheimtexte zu dechiffrieren. Tatsächlich wurden in den vergangenen Jahren einige Gesetzmässigkeiten und interessante Eigenschaften der S-Boxen entdeckt. Dennoch wurde bis heute keine praktikable Attacke des DES-Algorithmus publiziert. Im Gegenteil: Die bisherigen Forschungsergebnisse deuten darauf hin, dass der DES ein aussergewöhnlich sicherer Algorithmus ist. Das bisher beste Verfahren ist eine chosen-plaintext Attacke, wobei jedoch 2^{47} Klartexte vorgegeben werden müssen. Es ist undenkbar, dass jemand so viele Klartexte verschlüsselt, ohne den Schlüssel zu wechseln.

Ernsthaftere Bedenken betreffen die Länge des Schlüssels. Mit einer Schlüssellänge von 56 Bit ergeben sich $2^{56} \approx 7.2 \cdot 10^{16}$ Schlüssel. Um den richtigen zu finden, müssen im Mittel die Hälfte dieser Schlüssel durchprobiert werden. Bei einer Rechenzeit von $1 \mu s$ pro Schlüssel würde dies etwas mehr als Tausend Jahre dauern. Die gemachten Annahmen sind jedoch nicht realistisch. Schon 1993 wurde ein Artikel veröffentlicht, in dem die Kosten einer Maschine zum Brechen von DES genauer analysiert wurden. Dabei wurde von einer known-plaintext Attacke ausgegangen und die Entwicklung eines ASICs[40] vorgeschlagen, welches pro Sekunde 50 Millionen Schlüssel durchprobieren kann. 5760 solcher Chips sollten auf einem Modul Platz finden, welches $100'000 kosten würde.

Am 17. Juli 1998 veröffentlichte die Electronic Frontier Foundation (EEF) eine Pressemitteilung in der sie bekannt gab, dass ein mit DES verschlüsselter Text mit Hilfe einer eigens dafür konstruierten Maschine innerhalb 56 Stunden entschlüsselt werden konnte. In dieser Zeit wurden über 88 Milliarden Schlüssel pro Sekunde durchprobiert. Der Bau der Maschine dauerte nur ein knappes Jahr und kostete weniger als $250'000.

Matt Blaze, ein Kryptologe bei AT&T Labs, gab dazu folgenden Kommentar ab: „Today's announcement is significant because it unambiguously demonstrates that DES is vulnerable, even to attackers with relatively modest resources. The existence of the EFF DES Cracker proves that the threat of „brute force" DES key search is a reality. Although the cryptographic community has understood for years that DES keys are much too small, DES-based systems are still being designed and used today. Today's announcement should dissuade anyone from using DES."

Nur wenige Monate später, am 19. Januar 1999, gelang es der EFF mit Hilfe von nahezu 100'000 über das Internet miteinander verbundenen PCs, DES innert 22 Stunden zu brechen.

---

[39] Die US-amerikanische National Security Agency ist die wohl weltweit grösste Organisation, die sich mit dem Sammeln und Auswerten von aussen-, innen- und sicherheitspolitischen Informationen befasst. Sie verfügt über ein Milliardenbudget, beschäftigt mehr Mathematiker als jede andere Behörde und kann auch bezüglich Rechenleistung ihrer Computer locker mit den Besten mithalten. Scherzhaft wird die NSA auch als „no such agency" oder „never say anything" bezeichnet.

[40] ASIC – Application Specific Integrated Circuit

Diese Meldungen zeigen deutlich, dass DES nicht mehr zur Verschlüsselung von brisanten Daten eingesetzt werden sollte – insbesondere falls der Kryptoanalytiker über ein genügend grosses Budget verfügt.

23.3.2 Triple DES

Um das Problem der zu kurzen Schlüssellänge zu umschiffen, wurde schon 1979 eine Alternative vorgeschlagen, die auf der dreimaligen Verwendung von DES basiert. Dabei werden jedoch nur zwei verschiedene Schlüssel verwendet. Das Prinzip dieses Verfahrens ist in Figur 132 dargestellt.

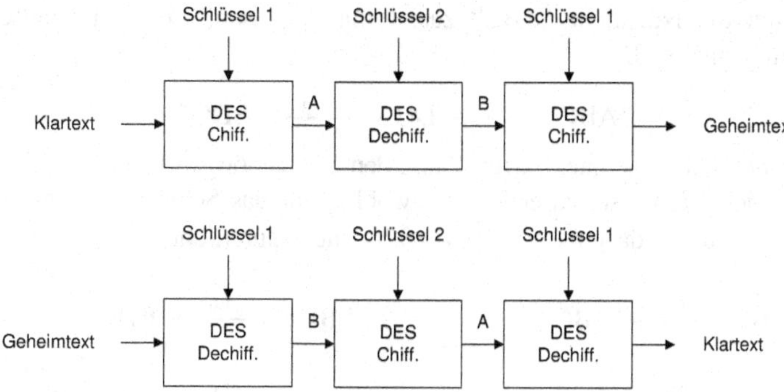

Figur 132: Triple DES

Obwohl nur zwei Schlüssel verwendet werden, wäre die bloss zweimalige Anwendung von DES sicher. Durch eine sogenannte meet-in-the-middle Attacke könnte dann nämlich die Anzahl Versuche von $2^{2 \cdot 56}$ auf $2 \cdot 2^{56}$ reduziert werden. Nehmen wir an, für die erste Verschlüsselung der Nachricht m wird der Schlüssel K_1 verwendet, was das Zwischenresultat $E_{K1}(m)$ liefert, welches mit einem zweiten Schlüssel K_2 nochmals verschlüsselt wird, was schliesslich den Geheimtext $c = E_{K2}(E_{K1}(m))$ ergibt. Kennt ein Angreifer zu einem Geheimtext c den dazugehörigen Klartext m, kann er für alle Schlüssel den Zwischenwert $E_K(m)$ berechnen. Zudem kann er quasi rückwärts aus dem Geheimtext für alle Schlüssel $D_K(c)$ berechnen. Stimmen die beiden Werte überein, so hat er das gesuchte Schlüsselpaar gefunden.

Beispiel

Die meet-in-the-middle Attacke soll hier an einem einfachen Beispiel erläutert werden. Wir betrachten dazu ein monoalphabetisches Verschlüsselungsverfahren mit lediglich vier möglichen Schlüsseln.

		Klartextsymbol			
		A	**B**	**C**	**D**
Schlüssel	**1**	A	B	C	D
	2	D	C	A	B
	3	C	A	D	B
	4	A	C	D	B

Alice verschlüsselt die Nachricht „ABC" zuerst mit dem Schlüssel 2 und anschliessend das Ergebnis mit dem Schlüssel 3.

$$\text{"ABC"} \xrightarrow{E_2} \text{"DCA"} \xrightarrow{E_3} \text{"BDC"}$$

Der Angreifer kennt den Geheimtext „BDC" und den dazugehörigen Klartext „ABC". Seine Aufgabe ist es, die beiden Schlüssel zu erraten. Obwohl es für das Schlüsselpaar theoretisch $4^2 = 16$ Möglichkeiten gibt, muss er dazu maximal $2 \cdot 4 = 8$ Versuche durchführen.

$$\text{"ABC"} \xrightarrow{E_1} \text{"ABC"} \qquad \text{"BDC"} \xrightarrow{D_1} \text{"BDC"}$$

$$\text{"ABC"} \xrightarrow{E_2} \underline{\text{"DCA"}} \qquad \text{"BDC"} \xrightarrow{D_2} \text{"DBA"}$$

$$\text{"ABC"} \xrightarrow{E_3} \text{"CAD"} \qquad \text{"BDC"} \xrightarrow{D_3} \underline{\text{"DCA"}}$$

$$\text{"ABC"} \xrightarrow{E_4} \text{"ACD"} \qquad \text{"BDC"} \xrightarrow{D_4} \text{"DCB"}$$

Der Angreifer erkennt, dass die Verschlüsselung von „ABC" mit dem Schlüssel 2 und die Entschlüsselung von „BDC" mit dem Schlüssel 3 das gleiche Resultat, nämlich „DCA", ergibt. Damit hat er das gesuchte Schlüsselpaar gefunden. ■

23.4 International Data Encryption Algorithm (IDEA)

Ein Verschlüsselungsalgorithmus, der aufgrund seiner seriösen Entwurfskriterien einen ausgezeichneten Ruf geniesst, wurde Ende der 80er Jahre am Institut für Signal- und Informationsverarbeitung der ETH Zürich durch Dr. Xuejia Lai und Prof. James Massey entwickelt [16]. Seit 1992 ist er unter der Bezeichnung IDEA (International Data Encryption Algorithm) bekannt. Ursprünglich trug IDEA die Bezeichnung „Improved Proposed Encryption Standard" (IPES), da er durch eine kleine aber sehr wirkungsvolle Änderung aus dem PES von Massey und Lai hervorgegangen ist.

Als Entwurfskriterien nennt J. Massey die folgenden Punkte:

- Grosse Schlüssellänge. Der 128-Bit Schlüssel sollte eine genügend grosse Sicherheitsreserve gewährleisten.

- Konfusion. Der Algorithmus verwendet drei „inkompatible“ Gruppenoperationen, die so angeordnet sind, dass das Ergebnis einer Operation niemals als Input für eine Operation des gleichen Typs verwendet wird.
- Diffusion. Wird durch die so genannten Multiply-Add Boxen sichergestellt. Es handelt sich dabei um die einfachste Struktur, bei der jedes Ausgangsbit von jedem Eingangsbit abhängt.

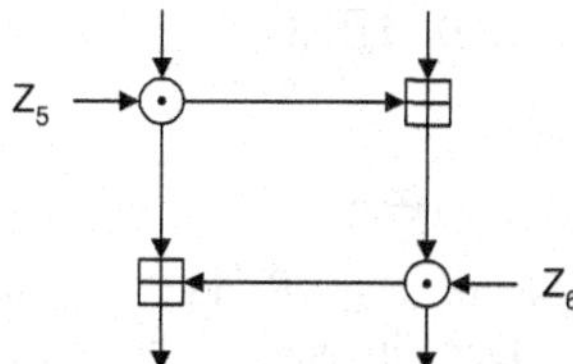

Figur 133: Multiply-Add Box

- Ver- und Entschlüsselung unterscheiden sich nur durch die verwendeten Rundenschlüssel. Der Algorithmus ist jedoch grundsätzlich derselbe.
- Skalierbarkeit: Da es möglich ist, den Algorithmus mit einer Block- und Schlüssellänge von wenigen Bits zu realisieren, können eventuelle Schwächen besser erforscht werden.
- Transparenz. Es wurden bewusst keine „zufälligen“ Tabellen oder mysteriöse S-Boxen eingesetzt.
- Einfacher Ersatz von DES, da beide 64-Bit Blöcke verschlüsseln.
- Effiziente Implementierung in Hard- und Software.
- So viel beweisbare Sicherheit wie möglich.

IDEA verschlüsselt Blöcke zu je 64 Bit und verwendet dazu einen 128-Bit Schlüssel. Dadurch ist eine Brute-Force Attacke mit Sicherheit ausgeschlossen. Der gleiche Algorithmus wird für die Ver- und Entschlüsselung verwendet. Die Entwurfsphilosophie war das Mischen von Operationen aus verschiedenen algebraischen Gruppen[41]. Drei algebraische Gruppen werden vermischt, wobei die zugehörigen Operationen sowohl hardware- als auch softwaremässig einfach zu implementieren sind:

$\oplus$ Die bekannte bitweise Exklusiv-Oder Verknüpfung.

$\boxplus$ Die Addition modulo 2^{16}. Zwei 16-Bit Zahlen werden wie üblich addiert. Überschreitet das Resultat jedoch 2^{16} - 1, so wird 2^{16} subtrahiert. Man erhält immer ein Ergebnis zwischen 0 und $2^{16} - 1$, das sich mit 16 Bit darstellen lässt.

$\odot$ Die Multiplikation modulo $2^{16} + 1$. Zwei 16-Bit Zahlen werden multipliziert. Als Resultat verwendet man jedoch nur den Rest, der aus der Division durch $2^{16} + 1$ resultiert. Die Zahl Null wird nicht verwendet, da sie kein inverses Element besitzt. (Eine Multiplikation mit null lässt sich nicht rückgängig machen.) Eine 16-Bit Zahl mit lauter Nullen wird deshalb nicht als null

[41] Eine algebraische Gruppe ist eine mathematische Struktur, bestehend aus einer Menge M und einem Operator ★, welche vier Bedingungen erfüllt:
Geschlossenheit: $c = a \star b \in M$
Assoziativgesetz: $a \star (b \star c) = (a \star b) \star c$
Einheitselement: Es existiert ein Element e, so dass $e \star a = a \star e = a$ für alle $a \in M$
Inverses Element: Zu jedem $a \in M$ existiert ein $b \in M$, so dass $a \star b = b \star a = e$

interpretiert, sondern als 2^{16}. Die Operation $\odot$ kann umgekehrt auch nie das Ergebnis null liefern. Da $2^{16} + 1 = 65537$ eine Primzahl ist, kann das Produkt zweier von null verschiedener Zahlen nie ohne Rest durch $2^{16} + 1$ teilbar sein.

Diese Operationen wurden bewusst so gewählt, weil sie mathematisch „schlecht zusammenpassen“. Insbesondere gilt zwischen zwei beliebigen Operationen weder das Distributiv-, noch das Assoziativgesetz. Also beispielsweise

$$a \boxplus (b \odot c) \neq (a \boxplus b) \odot (a \boxplus c)$$

und

$$a \boxplus (b \oplus c) \neq (a \boxplus b) \oplus c.$$

Der IDEA-Algorithmus verschlüsselt den Klartext in acht Runden (Figur 134) und einer anschliessenden Ausgabetransformation (Figur 135). Der Eingangsdatenblock jeder Runde besteht aus vier Blöcken X_1, X_2, X_3 und X_4 von je 16 Bit Länge. Diese werden in vier Ausgangsblöcke Y_1, Y_2, Y_3 und Y_4 transformiert. In jeder Runde werden sechs Rundenschlüssel Z_1 bis Z_6 benötigt, die aus dem 128-Bit Schlüssel errechnet werden.

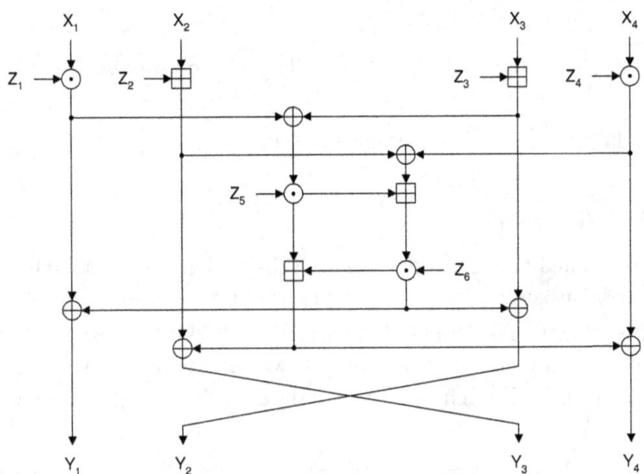

Figur 134: Eine von acht Verschlüsselungsrunden des IDEA-Algorithmus

Die Ausgabetransformation hat zur Folge, dass das Netzwerk symmetrisch ist. Die Berechnungen können von unten nach oben oder umgekehrt ablaufen. Damit kann der gleiche Algorithmus auch zum Entschlüsseln verwendet werden. Die Rundenschlüssel Z_i müssen dabei lediglich durch ihre inversen Elemente ersetzt werden. Bei Z_2 und Z_3 sind das die negativen Werte, bei den restlichen Elementen die Kehrwerte modulo $2^{16} + 1$.

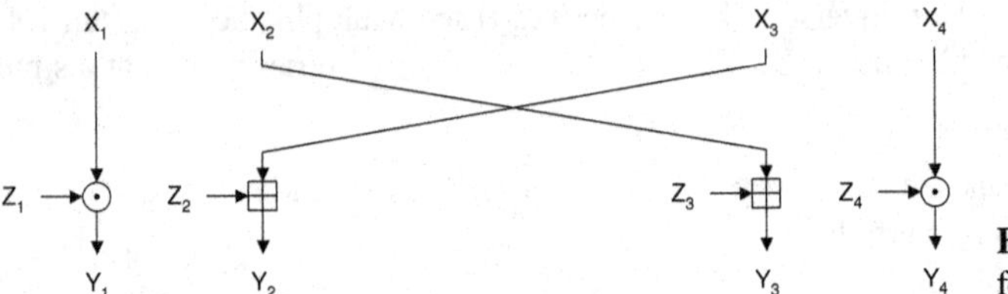

Figur 135: Ausgabetransformation von IDEA

Der IDEA-Algorithmus ist sowohl als Softwareprogramm als auch als Hardwarechip sehr effizient realisierbar. Da nur mit 16-Bit Blöcken gerechnet wird, gilt diese Aussage sogar für 16-Bit

Prozessoren. Softwareimplementationen von IDEA laufen in der Regel ungefähr 50% schneller als entsprechende Implementationen von DES. Integrierte Schaltung erlauben das Verschlüsseln von Bitströmen bis etwa 300 Mbit/s.

Zur Sicherheit von IDEA meint Schneier [17]: „In my opinion, it is the best and most secure block algorithm available to the public at this time". Zur Zeit sind keine auch nur ansatzweise effizienten Attacken gegen IDEA bekannt geworden. Insbesondere ist IDEA resistent gegenüber den beiden mächtigsten Attacken, nämlich differentielle und lineare Kryptoanalyse. Obwohl IDEA auf einer soliden theoretischen Grundlage beruht, ist nicht auszuschliessen, dass es in Zukunft mit neuen kryptoanalytischen Verfahren gelingen könnte, ihn zu brechen.

23.5 Advanced Encryption Standard

Im Jahr 1997 rief das „American National Institute for Standardisation and Technology (NIST)" weltweit dazu auf, Vorschläge für einen neuen Standard als Nachfolger von DES einzureichen. Einundzwanzig Teams aus elf Ländern reichten daraufhin entsprechende Entwürfe ein, die anschliessend während mehr als zwei Jahren öffentlich analysiert und diskutiert wurden. Am 2. Oktober 2000 wurde der von den beiden belgischen Kryptologen J. Daemen und V. Rijmen entwickelte Algorithmus namens Rijndael als Sieger dieser Ausschreibung bekannt gegeben. Rijndael gewann aufgrund seines einfachen und eleganten Designs, was eine effiziente Implementation auf modernen Prozessoren, aber auch in Hardware und auf Smartcards erlaubt. Das NIST begründet seine Wahl wie folgt:

> *Rijndael's combination of security, performance, efficiency, ease of implementation and flexibility make it an appropriate selection for the AES.*
>
> *Specifically, Rijndael appears to be consistently a very good performer in both hardware and software across a wide range of computing environments regardless of its use in feedback or non-feedback modes. Its key setup time is excellent, and its key agility is good. Rijndael's very low memory requirements make it very well suited for restricted-space environments, in which it also demonstrates excellent performance. Rijndael's operations are among the easiest to defend against power and timing attacks.*
>
> *Additionally, it appears that some defense can be provided against such attacks without significantly impacting Rijndael's performance. Rijndael is designed with some flexibility in terms of block and key sizes, and the algorithm can accommodate alterations in the number of rounds, although these features would require further study and are not being considered at this time. Finally, Rijndael's internal round structure appears to have good potential to benefit from instruction-level parallelism.*

Bei der Entwicklung von Rijndael wurden die folgenden drei Entwurfsziele verfolgt:

- Widerstandsfähigkeit gegen alle bekannten Attacken.
- Effiziente und kompakte Realisierung auf einem grossen Bereich von Plattformen.
- Einfachheit des Entwurfs, was die Analyse des Algorithmus vereinfacht und das Verstecken von Hintertüren erschwert.

Rijndael ist eine Blockchiffre mit variabler Block- und Schlüssellänge, welche unabhängig voneinander mit 128, 192 oder 256 Bits gewählt werden können. Im Gegensatz zu vielen Verschlüsselungsalgorithmen weist Rijndael keine Feistelstruktur auf. Die Sicherheit des Algorithmus beruht vielmehr auf folgenden Prinzipien

- Lineares Mischen: Garantiert über mehrere Runde eine hohe Diffusion.
- Nichtlineare Verknüpfung: Parallele Anwendung von nichtlinearen S-Boxen mit optimierten Eigenschaften.
- Schlüsseladdition: Eine einfache EXOR-Verknüpfung zwischen Rundenschlüssel und Zustandsmatrix.

Ähnlich wie bei DES oder IDEA findet die Verschlüsselung in verschiedenen Runden statt. Deren Zahl ist von den gewählten Parametern abhängig und variiert zwischen 10 und 14. Jede Runde besteht aus vier unterschiedlichen Transformationen, nämlich

ByteSub	Nichtlineare Byte-Substitution
ShiftRow	Zyklische Vertauschung der Zeilen der so genannten Zustandsmatrix mit unterschiedlichem Offset.
MixColumn	Die Kolonnen der Zustandsmatrix werden als Polynome über dem Körper $GF(2^8)$ interpretiert und mit einem fixen Polynom multipliziert.
RoundKey	Die Zustandsmatrix wird komponentenweise mit einem Rundenschlüssel EXOR-verknüpft.

Die letzte Runde weicht leicht von diesem Schema ab. Alle Transformationen sind einzeln invertierbar. Durch Ersetzen der Transformationen durch ihre jeweilige Inverse und Umkehrung der Reihenfolge kann die Verschlüsselung rückgängig gemacht werden.

Die Sicherheit von Rijndael wurde sehr sorgfältig untersucht und es wurde gezeigt, dass der Algorithmus gegen differentielle und lineare Kryptoanalyse resistent ist. Die NIST meint sogar „Rijndael has no known security attacks“. Gewisse Bedenken betreffen jedoch die einfache mathematische Struktur des Algorithmus, welche Angriffe erleichtern könnte. Die Verschlüsselung kann beispielsweise durch vergleichsweise simple algebraischen Formeln über einem endlichen Körper mit 256 Elementen beschrieben werden. Falls es gelänge, diese Formeln aufzulösen, wäre AES gebrochen. Andererseits vereinfacht die unkomplizierte Struktur die Analyse des Algorithmus und mögliche Schwachstellen können deshalb besser erkannt werden. Die Schlüssellängen zwischen 128 und 256 Bit bieten auf jeden Fall einen ausreichenden Schutz gegen Brute-Force-Angriffe.

Rijndael und seine Implementationen sind nicht durch Patente geschützt.

23.6 Betriebsmodi von Blockchiffern

Viele moderne Verschlüsselungsverfahren verarbeiten Klartextblöcke einer gewissen Länge. Für die Verschlüsselung längerer Klartexte müssen sie deshalb mehrmals angewandt werden. Dazu bestehen diverse Möglichkeiten, die hier kurz aufgezeigt werden sollen.

23.6.1 ECB – Electronic Codebook

Im ECB-Modus wird derselbe Algorithmus mit demselben Schlüssel einfach wiederholt benutzt. Dieses Verfahren ist jedoch nicht ratsam. Bilder und ähnliche Daten enthalten nämlich häufig grosse Blöcke mit sich wiederholenden Mustern. Da wir es grundsätzlich mit monoalphabetischen Verfahren zu tun haben, führt die Verschlüsselung der immer gleichen Klartextblöcke mit demselben Algorithmus zu den immer gleichen Geheimtextblöcken. Diese Blockwiederholungen werden also dadurch für den Angreifer ersichtlich. Zudem besteht die Gefahr, dass ein Angreifer einzelne Blöcke nach seinen Bedürfnissen austauschen könnte.

23.6.2 CBC – Cipher Block Chaining

Um die Schwächen des ECB-Modus zu umgehen wird eine Technik benötigt, bei welcher die Wiederholung eines Klartextblocks unterschiedliche Geheimtextblöcke produziert. Beim CBC wird dazu der vorhergegangene Geheimtextblock mit dem aktuellen Klartextblock verknüpft. Das Resultat wird anschliessend verschlüsselt.

Der erste Klartextblock wird mit einem so genannten Initialisierungsvektor verknüpft. Dieser muss dem Empfänger bekannt sein und sollte ebenfalls geheim übertragen werden.

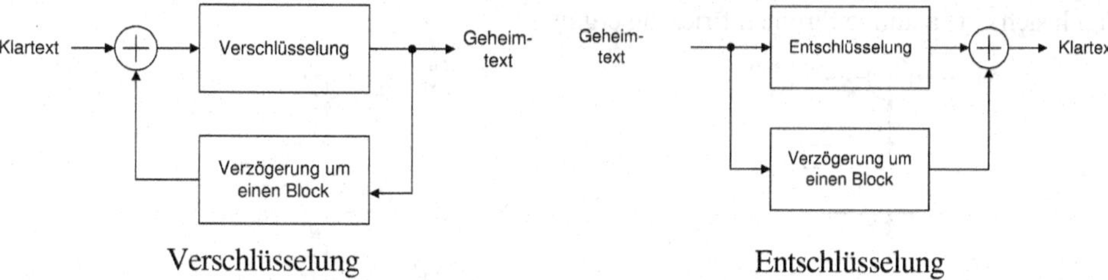

Figur 136: Cipher Block Chaining

Die Entschlüsselung ist nicht rückgekoppelt. Deshalb beeinflussen Fehler bei der Übertragung eines Geheimtextblocks nur jeweils zwei aufeinanderfolgende Klartextblöcke.

23.6.3 CFB – Cipher Feedback

Beim CFB werden jeweils Blöcke von j Bits verschlüsselt. Die dazu notwendigen j Pseudozufallsbits werden durch Verschlüsselung eines Teils des Geheimtextes erzeugt. Dieser Betriebsmodus konvertiert die Blockchiffrierung in eine Art additiver Stromchiffrierung. Wiederum wird ein Initialisierungsvektor der Länge N benötigt.

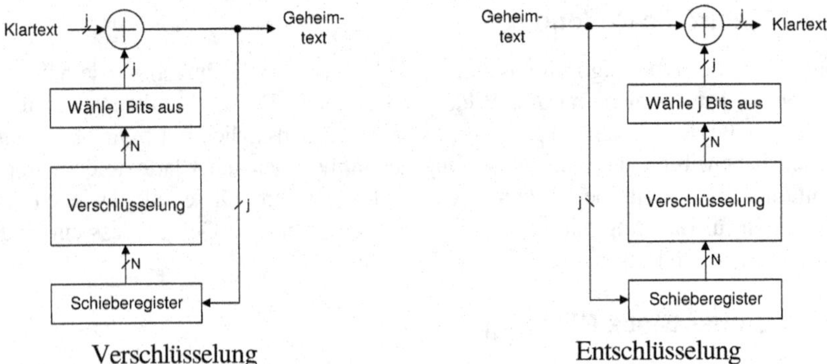

Figur 137: Cipher Feedback

23.6.4 OFB – Output Feedback

In diesem Modus wird der Verschlüsselungsalgorithmus zur Erzeugung einer Folge von pseudozufälligen Symbolen eingesetzt. Diese werden anschliessend mit den Klartextsymbolen verknüpft, wodurch sich eine additive Stromchiffrierung ergibt.

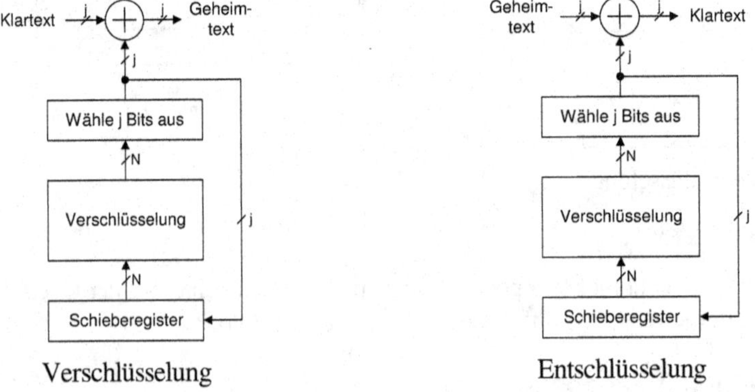

Figur 138: Output Feedback

Als Nachteil muss erwähnt werden, dass der OFB-Modus eine Synchronisation zwischen Sender und Empfänger bedingt. Dafür beeinflussen Fehler bei der Übertragung des Geheimtextes nur das gerade aktuelle Klartextsymbol.

24 Asymmetrische Algorithmen

24.1 Prinzip

Die bisher besprochenen, symmetrischen Verfahren zeichnen sich dadurch aus, dass grundsätzlich der gleiche Schlüssel zur Ver- und Entschlüsselung verwendet wird. Dieser muss gezwungenermassen geheim sein und darf jeweils nur den zwei an der Übertragung beteiligten Teilnehmern bekannt sein. Genau betrachtet ist dies ein Nachteil, da es den Austausch einer grossen Zahl von geheimen Schlüsseln bedingt.

Asymmetrische Verfahren werden so entworfen, dass die beiden Schlüssel für Chiffrierung und Dechiffrierung unterschiedlich sind. Im weiteren soll es nicht möglich sein (wenigstens in brauchbarer Zeit), den Dechiffrierungsschlüssel aus dem Chiffrierungsschlüssel abzuleiten[42]. Daher kann der Schlüssel für die Verschlüsselung gefahrlos veröffentlicht werden. Man spricht aus diesem Grund auch von public-key Algorithmen.

Jeder Teilnehmer T besitzt demnach ein Paar von Schlüsseln:

- einen öffentlichen Schlüssel e zum Verschlüssen und
- einen geheimen Schlüssel d zum Entschlüsseln.

Es darf nicht möglich sein, aus der Kenntnis von e den Schlüssel d abzuleiten. Ausserdem muss selbstverständlich gelten, dass jede mit e verschlüsselte Nachricht m mit dem Schlüssel d wieder lesbar gemacht werden kann:

$$D_d\left(E_e(m)\right) = m,$$

wobei für den mit e verschlüsselten Geheimtext die Notation $E_e(m)$ verwendet wurde.

Will ein Teilnehmer A an den Teilnehmer B eine Nachricht senden, so verwendet er den öffentlichen Schlüssel e des Teilnehmers B und verschlüsselt damit die Nachricht. Die verschlüsselte Nachricht kann vom Teilnehmer B problemlos entschlüsselt werden, da er über den geheimen Schlüssel d verfügt. Kein anderer Teilnehmer kann den Geheimtext entschlüsseln, da es nach Voraussetzung nicht möglich sein soll, aus e den Schlüssel d zu berechnen.

Dieses Verfahren mag auf den ersten Blick sehr umständlich erscheinen, es bietet aber einige entscheidende Vorteile.

- Ein Austausch von geheimen Schlüsseln ist nicht notwendig. Der geheime Schlüssel braucht den eigenen Computer nie zu verlassen, was eine zusätzlich Sicherheit bietet. Da keine vorangehenden Absprachen zwischen den Teilnehmern notwendig sind, kann die Kommunikation spontan begonnen werden. Es ist auch einfach möglich, mit neuen Teilnehmern in Verbindung zu treten.

---

[42] Aus dieser Bedingung folgt die Asymmetrie des Verfahrens.

- Die Anzahl notwendiger Schlüssel reduziert sich drastisch. Während bei symmetrischen Verfahren die Anzahl Schlüssel quadratisch mit der Anzahl Teilnehmer zunimmt, werden bei den asymmetrischen Verfahren pro Teilnehmer lediglich zwei Schlüssel benötigt.
- Manche asymmetrische Verfahren eignen sich auch für die Realisierung von elektronischen Unterschriften (s. Seite 261).

Demgegenüber stehen ein paar Nachteile:

- Es ist heute noch kein asymmetrischer Algorithmus bekannt, der zugleich sicher und schnell ist. Der Aufwand zur Verschlüsselung einer Nachricht ist derart hoch, dass grosse Datenmengen nicht in nützlicher Frist verschlüsselt werden können. Aus diesem Grund werden asymmetrische Verfahren heute vorwiegend für den Austausch von geheimen Schlüssel für symmetrische Verfahren verwendet.
- Die zur Zeit eingesetzten Verfahren beruhen auf schwer zu lösenden mathematischen Problemen wie der Faktorisierung von grossen Zahlen oder der Berechnung von diskreten Logarithmen. Ob diese Probleme tatsächlich schwer zu lösen sind, ist momentan nicht bewiesen. Es ist durchaus möglich, dass in Zukunft sehr effiziente Algorithmen dafür gefunden werden. Auch besteht keine Garantie, dass solche Verfahren nicht schon bekannt aber noch nicht veröffentlicht worden sind.
- Die Verteilung der öffentlichen Schlüssel ist nicht ganz unproblematisch. Es muss sichergestellt werden, dass der öffentliche Schlüssel des Teilnehmers A tatsächlich von A stammt und nicht von einem unbefugten Teilnehmer M. Werden die eigentlich für A bestimmten Nachrichten mit dem Schlüssel e_M verschlüsselt, so kann M die Nachrichten natürlich mühelos entschlüsseln.

24.2 RSA-Algorithmus

24.2.1 Mathematische Voraussetzungen

Das populärste asymmetrische Verfahren wurde von Ronald Rivest, Adi Shamir und Leonard Adleman publiziert [18] und trägt deshalb die Bezeichnung RSA-Algorithmus. Es beruht auf einem Satz aus der Zahlentheorie, welcher vom Schweizer Mathematiker Leonhard Euler (1707 - 1783) bewiesen wurde.

Um den RSA-Algorithmus verstehen zu können, ist die Kenntnis einiger Definitionen und Zusammenhänge aus der Zahlentheorie unumgänglich. Wir beginnen mit dem Begriff der teilerfremden Zahlen.

Teilerfremde Zahlen

Zwei Zahlen m und n heissen teilerfremd, falls es keine natürliche Zahl grösser als 1 gibt, durch die sowohl n als auch m teilbar sind. Anders ausgedrückt sind zwei Zahlen genau dann teilerfremd, wenn deren grösster gemeinsamer Teiler (ggT) gleich 1 ist.

Aus der Definition folgt, dass zwei ungleiche Primzahlen immer teilerfremd sind. Zudem ist die Zahl 1 zu allen natürlichen Zahlen teilerfremd.

Beispiel

Die Zahlen $12 = 2 \cdot 2 \cdot 3$ und $35 = 5 \cdot 7$ sind teilerfremd.

Hingegen sind $15 = 3 \cdot 5$ und $25 = 5 \cdot 5$ nicht teilerfremd, da sie beide durch 5 teilbar sind. ■

Damit kann nun die Euler'sche Funktion $\Phi(n)$ definiert werden, deren Bedeutung im Anhang B genauer erläutert wird.

Euler'sche Funktion $\Phi(n)$

Die Anzahl natürlicher Zahlen $\leq n$, die zu n teilerfremd sind, heisst Euler'sche Funktion von n und wird mit $\Phi(n)$ bezeichnet.

Beispiel

Die Zahl 15 ist zu 1, 2, 4, 7, 8, 11, 13 und 14 teilerfremd. Sie ist jedoch beispielsweise nicht teilerfremd zu 9, da sowohl 9 als auch 15 durch 3 teilbar sind. Offensichtlich existieren acht natürliche Zahlen ≤ 15, die zu 15 teilerfremd sind. Deshalb folgt $\Phi(15) = 8$. ■

Die Euler'sche Funktion $\Phi(n)$ lässt sich einfach berechnen, wenn die Primfaktoren der Zahl n bekannt sind.

Aus der obigen Definition können zwei allgemeine Aussagen abgeleitet werden.

Hilfssatz 1

Falls p eine Primzahl ist, so gilt:

$$\Phi(p) = p - 1$$

Beweis

Eine Primzahl p ist nur durch sich selber und durch 1 teilbar. Deshalb ist sie zu den Zahlen 1, 2, 3, … p - 1 teilerfremd. ■

Hilfssatz 2

Für zwei ungleiche Primzahlen p und q gilt:

$$\Phi(p \cdot q) = (p - 1)(q - 1).$$

Beweis

Von den $p \cdot q - 1$ natürlichen Zahlen, die kleiner sind als $p \cdot q$, sind $q - 1$ Vielfache von p und $p - 1$ Vielfache von q. Es bleiben noch

$$p \cdot q - 1 - (q - 1) - (p - 1) = p \cdot q - q - p + 1 = (p - 1)(q - 1)$$

teilerfremde Zahlen übrig. ■

Nach dieser Vorarbeit können wir nun den Satz von Euler formulieren.

Satz von Euler

Falls m und n zwei teilerfremde natürliche Zahlen sind, so gilt

$$m^{\Phi(n)} \bmod n = 1$$

Gegeben sind also zwei natürliche Zahlen m und n, deren grösster gemeinsamer Teiler gleich 1 ist. Die Division von $m^{\Phi(n)}$ durch n ergibt dann immer den Rest 1.

Für den Fall, dass n das Produkt zweier unterschiedlicher Primzahlen p und q ist, lässt sich $\Phi(n) = (p - 1)(q - 1)$ leicht berechnen und man erhält folgenden wichtigen Spezialfall des Satzes von Euler.

Satz von Euler (Spezialfall)

Gegeben sei eine natürliche Zahl m, die teilerfremd zu den ungleichen Primzahlen p und q ist. Dann gilt:

$$m^{(p-1)(q-1)} \bmod p \cdot q = 1$$

Beispiel

Die Zahl 5 ist teilerfremd zu den Primzahlen 2 und 3. Es lässt sich leicht nachprüfen, dass gilt

$$5^{(2-1)(3-1)} \bmod 2 \cdot 3 = 5^2 \bmod 6 = 25 \bmod 6 = 1.$$ ■

24.2.2 Schlüsselgenerierung

Der erste Schritt beim Einsatz des RSA-Algorithmus ist die Erzeugung zweier Schlüssel, einem geheimen und einem öffentlichen. Dies geschieht nach folgendem Muster:

Schlüsselerzeugung für das RSA-Verfahren

1. Zwei verschiedene Primzahlen p und q werden erzeugt. Diese sollten mindestens 512 Bit Länge aufweisen. Zur Generierung einer grossen Primzahl wählt man eine zufällige Zahl und testet, ob sie eine Primzahl ist. Wollte man wirklich sicher sein, dass dies der Fall ist, wäre der Testaufwand enorm. Es sind jedoch Testverfahren bekannt (z. B. Rabin-Miller), bei denen die Wahrscheinlichkeit, dass die zu testende Zahl keine Primzahl ist, mit jedem Schritt halbiert wird[43]. Nach 50 erfolgreichen Testschritten hat man also mit genügend hoher Sicherheit eine Primzahl gefunden.
2. Berechne

$$n = p \cdot q.$$

3. Wähle einen Chiffrierschlüssel $e > 1$, der zu $(p - 1)$ und $(q - 1)$ teilerfremd ist. Üblich sind dabei die Werte 3, 17 und $2^{16} + 1 = 65537$. Einerseits sind dies Primzahlen und damit ziemlich sicher teilerfremd zu $(p - 1)$ und $(q - 1)$, andererseits ist es relativ einfach mit diesen Zahlen zu potenzieren, da deren Binärdarstellung nur wenige Einsen enthält.
4. Berechne den geheimen Schlüssel d, so dass

$$e \cdot d \bmod (p - 1)(q - 1) = 1.$$

Die Bestimmung von d kann sehr effizient mit dem erweiterten Euklid'schen Algorithmus durchgeführt werden.

Die Zahlen n und e bilden den öffentlichen, die Zahl d den geheimen Schlüssel. Die Primzahlen p und q sowie das Produkt $(p - 1)(q - 1)$ brauchen nicht abgespeichert zu werden.

24.2.3 Ver- und Entschlüsselung

Um eine Nachricht zu chiffrieren, wird sie zuerst in Blöcke m zerlegt, die kürzer sind als die Länge von n. Anschliessend wird der Geheimtext c nach folgender Regel berechnet.

Chiffrierung mit dem RSA-Verfahren

$$c = m^e \bmod n$$

Dazu ist nur die Kenntnis der öffentlich bekannten Zahlen e und n notwendig. Jeder Teilnehmer kann also eine Nachricht verschlüsseln. Die Dechiffrierung erfolgt dann mit Hilfe des geheimen Schlüssels d.

---

[43] Ist die betreffende Zahl eine Primzahl, so besteht sie sicher jeden Testschritt. Ist hingegen die betreffende Zahl keine Primzahl, so beträgt die Wahrscheinlichkeit für das Bestehen eines Testschritts nur gerade 50%. Eine Zahl, die 50 unabhängige Testschritte bestanden hat, ist folglich mit der Wahrscheinlichkeit $1 - 2^{-50}$ eine Primzahl.

Dechiffrierung mit dem RSA-Verfahren

$$m^* = c^d \bmod n$$

Wir verlangen natürlich, dass diese Vorschrift wirklich wieder den Klartext liefert, mit anderen Worten, dass $m^* = m$ ist. Um dies zu zeigen, erinnern wir uns, dass e und d so gewählt wurden, dass die Division von $e \cdot d$ durch $(p - 1)(q - 1)$ den Rest 1 ergibt. Es existiert folglich eine ganze Zahl k, so dass

$$e \cdot d = k \cdot (p - 1)(q - 1) + 1 \tag{4}$$

gilt. Wir zeigen nun als erstes, dass p den Ausdruck $m^{ed} - m$ ohne Rest teilt. Mathematisch formuliert, lautet die Bedingung

$$\left(m^{e \cdot d} - m\right) \bmod p = 0$$

oder

$$m^{e \cdot d} \bmod p = m \bmod p .$$

Mit (4) ergibt sich

$$m^{e \cdot d} \bmod p = m^{k \cdot (p-1)(q-1)+1} \bmod p = m \cdot m^{k \cdot (p-1)(q-1)} \bmod p .$$

Da $\Phi(p) = (p - 1)$ ist, erhält man durch Anwendung des Satzes von Euler

$$m^{e \cdot d} \bmod p = m \cdot 1^{k \cdot (q-1)} \bmod p = m \bmod p .$$

Der Satz von Euler setzt voraus, dass m und p teilerfremd sind. Dies ist für beliebige Nachrichten m nicht garantiert. Falls aber m und p nicht teilerfremd sind, muss m ein Vielfaches von p sein, da p ja eine Primzahl ist und nur die Teiler 1 und p besitzt. Ist m ein Vielfaches von p, so ist m^{ed} erst recht ein Vielfaches von p und damit muss das auch für die Summe $m^{ed} - m$ gelten. Die Behauptung gilt somit für beliebige m.

Sinngemäss kann man zeigen, dass auch q den Ausdruck $m^{ed} - m$ ohne Rest teilt.

Die unterschiedlichen Primzahlen p und q teilen beide die gleiche Zahl $m^{ed} - m$. Dann muss aber auch ihr Produkt $p \cdot q$ diese Zahl teilen. Oder mathematisch ausgedrückt

$$\left(m^{e \cdot d} - m\right) \bmod p \cdot q = \left(m^{e \cdot d} - m\right) \bmod n = 0 ,$$

beziehungsweise

$$m^* = \left(m^e\right)^d \bmod n = m^{e \cdot d} \bmod n = m.$$

Damit ist gezeigt, dass die Dechiffrierung wieder den Klartext m liefert.

Beispiel

Wir wählen die Primzahlen $p = 53$ und $q = 73$ und berechnen

$$n = p \cdot q = 3869.$$

Der Schlüssel e muss teilerfremd zu

$$(p - 1)(q - 1) = 52 \cdot 72 = 3744 = 2^5 \cdot 3^2 \cdot 13$$

sein. Wir wählen e = 17. Die Zahl d = 881 erfüllt dann die Bedingung

$$e \cdot d \bmod (p - 1)(q - 1) = 1.$$

Die Zahlen e und n werden veröffentlicht, d ist der geheime Schlüssel. Soll die Nachricht m = 270 verschlüsselt werden, so berechnet sich der Geheimtext gemäss

$$c = m^e \bmod n = 270^{17} \bmod 3869 = 489.$$

Die Dechiffriervorschrift

$$m^* = c^d \bmod n = 489^{881} \bmod 3869 = 270$$

liefert wieder den Klartext. ■

Es wird vermutet, dass die Sicherheit von RSA auf der Schwierigkeit beruht, grosse Zahlen zu faktorisieren. Könnte ein Kryptoanalytiker die öffentliche Zahl n in ihre Faktoren p und q zerlegen, so wäre die Berechnung von $\Phi(n) = (p - 1)(q - 1)$ ein Kinderspiel, und damit könnte auch der geheime Schlüssel d einfach bestimmt werden. Im April 1994 gelang es einer Gruppe von Mathematikern, eine 428-Bit Zahl zu faktorisieren. Dazu teilten sie das Problem in einfachere Teilprobleme auf, die dann über das Internet an 1600 Rechner verteilt wurden. Nach etwa acht Monaten war das Problem gelöst. Mit den heutigen Algorithmen scheint das Faktorisieren von Zahlen mit mehr als 512 Binärstellen jedoch nicht mehr durchführbar. Es wurde hingegen (noch) nicht bewiesen, dass das Faktorisierungsproblem grundsätzlich schwer zu lösen ist.

Es wurde nie streng mathematisch gezeigt, dass man n Faktorisieren muss, um aus c und e den Klartext berechnen zu können. Vielleicht existieren andere, effizientere Verfahren. Bis jetzt sind keine solchen Methoden bekannt (geworden).

Der RSA-Algorithmus ist zwar sehr populär. Gleichwohl wird er kaum zur Verschlüsselung von Nachrichten eingesetzt. Das liegt daran, dass RSA etwa um den Faktor 100 bis 1000 langsamer ist als DES. Das Potenzieren grosser Zahlen erfordert eben trotz ausgeklügelter Rechenmethoden seine Zeit. Aus diesem Grund wird RSA vorwiegend für das Schlüsselmanagement und für digitale Unterschriften eingesetzt.

24.2.4 Nachtrag

Es ist heute bekannt, dass das Prinzip der asymmetrischen Algorithmen schon 1969 von James H. Ellis, damals Mitarbeiter des General Communication Headquarters (GCHQ), entdeckt wurde. Als britisches Gegenstück zur NSA legte das GCHQ wenig Wert auf Veröffentlichung seiner Forschungsresultate, was dazu führte, dass diese Tatsache erst im Dezember 1997 bekannt wurde. Kurz vor Weihnachten 97 veröffentlichte das GCHQ einen Artikel, den Ellis offensichtlich in der Hoffnung, damit die öffentliche Meinung über den wirklichen Entdecker der asymmetrischen Verfahren korrigieren zu können, schon 1985 geschrieben hatte. Für Ellis kam diese Veröffentlichung jedoch zu spät, er war einen knappen Monat vorher verstorben.

Wie schwierig es für die damaligen Kryptospezialisten war, vom Konzept des geheimen Schlüssels wegzukommen, ist daraus ersichtlich, dass selbst Ellis zeitweise an der Existenz einer Lösung zweifelte. Er schrieb später:

> *It was obvious to everyone, including me, that no secure communication was possible without a secret key, some other secret knowledge, or at least some way a recipient was in a different position from an interceptor. After all, if they were in identical situation, how could one possibly be able to receive what the other could not? Thus there was no incentive to look for something so clearly impossible.*

Im Jahr 1973 fand ein anderer Mitarbeiter des GCHQ, Clifford Cocks, eine Möglichkeit, asymmetrische Verschlüsselung praktisch zu implementieren. Sein Lösungsansatz entspricht in weiten Teilen dem bekannten RSA-Verfahren.

24.3 Elliptische Kurven

Unter einer elliptischen Kurve E verstehen wir die Menge aller Punkte (x, y), welche die folgende Gleichung erfüllen

$$F(x, y) = x^3 - a_1xy + a_2x^2 - a_3y + a_4x + a_6 - y^2 = 0 .$$

(Die Nummerierung der Koeffizienten a_i ist historisch bedingt.) Zudem wird gefordert, dass die Koeffizienten a_i so gewählt sind, dass die partiellen Ableitungen nach x und nach y auf keinem Punkt der Kurve gleichzeitig null sind:

$$\frac{\partial}{\partial x}F(x_1, y_1) \neq 0 \text{ oder } \frac{\partial}{\partial y}F(x_1, y_1) \neq 0 \text{ für alle } (x_1, y_1) \in E.$$

Diese Bedingung garantiert eine nicht-singuläre Kurve ohne Knoten, Spitzen oder Einsiedler.

Vorerst sollen die Koordinaten x und y aus der Menge der reellen Zahlen stammen. Später werden wir dann den kryptologisch interessanten Fall betrachten, dass x und y Elemente eines endlichen Körpers $GF(p^n)$ sind.

Beispiel

Die Gleichung

$$y^2 = x^3 - 3x + 3$$

beschreibt die in Figur 139 dargestellte Kurve. ■

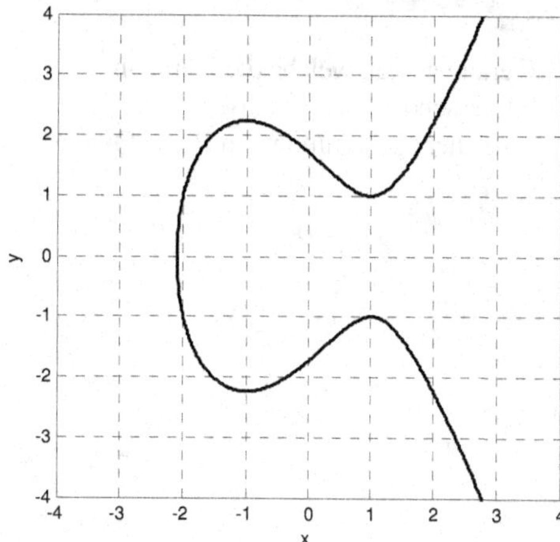

Figur 139: Beispiel einer elliptischen Kurve.

Die Berechnung des Schnittpunkts zwischen einer beliebigen Gerade

$$g : y = mx + b$$

und der elliptischen Kurve

$$E : y^2 + a_1xy + a_3y = x^3 + a_2x^2 + a_4x + a_6$$

führt auf kubische Gleichungen:

$$(mx + b)^2 + a_1x(mx + b) + a_3(mx + b) = x^3 + a_2x^2 + a_4x + a_6$$

$$\vdots$$

$$x^3 + x^2(a_2 - m^2 - a_1m) + x(a_4 - 2mb - a_1b - a_3b) + a_6 - b^2 - a_3b = 0\,.$$

welche entweder eine oder drei reelle Lösungen besitzen. Eine Gerade durch zwei Punkte der elliptischen Kurve muss diese also in einem dritten Punkt schneiden.

24.3.1 Addition von Punkten

Auf elliptischen Kurven wird die Addition[44] von zwei Punkten wie folgt definiert.

---

[44] Dass wir die beschriebene Verknüpfung als Addition bezeichnen, ist ziemlich willkürlich. Ebenso gut könnte man sie als Multiplikation bezeichnen.

Addition von Punkten auf einer elliptischen Kurve

Durch die gegebenen Punkte P und Q wird eine Gerade gelegt, welche die Kurve in einem dritten Punkt R schneidet. Dieser wird anschliessend an der x-Achse gespiegelt. Als Ergebnis erhält man den Punkt S, welcher als Addition von P und Q bezeichnet wird.

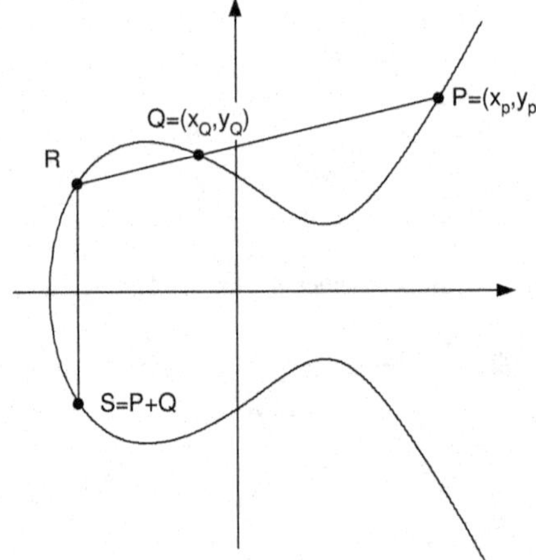

Figur 140: Die Addition der beiden Punkte P und Q liefert das Resultat S.

Aus der Konstruktionsvorschrift geht hervor, dass die Addition zweier Punkte der Kurve wieder einen Punkt auf der Kurve ergibt. Ferner ist die derart definierte Addition kommutativ, d.h. es gilt

$$P + Q = Q + P .$$

Zwei Spezialfälle müssen noch genauer besprochen werden.

1. Für den Fall $Q = P$ wird als Gerade die Tangente an die Kurve im Punkt P verwendet. Diese schneidet die Kurve wiederum in einem Punkt R, welcher gespiegelt wird und so das Resultat $S = P + P = 2P$ liefert.

2. Sollen zwei Punkte mit gleicher x-Koordinate addiert werden ($x_Q = x_P$), so ergibt die Konstruktionsvorschrift eine vertikale Gerade, welche die Kurve nicht in einem weiteren Punkt schneidet. Deshalb wird die elliptische Kurve formal durch einen weiteren Punkt $\mathcal{O}$ ergänzt, den man sich im Unendlichen vorstellen kann. Für die Addition eines Punktes P mit $\mathcal{O}$ wird definiert:

   $$P + O = P ,$$

   woraus folgt, dass $\mathcal{O}$ das neutrale Element der Addition ist.

   Für zwei Punkte P und Q mit gleichen x-Koordinaten gilt

   $$P + Q = O ,$$

   und somit ist Q das inverse Element des Punktes P

   $$Q = -P .$$

Die Multiplikation eines Punktes P mit einem Skalar $k \in \{1, 2, ...\}$ wird als wiederholte Addition definiert

$$kP = \underbrace{P + P + \cdots + P}_{k \text{ mal}} .$$

Wir wollen uns im Folgenden auf elliptische Kurven der Form

$$y^2 = x^3 + a_4 x + a_6$$

mit

$$4a_4^3 + 27a_6^2 \neq 0 \tag{5}$$

beschränken, da diese bei kryptologischen Anwendungen eine wichtige Rolle spielen. Die Bedingung (5) stellt sicher, dass es sich um eine nicht-singuläre Kurve handelt.

Mathematisch betrachtet wird für die Addition zweier Punkte P und Q auf der Kurve zuerst die Steigung m der Gerade bestimmt. Dabei muss zwischen drei Fällen unterschieden werden:

1. $P \neq Q$ und $x_P \neq x_Q$
   Die Steigung der Geraden kann direkt aus der Differenz der y-, resp. x-Koordinaten berechnet werden:

$$m = \frac{y_P - y_Q}{x_P - x_Q}$$

2. $P = Q$
   In diesem Fall muss die Steigung der Tangenten im Punkt P bestimmt werden. Durch Ableiten nach x erhält man

$$2 \cdot y \cdot y' = 3 \cdot x^2 - a_4$$

   und schliesslich

$$m = y'(x_P, y_P) = \frac{3 \cdot x_P^2 - a_4}{2 \cdot y_p}$$

3. $x_P = x_Q$
   Die Gerade ist vertikal. Als Ergebnis der Addition erhält man den Punkt $\mathcal{O}$.

Sind zwei Punkte $P = (x_P, y_P)$ und $Q = (x_Q, y_Q)$ auf der Kurve sowie die Steigung m der Geraden bekannt, so kann der dritte Schnittpunkt leicht bestimmt werden. Die x-Koordinate des gesuchten Punktes ist eine Lösung x_R der kubischen Gleichung

$$x^3 - x^2m^2 + x(a_4 - 2mb) + a_6 - b^2 = 0 ,$$

von der wir die Lösungen x_P und x_Q schon kennen. Der Ansatz

$$x^3 - x^2m^2 + x(a_4 - 2mb) + a_6 - b^2 = (x - x_P)(x - x_Q)(x - x_R)$$

führt durch Koeffizientenvergleich auf

$$x_R = m^2 - x_P - x_Q .$$

Durch Einsetzen in die Geradengleichung resultiert

$$y_R = m \cdot (x_R - x_P) + y_P .$$

Der Punkt S = P + Q besitzt also die Koordinaten

$$(x_S, y_S) = (x_R, -y_R) = (m^2 - x_P - x_Q, m \cdot (x_P - x_R) - y_P) .$$

24.3.2 Rechnen in endlichen Körpern

Bis jetzt haben wir im Körper der reellen Zahlen gerechnet. Dieser hat den Nachteil, dass er unendlich viele Elemente besitzt und deshalb die Gefahr von Rundungsfehlern besteht. Für kryptologische Anwendungen ist es deshalb von Vorteil, einen Körper mit endlich vielen Elementen zu verwenden. Die Anzahl Elemente in einem endlichen Körper ist gleich p^m, wobei p eine Primzahl und m eine natürliche Zahl grösser 0 sind.

Betrachten wir beispielsweise die Menge $Z_p = \{0, 1, 2, ..., p-1\}$, wobei p eine Primzahl ist. Über dieser Menge werden die Verknüpfungen Addition ⊕ und Multiplikation ⊗ so definiert, dass das Ergebnis immer wieder ein Element der Menge Z_p liefert:

$$a \oplus b = a + b \bmod p = \text{der Rest von } a + b \text{ bei Division durch } p,$$

$$a \otimes b = a \cdot b \bmod p = \text{der Rest von } a \cdot b \text{ bei Division durch } p.$$

Mit diesen Verknüpfungen kann wie gewohnt gerechnet werden, weshalb wir die Operatoren ⊕ und ⊗ gleich wieder durch die vertrauten Symbole + und · ersetzen wollen. Jedes Element $a \in Z_p$ besitzt bezüglich der Addition ein inverses Element -a mit dem die Subtraktion definiert werden kann

$$b - a = b + (-a).$$

Mit Ausnahme von 0 besitzt jedes Element $a \in Z_p - \{0\}$ ein inverses Element a^{-1} bezüglich der Multiplikation[45]. Entsprechend wird die Division definiert:

$$b/a = b \cdot a^{-1}.$$

Es ist nicht verwunderlich, dass diese algebraische Struktur als Restklassenkörper modulo p bezeichnet wird.

Beispiel

Die Menge aller Punkte (x, y) mit $x, y \in \{0, 1, ..., 46\}$, welche die Gleichung

$$y^2 = x^3 + 44x + 3$$

erfüllen, bilden eine elliptische Kurve über dem Restklassenkörper modulo 47, welche in Figur 141 abgebildet ist. Der Graph enthält 52 Punkte.

---

[45] Das inverse Element a^{-1} kann mit Hilfe des erweiterten Euklid'schen Algorithmus einfach berechnet werden.

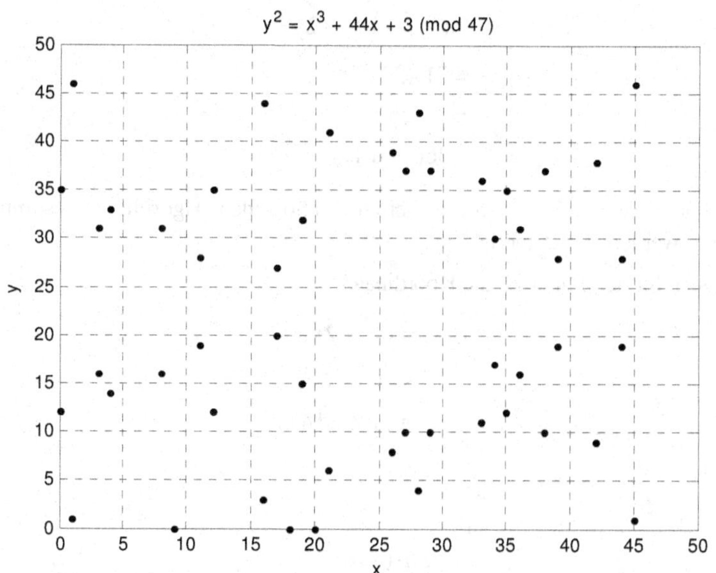

Figur 141: Elliptische Kurve im Restklassenkörper GF(47)

Die Addition von Punkten wird genau gleich wie beim Rechnen im reellen Körper definiert.

Addition von Punkten

Gegeben sind zwei Punkte $P = (x_P, y_P)$ und $Q = (x_Q, y_Q)$ mit $y_P \neq -y_Q$. Die Summe $S = P + Q = (x_S, y_S)$ wird dann nach folgenden Regeln bestimmt:

$$x_S = m^2 - x_P - x_Q$$
$$y_S = m \cdot (x_P - x_R) - y_1$$

mit

$$m = \begin{cases} (y_Q - y_P) \cdot (x_Q - x_P)^{-1} & \text{falls } P \neq Q \\ (3x_P^2 + a_4) \cdot (2y_P)^{-1} & \text{falls } P = Q \end{cases}$$

Alle Berechnungen werden dabei im Restklassenkörper Z_p durchgeführt. Dies bedeutet insbesondere, dass bei allen Zwischenresultate nur der Rest bei Division durch p betrachtet werden muss.

Beispiel

Auf der elliptischen Kurve des vorherigen Beispiels befindet sich der Punkt (3, 16). Es soll $P + P = 2P$ berechnet werden.

In diesem Fall gilt $P = Q$ und daher

$$\begin{aligned} m &= (3x_P^2 + a_4) \cdot (2y_P)^{-1} \\ &= 71 \cdot (32)^{-1} \\ &= 71 \cdot 25 \\ &\equiv 36 (\mathrm{mod}\, 47)\,. \end{aligned}$$

Der Kehrwert von 32 wurde mit dem erweiterten Euklid'schen Algorithmus bestimmt und kann einfach verifiziert werden: $32 \cdot 25 \bmod 47 = 1$.

Damit ergeben sich für den Punkt 2P die Koordinaten

$$\begin{aligned} x_{2P} &= m^2 - 2x_P \\ &= 36^2 - 6 \\ &\equiv 21 (\mathrm{mod}\, 47) \end{aligned}$$

und

$$\begin{aligned} x_{2P} &= m \cdot (x_P - x_R) - y_P \\ &= 36 \cdot (-18) - 16 \\ &\equiv 41 (\mathrm{mod}\, 47)\,. \end{aligned}$$

Also gilt 2P = (21, 41).

Für die Berechnung von 3P = P + 2P geht man analog vor. Man setzt Q = 2P = (21, 41) und erhält

$$\begin{aligned} m &= (y_P - y_Q) \cdot (x_P - x_Q)^{-1} \\ &= (-25) \cdot (-18)^{-1} \\ &= (-25) \cdot 13 \\ &\equiv 4 (\mathrm{mod}\, 47)\,. \end{aligned}$$

Damit resultiert für die Koordinaten von 3P

$$\begin{aligned} x_{3P} &= m^2 - x_P - x_Q \\ &= 4^2 - 3 - 21 \\ &\equiv 39 (\mathrm{mod}\, 47) \end{aligned}$$

und

$$\begin{aligned} x_{3P} &= m \cdot (x_P - x_R) - y_P \\ &= 4 \cdot (-36) - 16 \\ &\equiv 28 (\mathrm{mod}\, 47)\,. \end{aligned}$$

Also gilt 3P = (39, 28).

Wird diese Berechnung weitergeführt, so stellt man fest, dass 26P = O und deshalb 27P = 26P + P = P gilt. Die Reihe P, 2P, 3P, ... erzeugt also genau 26 unterschiedliche Punkte[46]. Die Anzahl Punkte, welche von einem Punkt durch fortwährende Addition erzeugt werden, wird als Ordnung des Punktes bezeichnet. In unserem Beispiel ist die Ordnung von P = (3, 16) gleich 26. ■

Für kryptologische Anwendungen wird oft ein gemeinsamer Punkt gewählt. Dabei spielt dessen Ordnung eine wichtige Rolle.

24.3.3 Kryptologische Anwendung von elliptischen Kurven

Asymmetrische Verfahren in der Kryptologie basieren auf „schwierigen Problemen" wie etwa dem Faktorisieren von grossen Zahlen oder dem Logarithmieren in einem endlichen Körper. Um elliptische Kurven in der Kryptologie anwenden zu können, muss ein solches Problem gefunden werden. Dazu bietet sich die Berechnung von k·P an:

Elliptic Curve Discrete Logarithm Problem

Die Berechnung von k·P aus k und P ist nicht allzu schwierig. Im Vergleich dazu ist die Bestimmung von k aus k·P und P sehr aufwendig[47].

Exponentiation ist die wiederholte Anwendung einer Operation auf ein einzelnes Element. In diesem Sinne kann die wiederholte Addition von P, also die Berechnung von k·P als Exponentiation von P interpretiert werden. Das Finden von k bei gegebenem P und k·P entspricht demnach dem Logarithmieren über einer elliptischen Kurve und wird deshalb auch als „Elliptic Curve Discrete Logarithm Problem" (ECDLP) bezeichnet.

Mit Hilfe von elliptischen Kurven lassen sich nicht nur geheime Sitzungsschlüssel vereinbaren, sondern auch Nachrichten verschlüsseln und unterschreiben. Entsprechende Standards wurden beispielsweise vom American National Standards Institute (ANSI X9.63 – Key Agreement and Key Transport Using Elliptic Curve Cryptography und ANSI X9.9.62 – Elliptic Curve Digital Signature Algorithm) oder vom Institute of Electrical and Electronics Engineers (IEEE P1363 – Standard Specifications for Public-Key Cryptography) verabschiedet.

Im Vergleich zum RSA-Verfahren kann bei den elliptischen Kurven die Schlüssellänge deutlich kürzer gewählt werden. Ein 1024 Bit langer RSA-Schlüssel ist in etwa gleich sicher wie eine elliptische Kurve mit ca. 160 Bit Schlüssel. Der Rechenaufwand und Speicherbedarf für die Verschlüsselung mit elliptischen Kurven ist dementsprechend auch wesentlich geringer als beim RSA-Algorithmus. Deshalb bieten sich die auf elliptischen Kurven basierenden Verfahren für den Einsatz in Smartcards und Mobiltelefonen an.

24.3.4 Schlüsselaustausch mit elliptischen Kurven

Beim Schlüsselaustausch geht es darum, dass zwei Partner ein Geheimnis vereinbaren, das niemandem sonst bekannt ist. Mit Hilfe der elliptischen Kurven kann ein solcher Schlüssel-

---

[46] Der Mathematiker spricht von einer zyklischen Untergruppe, welche durch den Punkt G erzeugt wird.

[47] Diese Aussage wird zwar im Allgemeinen nicht bestritten, wurde aber bis heute nicht bewiesen.

austausch auch über einen unsicheren Kanal erfolgen. Das anschliessend beschriebene Protokoll beruht auf einer Idee, die schon 1976 von Whitfield Diffie und Martin Hellman beschrieben wurde – allerdings ursprünglich nicht im Zusammenhang mit elliptischen Kurven.

Zuerst werden eine grosse Primzahl p sowie die Parameter a_i der elliptischen Kurve gewählt. Dadurch sind die Punkte der elliptischen Kurve bestimmt. Als nächstes wird ein Erzeugerpunkt $G = (x_1, y_1)$ vereinbart. Die Ordnung n des Punktes G soll dabei möglichst gross[48] und eine Primzahl sein. (Zur Erinnerung: n ist die kleinste Zahl, für die $n \cdot G = O$ gilt.) Die Teilnehmer A und B führen nun den Schlüsselaustausch nach folgendem Schema aus:

Schlüsselaustausch mit elliptischen Kurven

1. A wählt eine geheime ganze Zahl $n_A < n$ und berechnet daraus den öffentlichen Schlüssel $P_A = n_A \cdot G$.
2. B wählt eine geheime ganze Zahl $n_B < n$ und berechnet daraus den öffentlichen Schlüssel $P_B = n_B \cdot G$.
3. Die öffentlichen Schlüssel P_A und P_B werden über eine unsichere Leitung ausgetauscht und sind damit dem Angreifer bekannt.
4. A berechnet $K = n_A \cdot P_B$.
5. B berechnet $K = n_B \cdot P_A$.

Die beiden Teilnehmer besitzen zuletzt das gleiche Geheimnis K, denn es gilt:

$$n_A \cdot P_B = n_A \cdot (n_B \cdot G) = n_B \cdot (n_A \cdot G) = n_B \cdot P_A.$$

Um das Schema zu brechen, müsste ein Angreifer aus $P_A = n_A \cdot G$ und G die geheime Zahl n_A berechnen können, was als sehr schwierig (praktisch unmöglich) angenommen wird.

Das Geheimnis K ist ein Punkt auf der elliptischen Kurve und besteht demnach aus zwei Koordinaten. Die Teilnehmer können beispielsweise die x-Koordinate von K als Sitzungsschlüssel für die Verschlüsselung von Nachrichten mit einem symmetrischen Verfahren verwenden.

---

[48] Im Standard ANSI X9.62 wird $n > 2^{160}$ verlangt.

25 Kryptographische Protokolle

25.1 Schlüsselübermittlung

Es wurde schon erwähnt, dass der Austausch des geheimen Schlüssels ein wesentliches Problem der symmetrischen Algorithmen darstellt. Dies ist vor allem dann der Fall, wenn man mit mehreren oder wechselnden Partnern kommunizieren möchte. Die asymmetrischen Verfahren bieten dazu eine Alternative an. Jeder Teilnehmer erzeugt einen geheimen und einen öffentlichen Schlüssel. Ohne Vorabsprachen kann dann jedermann dem Schlüsselbesitzer eine vertrauliche Nachricht senden, indem er diese mit dem öffentlichen Schlüssel chiffriert. Dies scheitert jedoch in der Praxis daran, dass die heute bekannten asymmetrischen Verfahren relativ ineffizient sind und das Verschlüsseln von längeren Nachrichten nicht schnell genug durchgeführt werden kann. Der Versuch, die Vorzüge beider Verfahren zu kombinieren, ist deshalb naheliegend. Ein solches Hybridsystem läuft nach folgendem Muster ab.

Grundsätzlich werden die Nachrichten mit Hilfe von symmetrischen Verfahren verschlüsselt. Dazu bieten sich beispielsweise die früher besprochenen Algorithmen Triple DES, IDEA oder AES an. Die dazu verwendeten Schlüssel werden unter Verwendung von asymmetrischen Verfahren ausgetauscht. Da die Schlüssel kurz sind (maximal 256 Bit) und pro Sitzung nur einmal übertragen werden müssen, spielt die geringe Geschwindigkeit dabei keine Rolle. Das Vorgehen für eine Kommunikation zwischen den Teilnehmern A und B ist nachfolgend nochmals zusammengefasst.

Schlüsselaustausch mit asymmetrischen Verfahren

1. Der Teilnehmer A beschafft sich den öffentlichen Schlüssel des Teilnehmers B.
2. Teilnehmer A erzeugt einen zufälligen Sitzungsschlüssel, verschlüsselt diesen mit dem öffentlichen Schlüssel und schickt dies an den Teilnehmer B.
3. Teilnehmer B kann den Sitzungsschlüssel mit Hilfe seines geheimen Schlüssels dechiffrieren.
4. Beide Teilnehmer verwenden nun den Sitzungsschlüssel und ein symmetrisches Verfahren, um Nachrichten auszutauschen.

Diese Vorgehensweise ist allerdings nicht sicher, falls es einem Angreifer M gelingt, sich zwischen die Teilnehmer A und B zu setzen. Fragt der Teilnehmer A bei B um den öffentlichen Schlüssel nach, so erhält er statt dessen den öffentlichen Schlüssel von M. Ohne dies zu ahnen, sendet daraufhin A an M den chiffrierten Sitzungsschlüssel, den dieser natürlich problemlos entziffern kann. Nun kann M jede Nachricht von A an B mitlesen und diese verschlüsselt an B weiterleiten. Einen solchen Angriff bezeichnet man als man-in-the-middle Attacke. Sie funktioniert, weil die Teilnehmer A und B keine Möglichkeit haben, zu verifizieren, dass sie wirklich direkt miteinander sprechen.

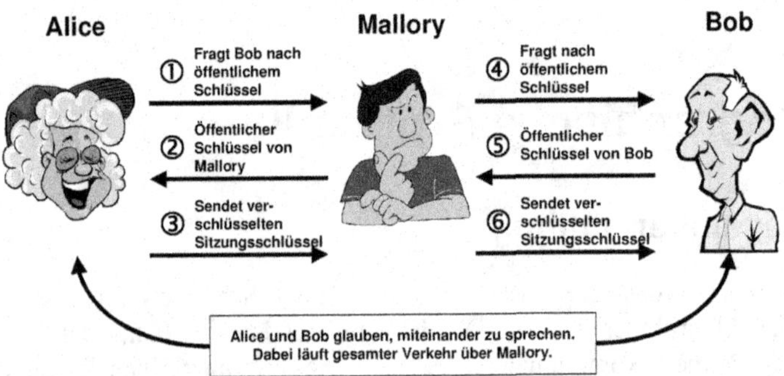

Figur 142: Die „man-in-the-middle"-Attacke

Es existieren verschiedene Möglichkeiten, diese Attacke zumindest zu erschweren. Beispielsweise können öffentliche Schlüssel durch eine Zertifizierungsstelle bescheinigt werden. Jeder Teilnehmer reicht seinen öffentlichen Schlüssel bei der Zertifizierungsstelle ein und verlangt ein Zertifikat. Selbstverständlich muss dies persönlich oder über einen sicheren Kommunikationskanal erfolgen. Die Zertifizierungsstelle generiert ein File, das aus dem öffentlichen Schlüssel und der Identität des Teilnehmers sowie einem Zeitstempel besteht. Der Zeitstempel dient dabei als eine Art Verfalldatum. Dieses File wird mit dem geheimen Schlüssel der Zertifizierungsstelle verschlüsselt und kann dann vom Teilnehmer als Zertifikat verwendet werden. Jedermann kann mit dem öffentlichen Schlüssel der Zertifizierungsstelle die Echtheit des Zertifikats verifizieren und sich damit von der Richtigkeit des öffentlichen Schlüssels des Teilnehmers überzeugen. Voraussetzung ist allerdings, dass alle Teilnehmer der Zertifizierungsstelle vertrauen.

Ein Beispiel eines Zertifikats ist in Figur 143 wiedergegeben.

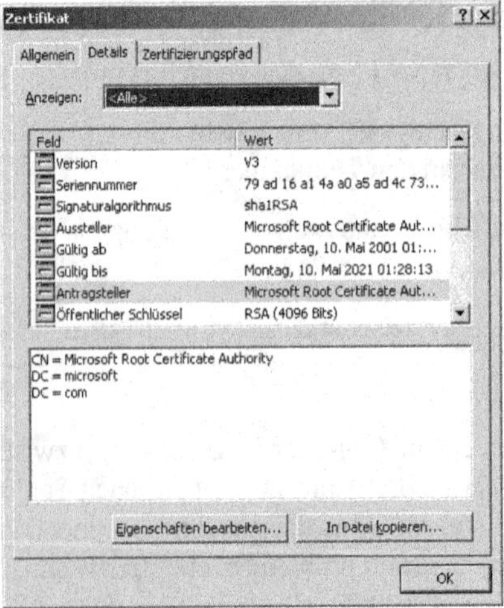

Figur 143: Beispiel eines Zertifikats wie es von Windows XP eingesetzt wird

Ein anderes Verfahren wird vom Verschlüsselungsprogramm PGP (Pretty Good Privacy) angewandt. Dieses basiert auf einem „Netz des Vertrauens" (web of trust). Ein Teilnehmer A, der von der Echtheit eines öffentlichen Schlüssels eines anderen Teilnehmers B überzeugt ist, bezeugt dies, indem der den Schlüssel (elektronisch) gegenzeichnet. Nehmen wir an, ein dritter Teilnehmer C vertraut dem Teilnehmer A. Dann wird C automatisch auch den öffentlichen Schlüssel des Teilnehmers B als echt anerkennen, ganz nach dem Motto: „Ein Freund meines Freundes ist auch mein

Freund“. So entsteht mit der Zeit ein dichtes Netz von gegenseitigem Vertrauen. Schliesslich muss aber der einzelne Teilnehmer entscheiden, inwieweit er dem öffentlichen Schlüssel eines anderen Teilnehmers trauen will.

25.2 Digitale Unterschriften

Handschriftliche Unterschriften spielen eine wichtige Rolle im Geschäfts- und Privatleben. Ihre Bedeutung leitet sich dabei aus folgenden (idealisierten) Eigenschaften ab:

- Authentizität: Die Unterschrift kann zweifelsfrei einer Person zugeordnet werden.
- Fälschungssicherheit: Nur der rechtmässige Eigentümer der Unterschrift kann diese erzeugen.
- Integrität: Die Unterschrift ist eindeutig mit dem Inhalt der Nachricht verknüpft. Nachträgliche Änderungen des Inhalts können festgestellt werden.
- Unleugbarkeit: Ist eine Nachricht einmal unterschrieben, so kann der Unterzeicher dies im Nachhinein nicht abstreiten.
- Nicht-Kopierbarkeit: Digitale Daten können in der Regel beliebig oft ohne Verlust kopiert werden. Es darf jedoch nicht möglich sein, die digitale Unterschrift eines Dokuments auf ein anderes Dokument zu kopieren.

Nur der Unterzeichner darf in der Lage sein, die Unterschrift zu erzeugen. Hingegen muss diese von jedermann verifiziert werden können. Es ist offensichtlich, dass der Unterzeichner über ein Geheimnis, einen Schlüssel verfügen muss. Asymmetrische Verschlüsselungsverfahren eignen sich recht gut, Unterschriften elektronisch nachzubilden. Das entsprechende Protokoll ist in seinen Grundzügen recht einfach.

Digitale Unterschrift mit asymmetrischem Verfahren

1. Das zu unterzeichnende Dokument wird vom Unterzeichner mit seinem geheimen Schlüssel entschlüsselt.
2. Der Empfänger kann die Unterschrift überprüfen, indem er das erhaltene Dokument mit dem öffentlichen Schlüssel verschlüsselt.

Im Gegensatz zum üblichen Vorgehen wird das Dokument also zuerst mit dem geheimen Schlüssel „entschlüsselt“ und danach mit dem öffentlichen Schlüssel „verschlüsselt“. Damit dies funktioniert, müssen Ver- und Entschlüsselung vertauschbar sein, was beispielsweise bei RSA der Fall ist. Will Alice die Nachricht m unterschreiben, so benutzt sie ihren geheimen Schlüssel d und berechnet

$$s = m^d \bmod n\,.$$

Diesen Wert schickt Alice zusammen mit der Nachricht an Bob, der die Unterschrift s verifizieren kann, indem er sich den öffentlichen Schlüssel e von Alice besorgt und

$$m' = s^e \bmod n$$

berechnet. Stimmen m und m’ überein, so wurde die Nachricht m offensichtlich mit dem geheimen Schlüssel d unterschrieben, wozu nur Alice in der Lage ist.

Das Protokoll weist folgende Eigenschaften auf.

- Die Unterschrift ist authentisch. Wenn Bob die Nachricht mit dem öffentlichen Schlüssel von Alice verifizieren kann, so stammt die Unterschrift offensichtlich vom Alice. Wichtig dabei ist jedoch, dass Bob tatsächlich den öffentlichen Schlüssel von Alice verwendet.
- Die Unterschrift kann nicht gefälscht werden, da nur der Alice den geheimen Schlüssel kennt.
- Das unterschriebene Dokument kann nicht verändert werden. Jede Änderung würde bewirken, dass die Verifikation mit dem öffentlichen Schlüssel nicht mehr gelänge.
- Die Unterschrift hängt vom Inhalt des Dokuments ab und kann somit nicht für ein anderes Dokument verwendet werden.
- Als Folge der obigen Eigenschaften dürfte es Alice sehr schwer fallen, ihre Unterschrift nachträglich zu leugnen.

Um den Zeitpunkt der Unterzeichnung verifizieren und ein erneutes Einreichen des gleichen Dokuments (replay) erkennen zu können, wird dem Dokument gelegentlich ein Zeitstempel (time stamp) hinzugefügt. Darunter versteht man einen vom Absender erzeugten Wert in einem vorher vereinbarten Format, der es gestattet, ein Ereignis eindeutig einem Zeitpunkt zuzuordnen. Dieser Wert wird so mit dem Dokument verknüpft, dass dessen Integrität überprüft werden kann. Der Empfänger akzeptiert das Dokument nur, falls der Zeitstempel innerhalb eines zulässigen Bereichs liegt und nicht schon früher ein Dokument mit dem gleichen Zeitstempel eingereicht wurde.

25.3 Hashfunktionen

Asymmetrische Verfahren sind häufig zu langsam, um lange Dokumente zu unterzeichnen. Um Zeit zu sparen wird deshalb nicht das ganze Dokument, sondern lediglich eine Art Prüfsumme, das Resultat einer sogenannten Einweg-Hashfunktion, unterschrieben.

Grundsätzlich sind Hashfunktionen einfach zu berechnende Funktionen, die aus einer beliebig langen Nachricht einen Hashwert konstanter Länge (z. B. 160 Bit) berechnen. Deren Anwendung ist nicht auf die Kryptographie beschränkt, sie können beispielsweise zum Auffinden von Daten in einer Datenbank eingesetzt werden.

Für kryptologische Anwendungen sind ausserdem weitere Eigenschaften von Interesse:

- Es praktisch unmöglich, zu einem vorgegebenen Hashwert eine Nachricht zu finden, die diesen Hashwert besitzt (preimage resistance). Hashfunktionen, welche diese Bedingung erfüllen, werden als Einweg-Hashfunktionen[49] bezeichnet.
- Die Hashfunktion ist schwach kollisionsresistent, d.h. es ist praktisch unmöglich, zu einer vorgegebenen Nachricht eine zweite Nachricht zu finden, die den gleichen Hashwert ergibt (2nd-preimage resistance).
- Die Hashfunktion ist stark kollisionsresistent, d.h. es ist praktisch unmöglich, zwei unterschiedliche Nachrichten zu finden, die den gleichen Hashwert ergeben (collision resistance).

Hashfunktionen sind nicht geheim. Es wird angenommen, dass jedermann aus der Nachricht den Hashwert berechnen kann. Dagegen ist es bei einer Einweg-Hashfunktion innerhalb nützlicher Frist

[49] Dieser Begriff wird in der Literatur nicht immer gleich definiert. Gewisse Autoren verlangen von Einweg-Hashfunktionen zusätzlich, dass sie auch die zweite Bedingung (2nd-preimage resistance) erfüllen.

und mit begrenzten Ressourcen nicht möglich, zum Hashwert eine entsprechende Nachricht zu finden. Überdies führt die kleinste Änderung der Nachricht zu einem völlig anderen Hashwert. Der Hashwert ist also gewissermassen ein Repräsentant der Nachricht. Um die Unversehrtheit und die Authentizität einer Nachricht zu überprüfen, kann stellvertretend der Hashwert untersucht werden.

Eigenschaften einer Einweg-Hashfunktion

- Eine Hashfunktion konvertiert eine Nachricht variabler Länge in einen Hashwert konstanter, kurzer Länge.
- Bei einer Einweg-Hashfunktion ist es zwar einfach, den Hashwert aus der Nachricht zu berechnen, aber praktisch unmöglich, eine Nachricht mit vorgegebenem Hashwert zu erzeugen.
- Gute Einweg-Hashfunktionen sind kollisionsfrei, d.h. es ist schwierig, zwei Nachrichten mit dem gleichen Hashwert zu generieren.

Verschiedene, zur Zeit gebräuchliche Hash-Algorithmen sind in Tabelle 21 zusammengestellt.

Das National Institute of Standards and Technology (NIST) veröffentlichte in seinen Federal Information Processing Standards (FIPS) Publikationen eine Familie von Hashfunktionen, welche die kollektiven Bezeichnung SHA (secure hash algorithm) tragen. Die in den Jahren 1993 und 1995 publizierten Algorithmen SHA-0 und SHA-1, wurden später durch mehrere Algorithmen (SHA-224, SHA-256, SHA-384, SHA-512) mit längeren Hashwerten ergänzt [19]. Im Februar 2005 kündigten ein Team von chinesischen Forschern einen Angriff auf SHA-1 an, der es gestattet mit 2^{63} Operationen zwei Nachrichten mit dem gleichen Hashwert zu finden. Da dies etwa 100'000 mal schneller ist als ein Brute-Force-Angriff, ist die Sicherheit von SHA-1 nicht mehr uneingeschränkt gewährleistet. Die NIST schlägt deshalb allen Bundesbehörden der U.S.A. vor, möglichst bald auf die Algorithmen mit längeren Hashwerten zu wechseln.

Der Hashalgorithmus RIPEMD wurde ursprünglich im Rahmen des EU-Projekts „RACE Integrity Primitives Evaluation“ entwickelt. Der kurze Hashwert von 128 Bit und verschiedene andere bekannt gewordene Schwächen motivierten Dobbertin, Bosselaers und Prenee dazu, eine verbesserte Version, RIPEMD-160, zu entwerfen [20].

Tabelle 21: Beispiele einiger Hashfunktionen

Algorithmus	Hash-Länge	Bemerkung
MD5 (Message Digest)	128	Nicht mehr vertrauenswürdig.
SHA-1 (Secure Hash Algorithm)	160	Sollte durch SHA-2 ersetzt werden.
RIPEMD-160 (RACE Inegrity Primitives Evaluation Message Digest)	160	Bis heute keine Schwachstellen bekannt.
SHA-2 (SHA-224, SHA-256, SHA-384, SHA-512)	224, 256, 384, 512	Ähnlich SHA-1 mit grösserer Hashlänge.

25.3.1 Digitale Unterschrift mit Hashwert

Will Alice eine Nachricht m unterschreiben, so berechnet sie zunächst den Hashwert h(m) der Nachricht und unterschreibt diesen mit ihrem geheimen Schlüssel d_A. Dies ist nicht aufwendig, da der Hashwert ja nur einige Bits umfasst. Der Empfänger, Bob, erhält sowohl die (unverschlüsselte) Nachricht als auch die dazugehörige Signatur s. Er kann nun selber den Hashwert des Dokuments berechnen. Mit dem öffentlichen Schlüssel e_A von Alice berechnet Bob ferner den Wert h'(m) aus der empfangenen Signatur s. Stimmen die beiden Resultate überein, so wurden weder die Nachricht noch die dazugehörige Unterschrift manipuliert. Da nur die Besitzerin des geheimen Schlüssels den Hashwert unterzeichnen konnte und der Hashwert den gesamten Inhalt der Nachricht repräsentiert, gilt damit die gesamte Nachricht als unterschrieben. Damit steht fest, dass genau diese Nachricht tatsächlich von Alice erzeugt wurde.

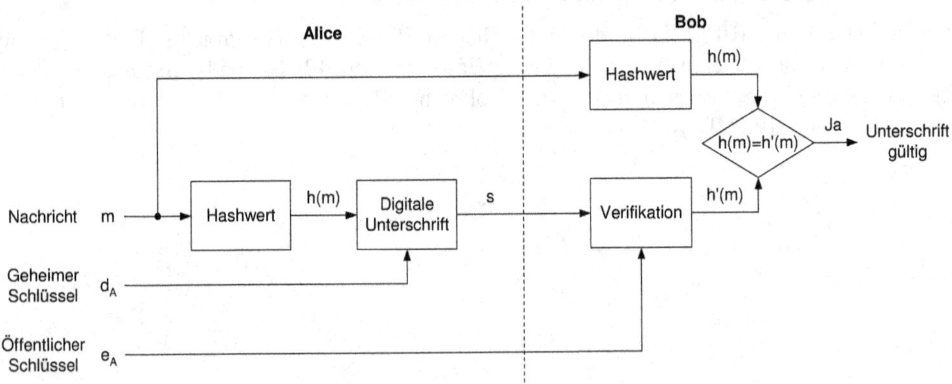

Figur 144: Digitale Unterschrift mit Hashwert

25.3.2 Message Authentication Code (MAC)

Hashfunktionen können von jedermann berechnet werden. Ein korrekter Hashwert ist also keine Garantie dafür, dass die Nachricht vom angegebenen Absender stammt. Hängt der Hashwert jedoch zusätzlich von einem (geheimen) Schlüssel ab, so kann damit auch die Authentizität der Nachricht überprüft werden.

Unter einem Message Authentication Code, kurz MAC, versteht man eine Hashfunktionen, die von einem zusätzlichen Parameter, dem Schlüssel, abhängt. Nur die Besitzer des geheimen Schlüssels sind in der Lage, den MAC-Wert zu berechnen.

Eine verbreitete Möglichkeit, MAC-Werte zu generieren, ist die wiederholte Anwendung eines symmetrischen Verschlüsselungsverfahrens. Die Nachricht wird dazu in Blöcke unterteilt, die anschliessend im CBC-Modus (vgl. Seite 241) verschlüsselt werden. Der letzte Block des Geheimtexts wird als MAC-Wert verwendet.

„Früher konnte man in den Zeitungen lesen, es gebe nur zwölf Menschen, die die Relativitätstheorie verstünden. Das glaube ich nicht. (...) Nachdem Einstein seine Theorie zu Papier gebracht und veröffentlicht hatte, waren es gewiss mehr als zwölf. Andererseits kann ich mit Sicherheit behaupten, dass keiner die Quantenmechanik versteht.“

Richard Feynmann, 1965

"Einstein sagte, die Welt kann nicht so verrückt sein wie uns die Quantenmechanik dies erzählt. Heute wissen wir: Die Welt ist so verrückt"

Daniel Greenberger

26 Quantenkryptographie

Im Jahre 1900 gelang es dem Deutschen Physiker Max Planck (1858 - 1947) das Strahlungsspektrum eines schwarzen Körpers zu beschreiben. Dazu führte er, „in einem Akt der Verzweiflung“, eine mathematische Hilfsgrösse ein, die unter dem Namen Planck'sches Wirkungsquantum bekannt wurde. Einige Jahre später gelang es Albert Einstein, damit den Photoeffekt zu erklären und es wurde deutlich, dass sämtliche elektromagnetische Strahlung nur als Vielfaches von unteilbaren Portionen auftritt, also quantisiert ist. In seinem Artikel [21], welcher ihm 1921 den Nobelpreis einbrachte, formulierte dies Einstein wie folgt

> *„Es scheint mir nun in der Tat, dass die Beobachtungen über die „schwarze Strahlung“, Photolumineszenz, (...) besser verständlich erscheinen unter der Annahme, dass die Energie des Lichtes diskontinuierlich im Raum verteilt sei.“*

Diese Erkenntnis bereitete den Physikern zu Beginn einiges an Kopfzerbrechen, führte aber im Verlauf des 20. Jahrhunderts zur Entstehung eines neuen und mittlerweile sehr erfolgreichen Teilgebiets der Physik, der Quantenphysik.

Die Quantenmechanik beschreibt das Verhalten von Materie und Strahlung im atomaren und subatomaren Bereich. Die entsprechenden Objekte (Photonen, Elektronen, Protonen, Neutronen, usw.) benehmen sich – gelinde gesagt – so seltsam, dass deren Verhalten in keiner Weise unseren alltäglichen Erfahrungen mit makroskopischen Dingen entspricht. Der Versuch, Quanteneffekte mit Hilfe von anschaulichen Modellen zu begreifen, muss zwangsweise scheitern. Dies macht es sehr schwierig, die Phänomene der Quantenmechanik tatsächlich zu verstehen. Man ist jedoch heute in der Lage, das Verhalten der Quanten mit Hilfe von abstrakten Methoden sehr präzise zu modellieren. Dabei erhält man jedoch meist nur Aussagen über die Wahrscheinlichkeit von Ereignissen.

Eine ausführliche Behandlung der Quantentheorie würde den Rahmen dieses Buches bei weitem sprengen. Wir werden uns deshalb auf diejenigen Aspekte beschränken, die für die Kryptographie wesentlich sind.

26.1 Einige Quanteneffekte

26.1.1 Superposition

Der Einfachheit halber betrachten wir im Folgenden nur eine Familie von Quanten, die so genannten Photonen. Photonen sind die Energiequanten der elektromagnetischen Strahlung. Sie besitzen eine, auch experimentell gut zugängliche Eigenschaft, die Polarisationsrichtung, die mit der Richtung des elektrischen Feldvektors übereinstimmt.

Horizontal polarisierte Photonen können dadurch erzeugt werden, dass man die von einer Quelle emittierten Photonen durch ein horizontales Polarisationsfilter schickt. Nach dem Filter sind alle Photonen horizontal polarisiert. Diesen Zustand wollen wir mit dem Symbol

$$|\leftrightarrow\rangle$$

bezeichnen. Wie die Figur 145 zeigt, passieren alle Photonen im Zustand $|\leftrightarrow\rangle$ ein horizontal ausgerichtetes Filter. Andererseits können diese horizontal polarisierten Photonen ein vertikales Filter nicht durchqueren.

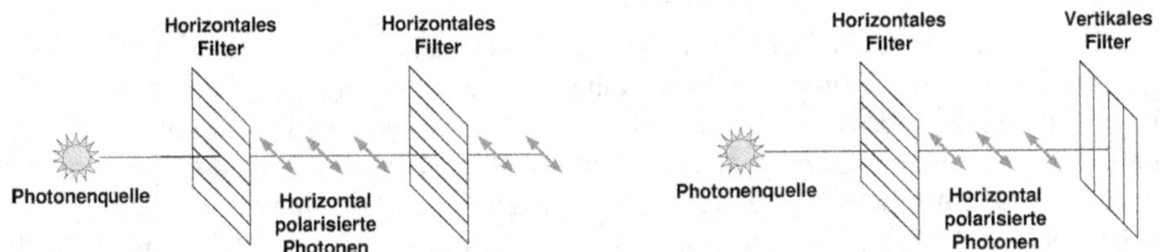

Alle horizontal polarisierten Photonen passieren ein horizontales Filter

Horizontal polarisierte Photonen können ein vertikales Filter nicht passieren.

Figur 145: Ein erstes Gedankenexperiment mit polarisierten Photonen

Sinngemäss trägt ein vertikal polarisiertes Photon die Bezeichnung

$$|\updownarrow\rangle.$$

Zwei senkrecht aufeinanderstehende Polarisationsrichtungen bilden eine sogenannte Basis. Ein allgemeiner Polarisationszustand kann immer als Überlagerung (Superposition) der Basiszustände interpretiert werden. Ist ein Photon (bezüglich der Basis $\{|\leftrightarrow\rangle, |\updownarrow\rangle\}$) um den Winkel φ gedreht polarisiert, so gilt für dessen Zustand

$$|\varphi\rangle = \cos(\varphi) \cdot |\leftrightarrow\rangle + \sin(\varphi) \cdot |\updownarrow\rangle .$$

Was passiert mit einem solchen Photon, wenn es auf ein horizontal polarisiertes Filter trifft? Das Experiment zeigt, dass das Photon mit der Wahrscheinlichkeit

$$\cos^2(\varphi)$$

das Filter passiert und, falls dies geschieht, sich danach im Zustand $|\leftrightarrow\rangle$ befindet. Im Experiment in Figur 146 beobachten wir, dass durchschnittlich jedes zweite Photon durch das horizontale Filter durchschlüpft und dabei seine Polarisationsrichtung auf horizontal wechselt.

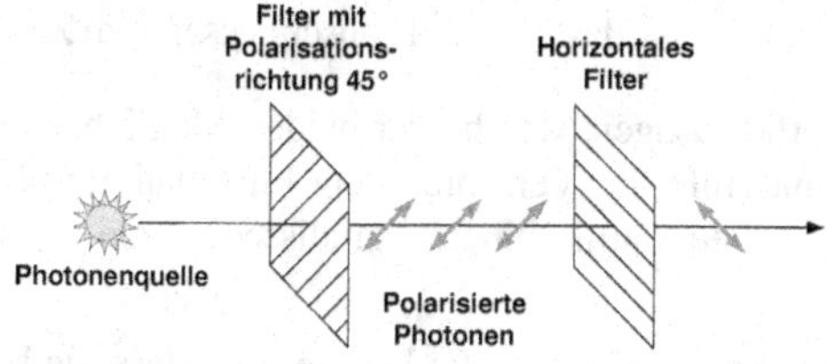

Figur 146: Im Mittel passieren die Hälfte der Photonen mit Polarisationsrichtung 45° das horizontale Filter.

Wir können zwar die Wahrscheinlichkeit angeben, mit der das Photon das Filter passiert. Betrachten wir jedoch ein einzelnes Photon, so ist es prinzipiell unmöglich, das Verhalten des Photons vorherzusagen. Das Photon befindet sich in einem Überlagerungszustand und entscheidet sich bei der Messung zufällig für eine der beiden Möglichkeiten. Wir müssen dies so interpretieren, dass es sich gleichzeitig in beiden Zuständen befindet, solange wir keine Messung durchführen! Bei der Messung kollabiert der Überlagerungszustand und liefert ein eindeutiges Ergebnis.

Bedeutend für die Kryptologie ist folgende Tatsache: Zwei Zustände, die nicht exakt orthogonal zueinander sind, können nie mit Sicherheit unterschieden werden. Der Zustand $|\varphi\rangle$ wird bei einer Messung immer mit einer gewissen Wahrscheinlichkeit als Basiszustand $|\leftrightarrow\rangle$ oder als Basiszustand $|\updownarrow\rangle$ interpretiert. Passiert ein Photon ein horizontal ausgerichtetes Filter, so wissen wir nicht, mit welchem Winkel das Photon vor dem Filter polarisiert war und, da der Überlagerungszustand bei der Messung zerstört wurde, können wir dies auch durch weitere Messungen nicht mehr feststellen.

Die Wahl der beiden Zustände $|\leftrightarrow\rangle$ und $|\updownarrow\rangle$ als orthogonalen Basis ist selbstverständlich willkürlich. Genauso gut hätte man die um 45° gedrehten Zustände $|\nearrow\rangle$ und $|\searrow\rangle$ als Basis wählen können.

26.1.2 Verschränkung

Es ist möglich, Paare von Photonen zu erzeugen, deren Zustände so miteinander verknüpft sind, dass die Messung an einem Photon unmittelbar den Zustand des anderen Photons beeinflusst. Und das selbst, wenn die beiden Photonen Lichtjahre voneinander entfernt sind!

Ein System aus zwei miteinander verschränkten Photonen kann beispielsweise durch den Bell-Zustand

$$\frac{1}{\sqrt{2}}\cdot|\leftrightarrow\rangle_A|\updownarrow\rangle_B-\frac{1}{\sqrt{2}}\cdot|\updownarrow\rangle_A|\leftrightarrow\rangle_B$$

beschrieben werden. Wenn die Polarisation des Photons A (bezüglich der Basis $\{|\leftrightarrow\rangle,|\updownarrow\rangle\}$) gemessen wird, so sind zwei Ereignisse möglich, die je mit der Wahrscheinlichkeit ½ auftreten:

1. Die Messung ergibt, dass das Photon A horizontal polarisiert ist und der Zustand kollabiert zu $|\leftrightarrow\rangle_A |\updownarrow\rangle_B$. Dies bedeutet, dass das Photon B anschliessend im Zustand $|\updownarrow\rangle$ ist.
2. Die Messung ergibt, dass das Photon A vertikal polarisiert ist und der Zustand kollabiert zu $|\updownarrow\rangle_A |\leftrightarrow\rangle_B$. Dies bedeutet, dass das Photon B anschliessend im Zustand $|\leftrightarrow\rangle$ ist.

Es ist völlig aussichtslos, vorherzusagen, welche der beiden Möglichkeiten eintreten wird. Deshalb ist es auch nicht möglich, mit Hilfe der Verschränkung Information mit Überlichtgeschwindigkeit zu übertragen. Hingegen können damit binäre Zufallssequenzen an zwei Teilnehmer verteilt werden.

Wie lässt sich diese Verschränkung erklären? Es könnte sein, dass die beiden Photonen schon bei ihrer Erzeugung abmachen, wie sie sich im Falle einer Messung verhalten wollen. Die Quanten entscheiden sich also nicht wirklich zufällig, sondern aufgrund von versteckten Parametern, die der Messung aber grundsätzlich nicht zugänglich sind. Dem irischen Physiker John Bell (1928 – 1990) gelang es 1964, Bedingungen zu formulieren, die so ein System mit verborgenen Parametern erfüllen müsste. Später wurde experimentell gezeigt, dass verschränkte Zustände diese Bedingungen verletzen und dass es somit keine versteckten Parameter gibt.

26.1.3 No-Cloning-Theorem

Das No-Cloning-Theorem folgt aus den Gesetzen der Quantenmechanik und sagt aus, dass es nicht möglich ist, einen unbekannten Quantenzustand fehlerfrei zu kopieren. Wäre dies möglich, so könnte man mit Hilfe von verschränkten Quanten Information mit Überlichtgeschwindigkeit übertragen.

Das No-Cloning-Prinzip ist ein fundamentaler Unterschied zur klassischen Informationsverarbeitung, bei der es problemlos möglich ist, beliebig viele Kopien eines Bits zu erstellen. Da in der Welt der Quanten keine perfekten Kopien möglich sind, können auch die klassischen Fehlerkorrekturverfahren nicht angewandt werden. Genau so wenig ist es praktikabel, von unbekannten Quantenzustände eine Sicherungskopie zu erstellen.

Für die Kryptographie ergibt sich die wichtige Folgerung, dass ein Angreifer Quanten nicht störungsfrei kopieren und weiterschicken kann. Jede Messung, die ein Angreifer durchführt, stört das System und kann in der Folge detektiert werden.

26.2 BB84-Protokoll

Das 1984 von Bennet und Brassard [22] vorgeschlagene BB84-Protokoll dient zur sicheren Übertragung von binären Zufallsfolgen, welche anschliessend als Sitzungsschlüssel für die Verschlüsselung von Nachrichten verwendet werden können. Seine Sicherheit beruht auf quantenmechanischen Prinzipien.

Beim BB84-Protokoll sendet Alice polarisierte Photonen an Bob, deren Zustand sie zufällig aus den vier Möglichkeiten

$$|\leftrightarrow\rangle, |\updownarrow\rangle, |\swarrow\!\!\!\nearrow\rangle \text{ und } |\nwarrow\!\!\!\searrow\rangle$$

wählt. Bob und Alice haben vereinbart, dass die Zustände $|\leftrightarrow\rangle$ und $|\swarrow\!\!\!\nearrow\rangle$ einer binären Null, die beiden anderen Zustände einer binären Eins entsprechen sollen (vgl. Tabelle 22).

Für die Messung der Polarisationsrichtung hat Bob nur einen Versuch und muss dazu eine Basis wählen. Er kann nur entweder zwischen horizontaler und vertikaler Polarisation oder zwischen 45°- und 135°-Polarisation unterscheiden. Wählt er die falsche Basis, so bekommt er ein rein zufälliges Resultat. Nur wenn seine Wahl der Basis mit derjenigen von Alice übereinstimmt, misst er den richtigen Zustand. Die Wahrscheinlichkeit dafür beträgt 50%.

Tabelle 22: Die Übertragung von Information klappt nur, wenn Alice und Bob die gleiche Basis verwenden.

Zu sendendes Bit	Basis von Alice	Zustand des gesendeten Photons	Basis von Bob	
			+	×
0	+	$\vert\leftrightarrow\rangle$	0	zufällig
1	+	$\vert\updownarrow\rangle$	1	zufällig
0	×	$\vert⤢\rangle$	zufällig	0
1	×	$\vert⤡\rangle$	zufällig	1

Nach der geschilderten Übertragung tauschen Alice und Bob über eine ungesicherte Leitung die Information aus, welche Basis sie jeweils verwendet haben. In der Hälfte der Fälle benutzten beide die gleiche Basis und Bob empfing ein gültiges Bit. Die anderen Messungen werden verworfen.

Obwohl ein Angreifer nachträglich erfährt, welche Basis Alice zum Senden der Photonen gewählt hat, nutzt ihm das wenig. Zum Messen eines unbekannten Quantenzustands hat er nur einen Versuch. Da er jedoch nicht weiss, mit welcher Basis er messen muss, ist im Mittel jedes zweite Bit zufällig. Schlimmer noch: Durch die Messung wird der Zustand des Quants verändert und Alice und Bob können dies erkennen, in dem sie einen Teil der Bits miteinander vergleichen. Sind zu viele Bits falsch, obwohl die gleiche Basis verwendet wurde, so treibt ein Angreifer sein Unwesen.

Beispiel

Alice sendet eine binäre Null und entscheidet sich dabei zufällig für den Zustand $|⤢\rangle$. Wenn der Angreifer Glück hat und die richtige Basis wählt, kann er das gesendete Bit zweifelsfrei bestimmen. Dabei ändert er den Zustand des Photons nicht und bleibt unbemerkt.

Misst der Angreifer das Photon jedoch mit der Basis „horizontal/vertikal", erhält er das richtige Resultat nur mit der Wahrscheinlichkeit ½. Durch die Messung ändert er aber den Zustand des Photons auf $|\leftrightarrow\rangle$. Wenn Bob bei der anschliessenden Messung die gleiche Basis wie Alice verwendet, werden seine Bits in der Hälfte der Fälle falsch sein.

Ein Angreifer verrät sich also dadurch, dass die von Bob empfangenen Bits eine Fehlerrate von 25% aufweisen, was leicht erkannt werden kann. ■

Gelänge es dem Angreifer, mehrere perfekte Kopien des Photons zu erstellen, so könnte er die Messung zweimal mit unterschiedlichen Basen durchführen und die Ergebnisse speichern, bis er erfährt, welches die richtige Basis war. Die dritte Kopie würde er an Bob weitersenden. Eine perfekte Kopie eines unbekannten Quantenzustands wird glücklicherweise durch das No-Cloning-Prinzip verhindert.

26.3 Schlüsselaustausch mit verschränkten Quantenpaaren

Ein weiteres Protokoll für einen quantenmechanischen Schlüsselaustausch basiert auf verschränkten Photonenpaaren und wurde 1991 von Artur Ekert [23] vorgeschlagen. Alice und Bob verwenden zur Messung jeweils drei unterschiedliche Basen, von denen nur zwei übereinstimmen. Ein Beispiel ist in Tabelle 23 wiedergegeben.

Tabelle 23: Die von Alice und Bob verwendeten Basen

Alice	Bob
22.5°	0°
45°	22.5°
67.5°	45°

Alice erzeugt ein verschränktes Photonenpaar und schickt eines der Photonen an Bob. Beide messen nun in einer zufällig gewählten Basis die Polarisationsrichtung des jeweiligen Photons und notieren sich das Ergebnis. Anschliessend tauschen sie über eine ungesicherte Leitung wiederum die verwendeten Basen aus. Dabei unterscheiden sie drei Fälle:

1. Beide haben die gleiche Basis verwendet. In diesem Fall stimmen die Messungen überein und die entsprechenden Bits können als Schlüssel verwendet werden.
2. Die beiden Basen sind um 45° gedreht. Das Resultat ist rein zufällig und die entsprechenden Bits werden verworfen.
3. Die Basen unterscheiden sich um 22.5° oder um 67.5°. Diese Messungen dienen der Überprüfung, ob die beiden Photonen vor der Messung tatsächlich verschränkt waren. Gemäss der Bell'schen Bedingung ist die Korrelation von verschränkten Photonen grösser als im unverschränkten Fall. Die Messung eines Lauschers würde unweigerlich die Verschränkung zerstören, könnte also detektiert werden.

26.4 Praktische Probleme

Bei der Realisierung von quantenmechanischen Verfahren müssen einige technische Probleme überwunden werden.

- Erzeugung von einzelnen Photonen
  Quantenzustände können zwar nicht kopiert werden. Schickt Alice aber mehrere Photonen mit der gleichen Polarisation aus, so kann der Angreifer mehrere Messungen durchführen und so den Zustand bestimmen. Es ist deshalb entscheidend, dass möglichst nur einzelne Photonen erzeugt werden, was technisch nicht ganz einfach ist.
- Detektion von einzelnen Photonen
  Auch das Detektieren von einzelnen Photonen ist keineswegs unproblematisch. Heute werden dazu Fotovervielfacher-Röhren (photomultiplier tubes – PMT), Avalanchedioden, so genannte Quantenpunkte (quantum dots) oder supraleitende Detektoren eingesetzt.
- Dekohärenz
  Unter Dekohärenz versteht man die Störung eines Quantenzustands als Folge von Wechselwirkungen mit der Umgebung. Dies stellt eine grosse Hürde für die Realisierung von

praktischen Systemen dar. Um die dadurch entstehenden Fehler korrigieren zu können, mussten quantenmechanische Verfahren zur Fehlerkorrektur entwickelt werden.

Trotz dieser technischen Schwierigkeiten ist es heute möglich, einen quantenmechanischen Schlüsselaustausch über handelsübliche Glasfaserverbindungen mit einer Länge von mehr als 100 km durchzuführen.

26.5 Quantencomputer

Ein quantenmechanisches System, das durch zwei orthogonale und damit unterscheidbare Zustände beschrieben wird, wird als Qubit bezeichnet. Beispiele dafür sind vertikal oder horizontal polarisierte Photonen oder Elektronen mit Spin in positiver oder negativer z-Richtung. Ein Quant muss nun aber nicht zwingend einen der beiden orthogonalen Zustände annehmen, sondern er kann sich in einer beliebigen Überlagerung der beiden Zustände befinden. Im Gegensatz zu einem Bit kann ein Qubit also sowohl 0 als auch 1 sein. Ein Quantenregister mit L Qubits kann folglich alle Zahlen von 0 bis $2^L - 1$ gleichzeitig speichern. Dieser Quantenparallelismus erlaubt die gleichzeitige (!) Berechnung einer Funktion f(x) für jedes Argument x zwischen 0 und $2^L - 1$. Dabei werden zwar alle Werte parallel berechnet, aber bei einem einfachen Versuch der Messung kann nur ein einziger Wert in Erfahrung gebracht werden. Es braucht also weitere Tricks, die wir hier nicht näher erläutern möchten.

Tatsache ist jedoch, dass heute Algorithmen für Quantencomputer bekannt sind, mit denen die Faktorisierung einer sehr grossen Zahl n in brauchbarer Zeit durchgeführt werden könnte. Dazu wird eine beliebige Zahl a mit ggT(a,n) = 1 gewählt und die Periode r der Funktion

$$f(x) = a^x \bmod n$$

bestimmt, was mit Hilfe eines Quantencomputers effizient bewerkstelligt werden kann.

Ist r bekannt und gerade, so sind

$$p = \mathrm{ggT}\left(a^{\frac{r}{2}} + 1, n\right) \text{ und } q = \mathrm{ggT}\left(a^{\frac{r}{2}} - 1, n\right)$$

Teiler von n. Ist r ungerade oder gilt $a^{r/2} \pm 1 \bmod n = 0$, so muss das Verfahren mit einem anderen a wiederholt werden.

Beispiel

Die Teiler von n = 35 sollen bestimmt werden. Die Wahl a = 3 ist zulässig, da ggT(3,35) = 1 gilt. Durch fortlaufende Multiplikation mit 3 erhält man die Reihe

$$f(0) = 3^0 \bmod 35 = 1,\ f(1) = 3^1 \bmod 35 = 3,\ f(2) = 3^2 \bmod 35 = 9,\ \dots\ f(12) = 3^{12} \bmod 35 = 1$$

Die gesuchte Periode beträgt demnach r = 12. Tatsächlich findet man mit

$$p = \mathrm{ggT}\left(3^{\frac{12}{2}} + 1, 35\right) = 5 \text{ und } q = \mathrm{ggT}\left(3^{\frac{12}{2}} - 1, 35\right) = 7$$

die beiden Teiler von 35. ■

Das einzige Hindernis besteht darin, dass es bis heute noch nicht gelang, Quantencomputer mit der notwendigen Anzahl Qubits zu realisieren. Sollte es jedoch gelingen, die technischen Schwierigkeiten zu überwinden und einen Quantencomputer zu fertigen, so wäre die Primfaktorzerlegung von grossen Zahlen kein schwieriges Problem mehr und der RSA-Algorithmus müsste als unsicher eingestuft werden.

27 Elektronische Zahlungsformen

Eine der Gründe für das grosse Interesse der Geschäftwelt am Internet ist die Erwartung, Waren und Dienstleistungen mit Hilfe dieses Mediums verkaufen zu können. Eine wesentliche Voraussetzung dafür ist das Vorhandensein von sicheren und benutzerfreundlichen Methoden zum Bezahlen der Güter.

27.1 Klassifizierung

Die Fülle der elektronischen Zahlungsformen lässt sich nach einer ganzen Anzahl von Kriterien klassifizieren.

Ein für den Kunden entscheidendes Unterscheidungsmerkmal ist die Frage, ob das Bezahlsystem Anonymität gewährleisten kann. Fehlende Anonymität beim Zahlungsverkehr erlaubt – zumindest theoretisch – eine detaillierte Analyse des Kaufverhaltens und der finanziellen Situation des Käufers. Gerade im Online-Zahlungsverkehr, wo jede Transaktion grundsätzlich elektronisch protokolliert wird, lassen sich die Daten eines Benutzers generell einfach auswerten. Der derart blossgestellte Mensch wird so manipulierbar. Andererseits vereinfacht eine anonyme Form der Bezahlung natürlich auch deren missbräuchliche Verwendung.

Eine weitere Gliederung der Bezahlverfahren lässt sich anhand des tatsächlichen Zeitpunkts der Bezahlung vornehmen. Man unterscheidet drei Modelle:

1. Post-paid, Pay-later
   Die Bezahlung erfolgt erst nach dem Einkauf. Dies ist beispielsweise bei allen kreditkarten-basierten Verfahren der Fall.
   - Kreditkarte
   - Rechnung (Überweisung)
   - Billing/Inkasso (Beträge werden über eine zentrale Stelle monatlich abgerechnet, z. B. Firstgate click&buy, T-pay,...)
2. Pay-now
   Die Zahlung wird zum Zeitpunkt des Kaufes bearbeitet und abgebucht.
   - Nachnahme
   - Lastschrift
   - E-Mail (z. B. PayPal, PayDirect, ...)
   - Zahlung mittels Mobiltelefon (z. B. P_Pay, Handypay, ...)
3. Pre-paid
   Bei einem sogenannten Debitgeschäft muss der Kunde zahlen, bevor er irgendwas erwerben kann. Ein typisches Beispiel ist das elektronische Geld, bei dem vor dem Kauf eine elektronische Geldbörse aufgeladen werden muss. Diese ist entweder auf der Harddisk des Kundenrechners oder auf einer intelligenten Chipkarte implementiert.
   - Wertkarten (z. B. Paysafecard, Swisscom Easyp@y, ...)

- Elektronische Münzen

Die Post-Paid-Methoden sind naturgemäss mit einem grösseren Verwaltungsaufwand verbunden und eignen sich daher kaum für die Bezahlung von kleinen Beträgen. Ferner muss in der Regel zuerst die Zahlungsfähigkeit des Kunden überprüft werden, was eine Online-Verbindung notwendig macht.

Die Frage, ob während des Zahlungsvorgangs eine Online-Verbindung zu einer dritten Stelle bestehen muss oder nicht, ist ein weiteres Unterscheidungsmerkmal. Bei einem Online-Bezahlsystem kann die Transaktion durch eine entsprechende Institution (z. B. der beteiligten Bank) autorisiert oder verifiziert werden. Dies kann beispielsweise notwendig sein, um zu verhindern, dass die gleiche elektronische Münze zweimal ausgegeben wird. Bei einem Offline-Bezahlsystem muss dies durch andere Massnahmen (z. B. manipuliersichere Hardware auf Chipkarten) sichergestellt werden.

Eine weitere Gliederung kann anhand der Größe der Beträge vorgenommen werden. Man unterscheidet zwischen Micro- und Macropaymentsystemen, wobei die Grenzen nicht eindeutig festgelegt sind:

- Micropayment:
  Kleine und kleinste Beträge zwischen 1/10 Cents und einigen Dollar. Es handelt sich dabei vor allem um digitale Güter, die direkt im Netz abgerufen werden (Börseninformationen, Musik, Zeitungsartikel, Spiele, elektronische Briefmarken). Bei solch kleinen Beträgen ist die Wirtschaftlichkeit des Bezahlverfahrens entscheidend. Die Transaktionskosten müssen in einem vernünftigen Verhältnis zum Preis der Ware sein. Dagegen können hinsichtlich der Sicherheit gewisse Kompromisse gemacht werden, da die Verluste bei Missbrauch beschränkt sind. Der gesamte Ablauf darf nicht zeitaufwendig, komplex oder kostenintensiv sein. Die für den Micorpayment-Bereich entwickelten Zahlungsverfahren lassen sich unterteilen in vorausbezahlte Systeme (pre-paid) und so genannte Inkassosysteme, bei denen eine zentrale Stelle die vom Kunden bezogenen Dienste registriert und ihm in einer monatlichen Sammelrechnung belastet.
- Macropayment:
  Bei Beträgen ab einigen US-Dollar steht der Sicherheitsaspekt im Vordergrund. Demzufolge werden für gewöhnlich aufwendige Verschlüsselungs- und Authentifizierungsverfahren angewandt. In diesem Bereich können durchaus auch die traditionellen Bezahlverfahren wie Nachnahme, gegen Rechnung oder gegen Vorauszahlung zum Einsatz kommen.

27.2 Elektronisches Geld

27.2.1 Ideale Eigenschaften

Unter elektronischem Geld oder elektronischen Münzen versteht man Daten, die einen Geldwert repräsentieren. Gespeichert werden diese Daten entweder auf dem Rechner des Anwenders oder auf so genannten Smart Cards.

Idealerweise weist elektronisches Geld die folgenden Eigenschaften auf:

- Fälschungssicherheit: Nur autorisierte Ausgabestellen (Banken) können Geld prägen.

- Nicht-Kopierbarkeit: Münzen können nicht dupliziert werden. Da das Kopieren von elektronischen Daten kaum verhindert werden kann, muss die Verwendung eines Duplikats zumindest detektiert werden können.
- Überprüfbarkeit: Der Empfänger kann die Echtheit einer elektronischen Münze einfach und sicher überprüfen.
- Unabhängigkeit: Die Sicherheit des elektronischen Geldes ist nicht von einem physikalischen Ort abhängig. Das Geld kann über Netze übertragen und an beliebiger Stelle verwendet werden.
- Offline-Verwendbarkeit: An keiner Stelle des Protokolls ist eine Online-Verbindung zu einer zentralen Stelle nötig.
- Anonymität (Nicht-Verfolgbarkeit): Elektronisches Geld ist im Idealfall anonym und lässt keine Identifizierung des Käufers zu.
- Übertragbarkeit: Das Geld kann an andere Benutzer weitergegeben werden.
- Teilbarkeit: Ein bestimmter Betrag kann in Teilbeträge aufgespaltet werden.
- Benutzerfreundlichkeit: Das System sollte einfach zu installieren und zu bedienen sein.

Es gibt bisher kein realistisch durchführbares Protokoll, das alle diese Eigenschaften gleichzeitig verwirklicht.

27.2.2 Blinde Unterschrift

Eine Möglichkeit zur anonymen Bezahlung von kleineren Beträgen sind elektronische Münzen, deren Gültigkeit durch eine Ausgabestelle (Bank) mit einer digitalen Unterschrift bezeugt wird. Grundsätzlich verwendet die Bank dazu einen geheimen Schlüssel, um die vom Käufer erzeugten Münzen digital gegenzuzeichnen. Mit Hilfe des öffentlichen Schlüssels der Bank kann dann jedermann diese Signatur und damit die Echtheit der Münze überprüfen. Dieses einfache Protokoll hat jedoch den Nachteil, dass die Bank die vom Käufer zur Unterschrift eingereichten Münzen sieht und somit die Anonymität des Käufers nicht gewährleistet ist. Besser wäre es, wenn die Bank die Münzen blind unterschreiben würde. Ein entsprechendes Protokoll wurde erstmals 1983 von David Chaum unter der Bezeichnung „blind signature“ vorgeschlagen.

Bei einer blinden Unterschrift wird eine Nachricht unterschrieben, ohne dass der Unterzeichner deren Inhalt zu Gesicht bekommt. Die Unterschrift bestätigt also nicht den Inhalt der Nachricht, sondern lediglich die Tatsache, dass die Nachricht durch eine bestimmte Person zu einem bestimmten Zeitpunkt zur Unterschrift vorgelegt wurde. Das unterschriebene Dokument erlaubt die Überprüfung, ob die Unterschrift zum Dokument gehört und ob sie rechtmäßig erlangt wurde. Derjenige, welcher unterschrieben hat, kann das Dokument später nicht mehr dem Besitzer zuordnen. Anschaulich lässt sich dieser Ablauf wie folgt verdeutlichen: Das Dokument wird in einen Umschlag gesteckt, der innen mit einem Kohlepapier ausgelegt ist. Die Unterschrift erfolgt aussen auf dem Umschlag.

Als Grundlage für blinde Unterschriften kann die RSA-Verschlüsselung verwendet werden. Die Bank erzeugt ein Schlüsselpaar, das aus einem geheimen Schlüssel (d, n) und einem öffentlichen Schlüssel (e, n) besteht. Aufgrund der Eigenschaften des RSA-Verfahrens gilt demnach für eine beliebige Zahl $k < n$

$$k^{e \cdot d} \bmod n = k\,.$$

Eine Nachricht m eines Bankkunden wird von der Bank wie folgt blind unterschrieben.

Blinde Unterschrift

1. Der Kunde der Bank wählt eine grosse, zufällige Zahl k zwischen 1 und n. Danach berechnet er $x = k^e \cdot m \bmod n$ und sendet dies an die Bank.
2. Die Bank unterschreibt x, indem sie $y = x^d \bmod n$ berechnet und dies an den Kunden zurückschickt.
3. Der Kunde berechnet $s = y \cdot k^{-1} \bmod n$ und erhält so die von der Bank unterschriebene Nachricht s:

$$s = m^d \bmod n$$

Die folgende Rechnung zeigt, dass das Resultat s tatsächlich der mit dem geheimen Schlüssel d der Bank unterschriebenen Nachricht entspricht:

$$s = y \cdot k^{-1} \bmod n = x^d \cdot k^{-1} \bmod n = k^{e \cdot d} \cdot m^d \cdot k^{-1} \bmod n$$
$$= k \cdot m^d \cdot k^{-1} \bmod n = m^d \bmod n\ .$$

Da die Bank die Nachricht m nie zu sehen bekam, kann sie aus der Kenntnis von s nicht auf die Identität des Kunden schliessen. Alle Zahlen, die der Bank bekannt sind, enthalten den so genannten Blendungsfaktor k, der vom Kunden zufällig gewählt wurde und der in der unterschriebenen Nachricht s nicht mehr auftaucht. Dadurch bleibt der Kunde anonym.

Jedermann kann die Unterschrift der Bank verifizieren, indem s mit dem öffentlichen Schlüssel e der Bank potenziert wird

$$s^e \bmod n = m^{d \cdot e} \bmod n = m \bmod n\ .$$

Ein Schlüssel, der für blinde Unterschriften verwendet wird, sollte natürlich nicht für andere digitale Unterschriften verwendet werden. Sonst kann es passieren, dass man etwas rechtsgültig unterschreibt, was man gar nie zu Gesicht bekam.

Denkbare Anwendungsfälle für blinde Unterschriften sind:

- elektronisches Geld,
- Zeitstempel (timestamping),
- anonyme Zugangskontrolle,
- vertrauliche, durch Drittpersonen beglaubigte Verträge,
- elektronische Wahlen,
- anonymisierte Zertifikate.

27.2.3 Herstellen einer elektronischen Münze

Um eine elektronische Münze herzustellen, erzeugt der Bankkunde zuerst eine so genannte Serienummer. Damit der Händler die Gültigkeit einer Serienummer überprüfen kann, weisen diese eine vorgegebene Struktur auf. Beispielsweise können Serienummern aus einer grossen Zufallszahl gebildet werden, indem diese zweimal hintereinander geschrieben wird. Die Zufallszahl muss ausreichend lang sein, damit die Wahrscheinlichkeit, dass jemals zwei gleiche Zahlen erzeugt werden, vernachlässigbar ist. Die vorgegebene Struktur der Serienummer ist auch aus kryptographischen Gründen notwendig, da der Käufer sonst eine chosen-message Attacke auf die Verschlüsselung der Bank durchführen könnte.

Die derart erzeugte Serienummer wird nun bei der Bank zur Prägung eingereicht. Als erstes bucht die Bank den entsprechenden Betrag vom Konto des Kunden ab. Danach unterschreibt sie die eingereichte Serienummer blind mit ihrem geheimen Schlüssel. Dabei verwendet die Bank je nach Münzwert einen anderen geheimen Schlüssel. Die von der Bank unterschriebene Serienummer wird vom Kunden auf seinem Rechner gespeichert und kann bei Bedarf an einen Verkäufer übermittelt werden.

Herstellen einer Münze

1. Der Kunde der Bank wählt eine grosse Serienummer. Diese sollte eine vorgegebene Struktur aufweisen, wird aber ansonsten zufällig gewählt.
2. Der Kunde lässt die Serienummer von der Bank blind unterschreiben.

27.2.4 Ausgeben einer elektronischen Münze

Zur Bezahlung übermittelt der Käufer eine von der Bank signierte Münze an den Händler. Dieser kann mit Hilfe des öffentlichen Schlüssels der Bank die Serienummer entschlüsseln und so die Echtheit der Münze überprüfen. Obwohl damit klar ist, dass eine gültige Münze überreicht wurde, muss zusätzlich noch überprüft werden, ob dieselbe Münze nicht schon einmal verwendet wurde. Es wäre für den Käufer nämlich einfach, seine elektronischen Münzen beliebig zu duplizieren. Der Händler reicht deshalb die Münze bei der Bank ein. Diese kontrolliert, dass die gleiche Serienummer nicht schon einmal eingereicht wurde und schreibt danach dem Händler den entsprechenden Betrag gut.

Ausgeben einer Münze

1. Der Händler benutzt den öffentlichen Schlüssel der Bank um die Echtheit der Münze zu überprüfen und reicht diese bei der Bank ein.
2. Die Bank überprüft, ob die gleiche Münze nicht schon einmal eingereicht wurde und schreibt den entsprechenden Betrag dem Händler gut.

27.2.5 Vor- und Nachteile

Das Verfahren erlaubt es dem Käufer, völlig anonym und sicher zu bezahlen. Zudem ist es relativ einfach zu installieren und zu bedienen. Ein gewisser Nachteil ist, dass der Käufer zum Voraus Geld auf sein Konto überweisen muss. Dagegen profitiert der Verkäufer vom unmittelbaren Zahlungseingang. Das Verfahren eignet sich zur Bezahlung von Klein- und Kleinstbeträgen und erlaubt sogar private Zahlungen von Kunde zu Kunde.

Um sicherzustellen, dass die gleichen Münzen nicht wiederholt verwendet werden, muss der Händler jede Münze von der Bank überprüfen lassen. Dazu ist eine Online-Verbindung zwischen Bank und Händler notwendig, was eine entsprechend hohe Netzlast erzeugt. Die Bank muss ausserdem die Serienummern aller jemals eingereichten Münzen in einer Datenbank ablegen und diese in Echtzeit überprüfen können.

Die Münzen werden in der Regel auf dem Rechner des Käufers gespeichert. Dadurch ist die Mobilität des elektronischen Geldes stark eingeschränkt. Bei einem Harddisk-Ausfall können sämtliche gespeicherten Münzen verloren gehen.

Im Gegensatz zum traditionellen Bargeld, ist die Herausgabe von Rückgeld nicht vorgesehen. Deshalb muss der Käufer immer über genügend Kleingeld verfügen, d.h. sein Portemonnaie muss Münzen mit unterschiedlichen Werten enthalten.

27.2.6 Mögliche Protokollerweiterung – Secret Splitting

Falls eine Münze zweimal eingereicht wird, möchte die Bank wahrscheinlich die Identität des Käufers in Erfahrung bringen. Dazu muss das geschilderte Protokoll so erweitert werden, dass die Anonymität des Käufers verloren geht, wenn eine Münze mehr als einmal eingereicht wurde. Die dabei verwendete Methode wird „Secret Splitting" genannt.

Unter Secret Splitting versteht man eine Strategie, bei der eine Nachricht in mehrere Teile aufgespaltet wird. Aus einem oder mehreren Einzelteilen kann keinerlei Information über die Nachricht gewonnen werden. Erst die Kombination aller Teile erlaubt die Rekonstruktion der Originalnachricht.

Das einfachste Beispiel von Secret Splitting benutzt eine binäre Zufallssequenz r um die Nachricht m zu verschlüsseln:

$$s = m \oplus r\ .$$

Werden nun die binäre Zufallssequenz r und die verschlüsselte Nachricht s an verschiedene Benutzer verteilt, so kann keiner der beiden etwas mit seinen Daten anfangen. Erst wenn beide Benutzer ihre Daten kombinieren, kann die Originalnachricht rekonstruiert werden:

$$m = s \oplus r\ .$$

Dieses Verfahren kann dazu benutzt werden, die Anonymität des Käufers aufzudecken, sobald eine Münze zweimal eingereicht wird. Dazu wird jede Münze mit n Kopien einer Zeichenkette verknüpft, welche die Identifizierung des Käufers erlaubt. Jede dieser n Kopien ist jedoch mit Hilfe von Secret Splitting in zwei Teile aufgeteilt, die einzeln keinen Rückschluss auf die Identität des Käufers erlauben. Will der Käufer mit der Münze bezahlen, so fragt der Verkäufer ihn n mal zufällig nach jeweils einem Teil der Zeichenkette. Mit Hilfe eines gesonderten Protokolls kann der Verkäufer überprüfen, ob der Käufer dabei schummelt. Da der Verkäufer jeweils nur einen Teil der Zeichenkette erfährt, kann er den Käufer damit nicht identifizieren. Reicht der Käufer dieselbe Münze jedoch ein zweites Mal ein, so ist die Wahrscheinlichkeit gross, dass er zumindest einmal den noch nicht genannten Teil seiner Zeichenkette preisgeben muss und damit ist die Identität des Käufers offengelegt.

Anhänge

A Cauchy-Schwarz-Ungleichung

Wir machen zunächst einen kleinen Abstecher in die Vektorgeometrie. Für zwei Vektoren $\mathbf{u}$ und $\mathbf{v}$ aus $\mathbb{R}^n$ sind das

Skalarprodukt: $$\langle \mathbf{u}, \mathbf{v} \rangle = \mathbf{u} \cdot \mathbf{v} = \sum_{i=1}^{n} u_i \cdot v_i$$

und die

Norm (Länge): $$\|\mathbf{u}\| = \sqrt{\langle \mathbf{u}, \mathbf{u} \rangle} = \sqrt{\sum_{i=1}^{n} u_i^2}$$

definiert.

Mit dem Winkel α zwischen den beiden Vektoren lässt sich das Skalarprodukt auch wie folgt berechnen

$$\langle \mathbf{u}, \mathbf{v} \rangle = \|\mathbf{u}\| \cdot \|\mathbf{v}\| \cdot \cos(\alpha)\ ,$$

woraus die Ungleichung

$$\langle \mathbf{u}, \mathbf{v} \rangle^2 \leq \|\mathbf{u}\|^2 \cdot \|\mathbf{v}\|^2$$

abgeleitet werden kann. Das Gleichheitszeichen trifft genau dann zu, falls der Zwischenwinkel α entweder 0 oder π beträgt und somit

$$\mathbf{u} = k \cdot \mathbf{v} \qquad k \in \mathbb{R}$$

gilt.

Wie die nachfolgende Figur zeigt, lässt sich die Ungleichung auch geometrisch interpretieren. Das linke Rechteck besitzt den Flächeninhalt $\|\mathbf{u}\| \cdot \|\mathbf{v}\|$ und ist in keinem Fall kleiner als das rechte Rechteck, welches den Flächeninhalt $|\langle \mathbf{u}, \mathbf{v} \rangle| = \|\mathbf{u}\| \cdot \|\mathbf{v}\| \cdot |\cos(\alpha)|$ besitzt.

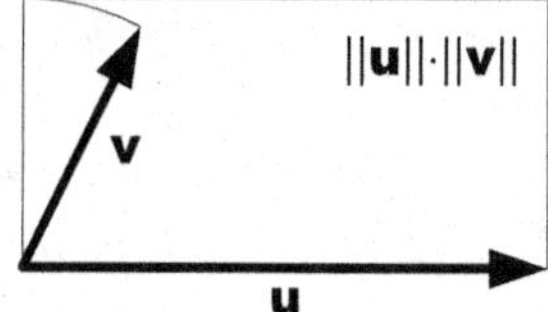

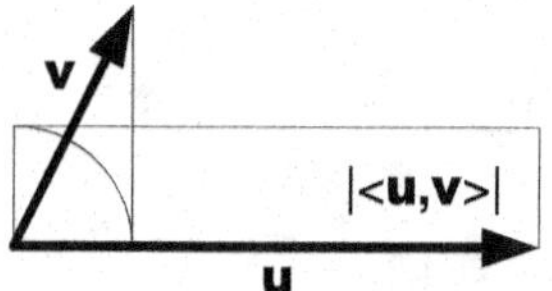

Figur 147: Geometrische Interpretation der Cauchy-Schwarz-Ungleichung im Vektorraum $\mathbb{R}^2$.

Die erwähnte Ungleichung gilt für beliebige reelle Skalarprodukträume (Vektorräume in denen ein Skalarprodukt definiert ist) und trägt die Bezeichnung Cauchy-Schwarz-Ungleichung.

Beweis

Aus zwei Vektoren **u** und **v** bilden wir die quadratische Funktion in der Variablen x

$$f(x) = |x \cdot \mathbf{u} + \mathbf{v}|^2 = x^2 \cdot \|\mathbf{u}\|^2 + 2 \cdot x \cdot \langle \mathbf{u}, \mathbf{v} \rangle + \|\mathbf{v}\|^2 .$$

Zuerst betrachten wir den Fall, dass u und v linear abhängig sind. Es gilt also $\mathbf{u} = k \cdot \mathbf{v}$ und folglich $\langle \mathbf{u}, \mathbf{v} \rangle^2 = \|\mathbf{u}\|^2 \cdot \|\mathbf{v}\|^2$.

Sind **u** und **v** dagegen linear unabhängig, so hat der Vektor $x \cdot \mathbf{u} + \mathbf{v}$ eine von null verschiedene Länge und zwar für alle x. Es gilt daher $f(x) = |x \cdot \mathbf{u} + \mathbf{v}|^2 > 0$ für alle x. Die quadratische Funktion f(x) besitzt somit keine reellen Nullstellen und die Diskriminante

$$4 \cdot \langle \mathbf{u}, \mathbf{v} \rangle^2 - 4 \cdot \|\mathbf{u}\|^2 \cdot \|\mathbf{v}\|^2$$

ist kleiner als null. Daraus folgt sogleich

$$\langle \mathbf{u}, \mathbf{v} \rangle^2 < \|\mathbf{u}\|^2 \cdot \|\mathbf{v}\|^2$$

für linear unabhängige Vektoren **u** und **v**. ■

Ein weiterer Vektorraum ist die Menge der stetigen reellwertigen Funktionen mit dem Definitionsbereich (a,b) wobei $a < b$ ist. In diesem Vektorraum kann ein Skalarprodukt folgendermassen definiert werden

$$\langle f, g \rangle = \int_a^b f(t) \cdot g(t)\, dt . \text{ [50]}$$

Die Cauchy-Schwarz-Ungleichung liefert in diesem Fall

$$\left(\int_a^b f(t) \cdot g(t)\, dt \right)^2 \leq \int_a^b f^2(t)\, dt \cdot \int_a^b g^2(t)\, dt ,$$

wobei das Gleichheitszeichen genau dann gilt, falls f(t) und g(t) proportional zueinander sind

$$f(t) = k \cdot g(t) .$$

Diese Form der Ungleichung ist als Schwarz-Ungleichung bekannt.

---

[50] Damit wird auch klar, weshalb zwei Funktionen als orthogonal bezeichnet werden, falls

$$\langle f, g \rangle = \int_a^b f(t) \cdot g(t)\, dt = 0$$

gilt.

B Die Euler'sche Phi-Funktion

Die Definition der im Kapitel „RSA-Algorithmus“ auf Seite 244 eingeführten Euler'schen Φ-Funktion scheint recht willkürlich zu sein. Tatsächlich zeigt sich aber, dass mit Hilfe dieser Funktion einige interessante mathematische Fragen beantwortet werden können.

Nicht alle regelmässigen n-Ecke lassen sich mit Zirkel und Lineal konstruieren. Für n = 3, 4, 5, 15 sind entsprechende Konstruktionsverfahren schon seit der Antike bekannt. Durch Winkelhalbierung lassen sich damit sämtliche regelmässigen n-Ecke mit $n = 2^k \cdot m$, $m \in \{3, 5, 15\}$, $k \in \mathbb{N}$ konstruieren. Carl Friedrich Gauss (1777 – 1855) beschrieb als Erster ein Verfahren für die Konstruktion des regelmässigen 17-Ecks. Andererseits bewies er 1796, dass ein regelmässiges 7-Eck nicht mit Zirkel und Lineal konstruiert werden kann. Die Frage, für welche n das regelmässige n-Eck mit Zirkel und Lineal konstruiert werden kann, ist interessanterweise mit der Euler'schen Φ-Funktion verknüpft:

> Das regelmässige n-Eck ist genau dann mit Zirkel und Lineal konstruierbar, wenn Φ(n) eine Potenz von 2 ist.

Diese Aussage wiederum ist assoziiert mit den Fermat'schen Primzahlen. Der französische Jurist und Mathematiker Pierre de Fermat (1601 – 1665) vermutete, dass alle Zahlen der Form

$$2^{2^t} + 1$$

mit $t \in \mathbb{N}$ Primzahlen sind. Dies gilt zumindest für t = 0, 1, 2, 3, 4. Die Vermutung wurde aber 1732 von Leonhard Euler (1707 – 1783) widerlegt, dem es gelang

$$2^{2^5} + 1 = 4294967296 = 641 \cdot 6700417$$

zu faktorisieren. Dazu hatte Euler zuerst bewiesen, dass alle Teiler einer Fermat'schen Zahl von der Form $k \cdot 2^{t+1} + 1$ sein müssen. Trotz intensiver Suche wurden bis heute keine Fermat'schen Primzahlen mit t > 4 gefunden.

Es gilt der folgende Satz, welcher die Euler'sche Φ-Funktion und die Fermat'schen Primzahlen miteinander in Beziehung bringt:

> Φ(n) ist genau dann eine Potenz von 2, wenn verschiedene Fermat'sche Primzahlen $p_1, \ldots, p_r$ und eine natürliche Zahl m (einschliesslich 0) existieren, für die gilt $n = 2^m \cdot p_1 \cdot \ldots \cdot p_r$.

Somit lässt sich ein regelmässiges n-Eck genau dann mit Zirkel und Lineal konstruieren, wenn n von der Form $n = 2^m \cdot p_1 \cdot \ldots \cdot p_r$ ist.

Bei der Multiplikation von Restklassen modulo n stellt man fest, dass nicht immer alle Elemente ein entsprechendes inverses Element besitzen. Betrachten wir als Beispiel die Restklassenmultiplikation modulo 6. Wie die Tabelle 24 zeigt, besitzen nur die Elemente 1 und 5 (= -1) jeweils ein inverses

Element. Sie werden als Einheiten bezeichnet. Die anderen vier Elemente lassen sich nicht invertieren. So hat etwa die Gleichung 4 ⊗ x = 1 keine Lösung.

Tabelle 24: Multiplikationstabelle von Restklassen modulo 6

⊗	0	1	2	3	4	5
0	0	0	0	0	0	0
1	0	**1**	2	3	4	5
2	0	2	4	0	2	4
3	0	3	0	3	0	3
4	0	4	2	0	4	2
5	0	5	4	3	2	**1**

Wie sich leicht nachprüfen lässt, besitzt bei der Multiplikation von Restklassen modulo 5 jedes von 0 verschiedene Element ein inverses Element. Es stellt sich demnach die Frage nach der Anzahl Einheiten für ein bestimmtes Modul n. Anders gefragt: Wie viele Elemente sind bezüglich der Multiplikation modulo n invertierbar? Die Antwort darauf gibt wiederum die Euler'sche Φ-Funktion:

> Die Anzahl invertierbarer Elemente bei der Multiplikation von Restklassen modulo n ist durch Φ(n) gegeben.

Ist n eine Primzahl, so gilt Φ(n) = n - 1. In diesem Fall ist jedes von 0 verschiedene Elemente ein Einheit, lässt sich also invertieren.

Literaturverzeichnis

Erwähnte Artikel

[1] Shannon, C. E.: „A Mathematical Theory of Communication“, The Bell System Technical Journal, Vol. 27, pp. 379-423, 623-656, July, October, 1948.

[2] Hartley, R. V. L.: „Transmission of Information“, Bell System Tech. Journal, vol. 7, Juli 1928, pp. 535-563.

[3] Huffman, D. A.: „A method for the construction of minimum-redundancy codes“, Proceedings of the I.R.E., Sept 1952, pp 1098-1102.

[4] Ziv, J. und Lempel, A.: „A Universal Algorithm for Sequential Data Compression“, IEEE Transactions on Information Theory, Volume IT-23, Nr. 3, May 1977, pp 337-343.

[5] Welch, T.: „A technique for high-performance data compression.“, Computer. Vol. 17, June 1984, pp. 8-19.

[6] Hamming, R. W.: „Error Detection and Error Correction Codes“, The Bell System Technical Journal, Vol. XXVI, 2, 147-160 (1950).

[7] Reed, I. und Solomon, G.: „Polynomial Codes over Certain Finite Fields“, J. Soc. Indus. Appl. Math, vol. 8, no. 2, pp. 300-304, 1960.

[8] Berlekamp, E. R.: „Nonbinary BCH decoding“, IEEE Int. Symp. Inform. Theory, San Remo, Italy, 1967.

[9] Massey, J. L.: „Shift-Register Synthesis and BCH Decoding.“, IEEE Trans. Information Th. 15, 122-127, 1969.

[10] Viterbi, A. J.: „Error bounds for convolutional codes and an asymptotically optimum decoding algorithm“, IEEE Transactions on Information Theory, 13(2):260-269, April 1967.

[11] Coffey, J. T. und Goodman, R. M.: „Any code of which we cannot think is good“, IEEE Trans. Inform. Theory, vol. 36, pp. 1453-1461, Nov. 1990.

[12] Forney, G. D.: „Concatenated Codes“, Cambridge, MIT press, 1966.

[13] Berrou, C., Glavieux, A. und Thitimajshima, P.: „Near Shannon Limit Error-Correcting Coding and Decoding: Turbo – Codes (1)“, International Communications Conference (ICC), Geneva, Switzerland May 1993, pp. 1064-1070.

[14] Nyquist, H.: „Thermal Agitation of Electric Charge in Conductors“, Phys. Rev. 32, 110 (1928).

[15] Shannon, C.: „A Mathematical Theory of Cryptography“, Bell System Technical Journal 28, 1949, S. 656 - 715.

[16] Lai, X. und Massey, J.: „A proposal for a new block encryption standard“, Advances in Cryptology, Eurocrypt ´90, Springer, (1991).

[17] Schneier, Bruce : „Applied Cryptography“, John Wiley & Sons, 1996.

[18] Rivest, R. L., Shamir A. und Adleman, L.: „On Digital Signatures and Public Key Cryptosystems“, Communications of the ACM, vol 21 no 2, pp120-126, Feb 1978.

[19] Federal Information Processing Standards (FIPS) Publication 180-2, Secure Hash Standard (SHS), U.S. DoC/NIST, Aug 1, 2002.

[20] Dobbertin, H., Bosselaers, A. und Preneel, B.: „RIPEMD-160, a strengthened version of RIPEMD“, Fast Software Encryption, LNCS 1039, D. Gollmann, Ed., Springer-Verlag, 1996, pp. 71-82.

[21] Einstein, Albert : „Über einen die Erzeugung und Verwandlung des Lichtes betreffenden heuristischen Gesichtspunkt“, Annalen der Physik 17, 132 (1905), pp. 132 - 148.

[22] Bennett, C. H. und Brassard, G.: „Quantum Cryptography: Public Key Distribution and Coin Tossing“, Proc. Int. Conf. on Computers Systems and Signal Processing, Bangalore India, December 1984, pp 175-179.

[23] Ekert, A. K.: „Quantum Cryptography Based on Bell's Theorem“, Phys. Rev. Lett., 67, 6:661-663, 1991.

Weiterführende und ergänzende Literatur

Informationstheorie

[24] Cover, Th. und Thomas, J.: „Elements of Information Theory“, Wiley Interscience, 1991.

[25] Kittler, F. et al. (Hrsg.): „Claude E. Shannon: Ein|Aus, ausgewählte Schriften zur Kommunikations- und Nachrichtentechnik“, Brinkmann + Bose, Berlin, 2000.

[26] Klimant, H., Piotraschke, R. und Schönfeld, D.: „Informations- und Kodierungstheorie“, Teubner, 2006.

[27] Lin, S. und Costello, D.: „Error Control Coding“, Prentice Hall, 1983.

[28] Mildenberger, O. (Hrsg.): „Informationstechnik kompakt“, Vieweg, 1999.

[29] Mildenberger, O.: „Informationstheorie und Codierung“, Vieweg, 1990.

[30] Priece, J.: „An Introduction to Information Theory“, Dover Publications, 1980.

[31] Rohling, H.: „Einführung in die Informations- und Codierungstheorie“, Teubner, 1995.

[32] Shannon, C. E. und Weaver, W.: „The Mathematical Theory of Communication“, University of Illinois Press, 1963.

Kanalcodierung

[33] Bossert, M.: „Kanalcodierung“, Teubner, 1998.

[34] Dankmeier, W.: „Codierung“, Vieweg, 2001.

[35] Hill, R.: „A First Course in Coding Theory“, (Oxford applied mathematics and computing science series), Clarendon Press, 1997.

[36] Klimant, H., Piotraschke, R. und Schönfeld, D.: „Informations- und Kodierungstheorie“, Teubner, 2006.

[37] Lin, S. und Costello, D.: „Error Control Coding“, Prentice-Hall, 1983.

[38] Rohling, H.: „Einführung in die Informations- und Codierungstheorie“, Teubner Studienbücher, 1995.

[39] Schneider-Obermann, H.: „Kanalcodierung“, Vieweg, 1998.

Stochastische Prozesse und Rauschen

[40] Böhme, J.: „Stochastische Signale", Teubner Studienbücher Technik, 1998.

[41] Connor, F.: „Rauschen", Vieweg, 1987.

[42] Couch II, L. W.: „Digital and Analog Communication Systems", Prentice Hall, 1997.

[43] Gardner, W.: „Introduction to Random Processes", McGraw-Hill, 1990.

[44] Göbel, J.: „Kommunikationstechnik", Hüthig, 1999.

[45] Lüke, H.: „Signalübertragung", Springer, 1995.

[46] Mildenberger, O. : „Übertragungstechnik", Vieweg, 1997.

[47] Papoulis, A.: „Probability, Random Variables and Stochastic Processes", McGraw-Hill, 1984.

[48] Pehl, E.: „Digitale und analoge Nachrichtenübertragung", Hüthig, 1998.

[49] Taub, H. und Schilling, D. L.: „Principles of Communication Systems", McGraw-Hill, 1987.

Digitale und analoge Modulationsverfahren, Basisbandübertragung

[50] Couch II, L. W.: „Digital and Analog Communication Systems", Prentice Hall, 1997.

[51] Glover, I. und Grant, P.: „Digital Communications", Prentice Hall, 1998.

[52] Göbel, J.: „Kommunikationstechnik", Hüthig, 1999.

[53] Kammeyer, K.: „Nachrichtenübertragung", Teubner, 2004.

[54] Lüke, H. D.: „Signalübertragung", Springer, 1995.

[55] Meyer, M.: „Kommunikationstechnik", Vieweg, 1999.

[56] Mildenberger, O.: „Übertragungstechnik", Vieweg, 1997.

[57] Pehl, E.: „Digitale und analoge Nachrichtenübertragung", Hüthig, 1998.

[58] Taub, H. und Schilling, D. L.: „Principles of Communication Systems", McGraw-Hill, 1987.

Kryptologie

[59] —: „Kryptographie und Netzsicherheit", PC Magazin Spezial 5/98.

[60] —: „Kryptographie", Spektrum der Wissenschaft, Dossier 4/2001.

[61] Beutelspacher, A., Schwenk, J. und Wolfenstetter, K.-D.: „Moderne Verfahren der Kryptographie", Vieweg, 2001.

[62] Beutelspacher, A.: „Kryptologie ", Vieweg, 1996.

[63] Bruß, D.: „Quanteninformation", Fischer Taschenbuch, 2003.

[64] Buchmann, J.: „Einführung in die Kryptographie", Springer, 2004.

[65] Ertel, W.: „Angewandte Kryptographie", Fachbuchverlag Leipzig, 2001.

[66] Fuhrberg, K.: „Internet-Sicherheit", Hauser Computerbuch, 1999.

[67] Hein, M., Reisner, M. und Voß, A.: „Security – Das Grundlagenbuch", Franzis, 2003.

[68] Hey, T. und Walters, P.: „Das Quantenuniversum", Spektrum, Akad. Verlag, 1998.

[69] Homeister, M.: „Quantum Computing verstehen", Vieweg, 2005.

[70] Levy, S.: „Crypto", B&T, 2001.

[71] Matthes, R.: „Algebra, Kryptologie und Kodierungstheorie“, Hanser Fachbuchverlag, 2003.

[72] Menezes, A., van Oorschot, P. und Vanstone, S.: „Handbook of Applied Cryptography“, CRC Press, 1997.

[73] Miller, M.: „Symmetrische Verschlüsselungsverfahren“, Teubner, 2003.

[74] Schneier, B.: „Applied Cryptography “, John Wiley & Sons, 1996.

[75] Schroeder, M.: „Number Theory in Science and Communication “, Springer, 1985.

[76] Schwenk, Jörg : „Sicherheit und Kryptographie im Internet“, Vieweg, 2002.

[77] Singh, S.: „Geheime Botschaften. Die Kunst der Verschlüsselung von der Antike bis in die Zeiten des Internet.“, dtv, 2001.

[78] Stallings, W.: „Cryptography and Network Security“, Prentice Hall, 1998.

[79] Werner, A.: „Elliptische Kurven in der Kryptographie“, Springer, 2002.

[80] Wobst, R.: „Abenteuer Kryptologie “, Addision-Wesley, 1997.

Stichwortverzeichnis